普.通.高.等.学.校

计算机教育“十二五”规划教材

JSP 程序设计

（第 2 版）

JSP PROGRAMMING

(2nd edition)

范立锋 于合龙 孙丰伟 ◆ 主编

苏立明 李东明 王小佳 ◆ 副主编

人 民 邮 电 出 版 社

北 京

图书在版编目（CIP）数据

JSP程序设计 / 范立锋，于合龙，孙丰伟主编. -- 2版. -- 北京 : 人民邮电出版社，2013.8（2021.1重印）
普通高等学校计算机教育“十二五”规划教材
ISBN 978-7-115-31400-0

Ⅰ. ①J… Ⅱ. ①范… ②于… ③孙… Ⅲ. ①JAVA语言－网页制作工具－高等学校－教材 Ⅳ. ①TP312②TP393.092

中国版本图书馆CIP数据核字（2013）第065092号

内容提要

本书系统地介绍了JSP技术的概念、方法与实现过程，包括JSP运行环境、JSP语法与组成元素、JSP内置对象、JSP对数据库的操作、JSP对JavaBean的调用、JSP对Servlet的调用等，最后还介绍了两个JSP综合实例。通过对本书的学习，读者可以系统地掌握JSP技术相关概念、方法、编程思路和技巧。

本书不要求面面俱到，也不追求博大精深，主要是面向大中专院校学生和没有开发经验或者仅有少量程序设计基础的读者，使读者能够在最短的时间内获得用JSP开发中小型网络系统的开发经验。同时，本书还有针对性地对一些技术的更新做了相关介绍，使读者能够掌握技术新动向，为以后更加深入地学习打下坚实基础。

◆ 主　　编　范立锋　于合龙　孙丰伟
副 主 编　苏立明　李东明　王小佳
责任编辑　刘　博
责任印制　彭志环　杨林杰

◆ 人民邮电出版社出版发行　　北京市丰台区成寿寺路11号
邮编　100164　　电子邮件　315@ptpress.com.cn
网址　http://www.ptpress.com.cn
固安县铭成印刷有限公司印刷

◆ 开本：787×1092　1/16
印张：18　　2013年8月第2版
字数：469千字　　2021年1月河北第12次印刷

定价：39.80元

读者服务热线：（010）81055256　印装质量热线：（010）81055316
反盗版热线：（010）81055315

第 2 版前言

JSP（Java Server Pages）是近年来发展最迅速、最引人注目的 Web 应用开发技术之一，它是 Java SDK，Enterprise Edition（Java 企业版，Java EE）的重要技术。JSP 将 Java 语言的跨平台和开放性、Servlet 的强大功能与 HTML 以及脚本语言等简单易用的元素结合起来，解决了过去 Web 开发技术存在的各种不足和局限。

本书是作者在总结了多年开发经验与成果的基础上编写的。书中全面、翔实地介绍了 JSP 开发所需的各种知识和技巧。通过本书的学习，读者可以快速、全面地掌握使用 JSP 开发 Web 应用程序的方法，并且可以达到融会贯通、灵活运用的目的。

JSP 知识体系

JSP 的知识体系如下图所示。

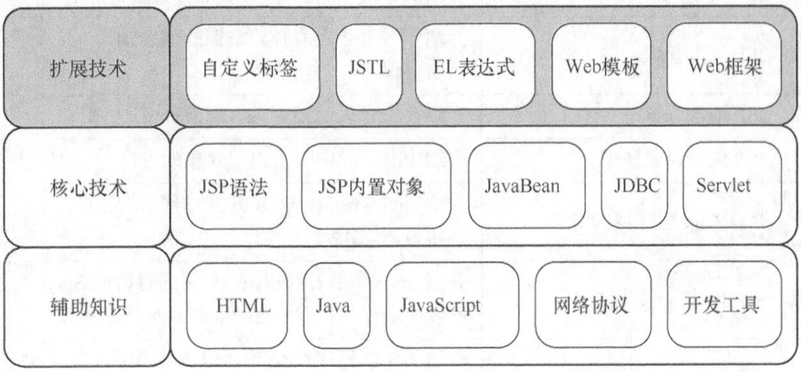

图 1-3　JSP 知识体系图

本书特点

（1）教材知识体系结构合理。知识安排强调整体性和系统性，知识表达强调层次性和有序性，便于读者学习和理解。

（2）理论与应用紧密结合。在每一章节，首先对相关知识点进行解释，然后用所学知识点和技术构建应用，通过实例来理解知识点，通过应用来熟悉技术。这样，理论与应用就可结合。

（3）语言通俗易懂，读者容易理解。书中采用程序结构、页面交互图、流程图、表格等多种方式描述问题及解决问题的过程，使读者从多个角度来理解问题。

（4）新的知识点。与其他教材区别在于，本书还加入了 Web 应用新的知识点，例如，本书的第 9 章中介绍的 Web 模板技术，主要介绍了两种流行的模板技术：Velocity 模板和 FreeMarker 模板。模板语言在现代的软件开发中占据着重要的地位，它的功能强大，而且学习起来又非常简单，即使不熟悉编程的人也能很快地掌握它。另外第 10 章中介绍的 JavaFx 组件，是快速构架 Java 富客户端的利器。

（5）新的技术点。JSP 相关技术的更新很快，在个别关键性更新版本中，往往会推出一些新技术、新用法。例如，Servlet 3.0 版本中增加了很多新特性，与之前版本比较是一个很大的创新。本书第 6 章中结合实际案例对 Servlet 3.0 的新特性进行了简单明了的介绍。

（6）扩展知识点。本书在介绍数据库连接池时，不仅介绍了连接池的原理与应用，而且还介绍了一些常用的连接池组件，这使得读者扩展思路和了解连接池不只是单一技术实现，而是可以通过多种技术进行实现的。

（7）案例的实用性。本书中最后两个案例是 Web 典型应用：购物车和论坛，前者用到的技术是"Servlet+MYSQL 5.0+JSP 表达式"，后者用到的技术是"Servlet+SQL Server 2000+JSTL"。通过两个不同的数据库介绍了两个案例的开发，使读者直接获取项目的开发经验。

本书结构

本书围绕 JSP 动态网页制作循序渐进地介绍相关知识，书中给出了许多实例，而且每章后附有习题，用来巩固所学内容。全书共分 13 章，各章具体内容如下表所示。

全书各个章节的主要内容

章　名	描　述
第 1 章　JSP 初步	介绍 JSP 技术、优点、缺点及应用
第 2 章　JSP 辅助知识	介绍学习 JSP 之前必须掌握的辅助知识，主要包括 HTML、JavaScript、网络协议
第 3 章　JSP 语法详解	介绍在 JSP 页面编写 Java 代码的语法知识
第 4 章　JSP 内置对象详解	介绍 JSP 页面中 9 个内置对象的方法与应用，并且给出相关实例
第 5 章　JavaBean 组件技术	介绍 JavaBean 在 Web 开发过程中的实质，并介绍 JavaBean 绑定属性的特点与应用
第 6 章　Servlet 核心技术	介绍 Servlet 相关的知识点，并同时讲解 Servlet 过滤器与监听器在实际开发中的作用，并对 Servlet 3.0 进行了讲解
第 7 章　JSP 操作数据库核心技术	介绍 JDBC 操作数据库中 SQL 语句的方法，并且介绍 JDBC 连接池在网页中的应用
第 8 章　JSP 核心表达式与标签	介绍 JSP2.0 新技术中核心表达式与标签的语法知识，并且给出各种标签的相关实例
第 9 章　Web 网页模板技术	介绍 Web 应用中两种模板技术：Velocity 模板和 FreeMarker 模板
第 10 章　JSP 实用组件技术	介绍 JSP 实用组件的相关知识点与应用，包括上传组件、E-mail 组件、JfreeChart 组件以及 JavaFx 组件
第 11 章　MVC 设计模式	介绍 MVC 设计模式，并对 Struts2 和 Spring 框架有一个初步的了解
第 12 章　JSP 实例开发 1——论坛	运用 JSP 技术和方法开发电子商城中购物车模块程序
第 13 章　JSP 实例开发 2——购物车	运用 JSP 技术和方法开发论坛程序

本书面向的读者

本书面向的是网络程序设计的初学者。读者只需要掌握一门高级计算机语言（例如，C 语言）就可以按照书中介绍的方法和实例构建互联网站，开发网络应用系统。同时，本书在内容编排上，由浅入深，循序渐进，也适合大中专院校的教师作为授课教材。

如果您具备一定的 JSP 开发基础，又希望提高自己的技术，使自己能够开发出中型 Web 应用程序，本书也非常适合。虽然本书的编写初衷是面向没有开发经验的读者，但是如果您具备以下方面的知识，学习起来将事半功倍：

★ 熟悉 HTML

★ 熟悉 Java 语言

★ 熟悉 Web 开发流程

本书实例的开发环境

本书用到了 JavaSE、Apache Tomcat、Ecplise 等软件，读者可以到相关网站下载。本书中实例使用的是 SQLServer 2000 和 MYSOL 5.0 数据库，因此要查看或修改数据库，计算机上必须安装这两个数据库。

技术支持

本书实例开发中用到的程序源代码，可以在人民邮电出版社教学资源与服务网（www. ptpedu. com.cn）上免费下载，以供读者学习和使用。

编　者

2013 年 2 月

目 录

第 12 章 JSP 实例开发 1——论坛 ……235

第 13 章 JSP 实例开发 2——购物车 ……261

第 1 章 JSP 初步

随着因特网和电子商务的普遍应用，各种动态网页语言陆续诞生。其中，JSP（Java Server Page）自从发布以来，一直受到密切的关注。JSP 是由 Sun Microsystems 公司倡导，并由许多公司一起参与建立的一种动态网页技术标准，该技术是在 Servlet 技术基础上发展而来的。如今，JSP 已经成为 Java 服务器编程的重要组成部分。

通过本章的学习，读者可以对 JSP 的技术特点、JSP 运行原理及 JSP 开发环境有一定的了解，并可以通过 Eclipse 工具开发一个简单的 Web 应用程序。

1.1 认识 JSP

JSP（Java Server Page）是运行在服务器的一种脚本语言。熟悉 HTML 或者其他动态页面技术的读者，在第 1 次看到 JSP 页面时可能会有一种似曾相识的感觉。这是因为，从本质上说，各种动态页面技术，都是通过在 HTML 中添加其他语言脚本的方式来实现的，而支持这些脚本的服务器可以执行这些脚本，然后生成 HTML 页面。

为了让读者直观认识 JSP 技术，先来看一段简单的 JSP 页面代码，该 JSP 页面名称为 sanyang.jsp，实现在页面中输出一句话的功能。具体代码如下：

```
<%@ page language="java" pageEncoding="GBK"%>
<html>
  <head>
    <title>第一个 JSP 程序</title>
  </head>
  <body>
   <%out.print("您好，三扬科技");%>
  </body>
</html>
```

上述代码的代码风格和普通的 HTML 页面的代码非常相似，不同的就是在“<%”和“%>”之间加入了 Java 代码。将页面部署到 Tomcat 服务器上，将该 Web 应用命名为 01，启动 Tomcat 服务器，在 IE 浏览器的地址栏中输入 URL 地址“http://localhost:8080/01/sanyang.jsp”，运行结果如图 1-1 所示。

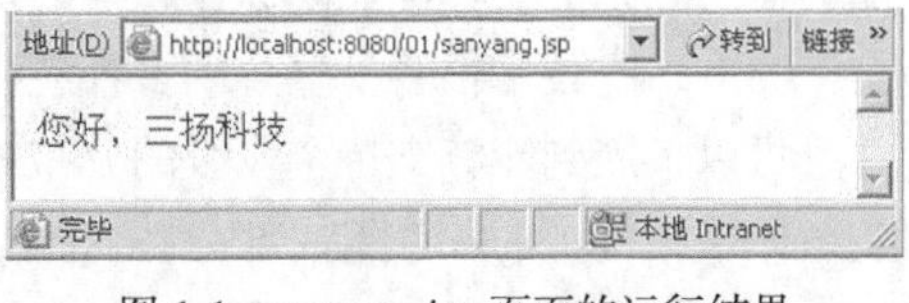

图 1-1　sanyang.jsp 页面的运行结果

1.2 JSP 技术特性

本节将介绍 JSP 的一些特性，如跨平台、分离静态内容和动态内容、强调可重用的组件等。

1. 跨平台

JSP 技术以 Java 为基础，不仅可以沿用 Java 强大的 API 功能，还具有跨平台的特性。不管是在何种平台下，只要服务器支持 JSP，就可以运行 JSP 开发的 Web 应用程序。例如，在 Windows NT 下的 IIS 通过添加 JRUN 或 ServletExec 插件就能支持 JSP。如今最流行的 Web 服务器 Apache 同样能够支持 JSP，而且 Apache 支持多种平台，从而使得 JSP 可以跨平台运行。

在数据库操作中，因为 JDBC 同样是独立于平台的，所以在 JSP 中使用的 Java API 中提供的 JDBC 来连接数据库，就不用担心平台变更时的代码移植问题。

2. 将内容的生成和显示分离

使用 JSP 技术，Web 页面开发人员可以使用 HTML 或 XML 标识来设计和格式化最终页面，通过使用 JSP 标识或者小脚本来生成页面上的动态内容。生成内容的逻辑被封装在标识和 JavaBean 组件中，并且捆绑在小脚本中，所有的脚本在服务器端运行。由于核心逻辑被封装在标识和 Bean 中， Web 管理人员和页面设计者可以专注于页面的编辑和设计，而无需考虑业务逻辑的处理。

当 JSP 应用运行时，服务器端 JSP 引擎负责解释 JSP 标识和小脚本，生成所请求的内容（如通过访问 JavaBean 组件，使用 JDBC 技术访问数据库或者包含文件），并将结果以 HTML（或者 XML）页面的形式发送回浏览器。这不仅有助于开发人员保护自己的代码，也保证了 Web 应用的通用性，任何基于 HTML 的 Web 浏览器的都可以正常使用该 Web 应用。

3. 强调可重用的组件

绝大多数 JSP 页面依赖于可重用的、跨平台的组件（JavaBean 或者企业级 JavaBean）来执行应用程序所要求的更为复杂的处理。开发人员能够共享和交换执行普通操作的组件，或者使得这些组件为更多的使用者或者客户团体所使用。基于组件的开发模式，加速了总体开发进程，并且使得各种组织在他们现有的技能和优化结果的开发努力中得到平衡。

4. 采用标识简化页面开发

JSP 采用标识简化页面开发，具有以下 4 个特点。

（1）Web 页面开发人员并不需要都是熟悉脚本语言的编程人员，因为 JSP 技术封装了许多功能，这些功能是在易用的、与 JSP 相关的 XML 标识中进行动态内容生成所需要的。

（2）标准的 JSP 标识能够访问和实例化 JavaBean 组件，设置或者检索组件属性，下载 Applet，以及执行用其他方法更难于编码和耗时的功能。通过开发定制化标识库，可以扩展 JSP 技术。第 3 方开发人员和其他人员可以为常用功能创建自己的标识库。这使得 Web 页面开发人员能够使用熟悉的工具和如同标识一样的执行特定功能的构件来工作。

（3）JSP 技术很容易整合到多种应用体系结构中，这样可以更好地利用现存的工具和技巧，并且可以扩展到能够支持企业级的分布式应用。作为采用 Java 技术家族的一部分，以及 J2EE（企业版体系结构）的一个组成部分，JSP 技术能够支持高度复杂的基于 Web 的应用。

（4）作为 Java 平台的一部分，JSP 拥有 Java 编程语言“一次编译，到处运行”的特点。随着越来越多的供应商将 JSP 支持添加到它们的产品中，用户可以使用自己所选择的服务器和工具，更改工具或服务器而并不影响当前的应用。

5. 存储的健壮性与安全性

由于 JSP 页面的内置脚本语言是基于 Java 编程语言的，且都编译成 Java Servlet，因此它具有 Java 技术的所有优势，包括健壮的存储管理和安全性。

1.3　JSP 工作原理

从本质上说，JSP 是结合 markup（HTML 或 XML）和 Java 代码来处理的一种动态页面。每个页面第 1 次被调用时，通过 JSP 引擎自动被编译成 Servlet 程序，然后被执行。例如，在 1.1 节中介绍的 sanyang.jsp 页面在 Tomcat 服务器运行时，该页面将会被编译成一个 Servlet 程序。该页面在 Tomcat 服务器上编译成的 Servlet 源代码如下：

```
package org.apache.jsp;
import javax.servlet.*;
import javax.servlet.http.*;
import javax.servlet.jsp.*;
public final class sanyang_jsp extends org.apache.jasper.runtime.HttpJspBase
    implements org.apache.jasper.runtime.JspSourceDependent {
  private static final JspFactory _jspxFactory = JspFactory.getDefaultFactory();
  private static java.util.List _jspx_dependants;
  private javax.el.ExpressionFactory _el_expressionfactory;
  private org.apache.AnnotationProcessor _jsp_annotationprocessor;
  public Object getDependants() {
    return _jspx_dependants;
  }
  public void _jspInit() {
    _el_expressionfactory = _jspxFactory.getJspApplicationContext(getServletConfig().
getServletContext()).getExpressionFactory();
    _jsp_annotationprocessor = (org.apache.AnnotationProcessor) getServletConfig().
getServletContext().getAttribute(org.apache.AnnotationProcessor.class.getName());
  }
  public void _jspDestroy() {
  }
  public void _jspService(HttpServletRequest request, HttpServletResponse response)
        throws java.io.IOException, ServletException {
    PageContext pageContext = null;
    HttpSession session = null;
    ServletContext application = null;
    ServletConfig config = null;
    JspWriter out = null;
    Object page = this;
    JspWriter _jspx_out = null;
    PageContext _jspx_page_context = null;
    try {
      response.setContentType("text/html;charset=GBK");
      pageContext = _jspxFactory.getPageContext(this, request, response,
                null, true, 8192, true);
      _jspx_page_context = pageContext;
      application = pageContext.getServletContext();
      config = pageContext.getServletConfig();
      session = pageContext.getSession();
      out = pageContext.getOut();
```

```
    _jspx_out = out;
    out.write("\r\n");
    out.write("<html>\r\n");
    out.write("  <head>    \r\n");
    out.write("    <title>第一个 JSP 程序</title>\t\r\n");
    out.write("  </head>  \r\n");
    out.write("  <body>\r\n");
    out.write("   ");
    out.print("您好，三扬科技");
    out.write("\r\n");
    out.write("  </body>\r\n");
    out.write("</html>\r\n");
  } catch (Throwable t) {
    if (!(t instanceof SkipPageException)){
      out = _jspx_out;
      if (out != null && out.getBufferSize() != 0)
        try { out.clearBuffer(); } catch (java.io.IOException e) {}
      if (_jspx_page_context != null) _jspx_page_context.handlePageException(t);
    }
  } finally {
    _jspxFactory.releasePageContext(_jspx_page_context);
  }
 }
}
```

说明

JSP 转换成 Servlet 的代码存放在 Tomcat 服务器的安装文件夹下。一般情况下，转换成 Servlet 的代码具体路径是：Tomcat 安装文件夹\work\Catalina\localhost\，然后可以通过该文件夹下的工程名去寻找。

在一个 JSP 文件第 1 次被请求时，JSP 引擎先把该 JSP 文件转换成一个 Java 源文件。如果转换过程中发现 JSP 文件有任何语法错误，转换过程将被中断，并向服务器端和客户端输出错误信息；如果转换成功，JSP 引擎调用 Java 虚拟机的 javac 程序把该 Java 文件的源文件编译成相应的 class 文件，该 class 文件也就是一个 Servlet 程序，然后创建一个该 Serlvet 的实例，提供服务响应用户的请求。

JSP 转换成 Servlet 的流程如图 1-2 所示。

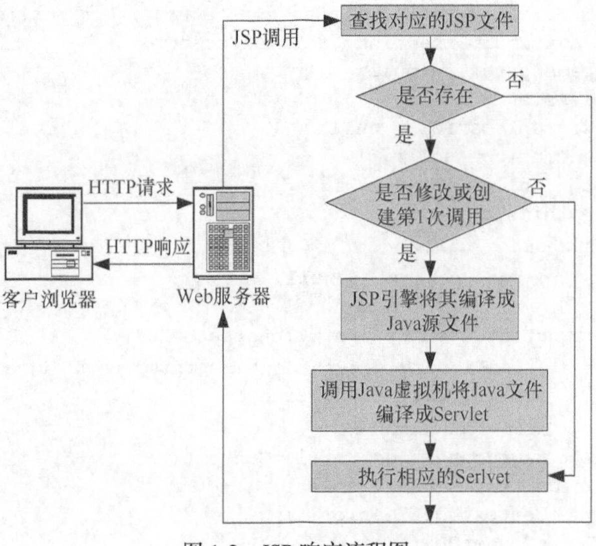

图 1-2　JSP 响应流程图

1.4　搭建 JSP 的运行环境

使用方便、高效快捷的 JSP 开发环境，对于学习 JSP 的读者来说会事半功倍。目前，比较流行的 JSP 开发平台和工具主要包括 JDK、Tomcat、Eclipse 等。其中，JDK 是 Java 语言的开发环境，Tomcat 是 Web 服务器，Eclipse 是一套简化的 Java EE 开发工具。即 JSP 应用开发的可视化 IDE。

1.4.1　JDK 的安装与配置

JDK 是 Java 语言的开发环境，由于 JSP 本身执行的计算机语言就是 Java，因此，想要开发与运行 JSP 程序也需要 JDK 的开发环境。JDK 的安装文件可以通过 http://java.sun.com 网站进行下载，目前的最新版本是 1.6。

下面介绍 JDK 的安装与配置。

1．JDK 的安装

从 Sun 公司官方网站中下载的安装文件的名称是 jdk-6u10-windows-i586-p.exe，下载完毕后，就可以在需要编译和运行 Java 程序的计算机安装 JDK 类，具体步骤如下。

（1）双击 jdk-6u10-windows-i586-p.exe 文件开始安装。安装向导会要求接受 Sun 公司如图 1-3 所示的许可协议。

（2）单击“接受”按钮接受许可协议后，打开设置 JDK 的安装路径及选择安装组件的对话框，如图 1-4 所示。

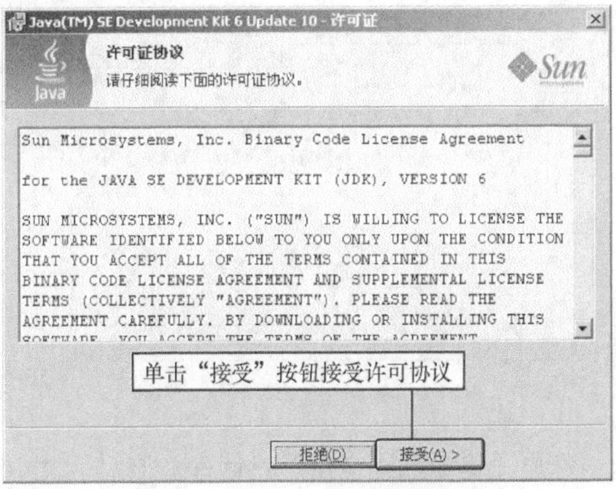

图 1-3　JDK1.6 的许可协议

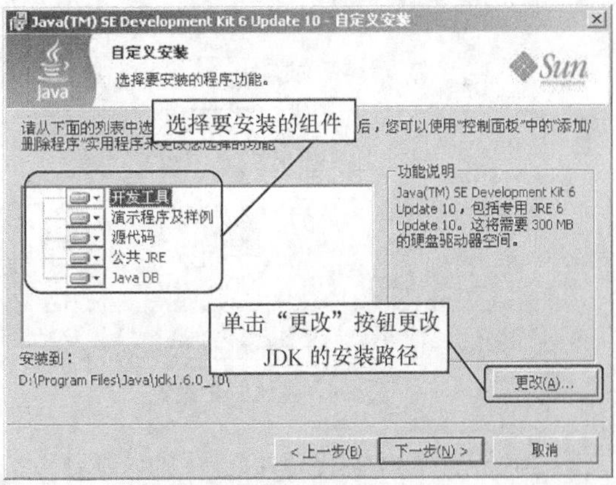

图 1-4　设置 JDK 的安装路径及选择安装组件对话框

（3）在图 1-4 所示的对话框中单击“更改”按钮，如更改安装路径为 D:\Program Files\Java\ jdk1.6.0_10，其他采用默认设置，单击“下一步”按钮将打开安装进度对话框安装 JDK。在安装过程中将打开图 1-5 所示的设置 JRE 安装路径的对话框。

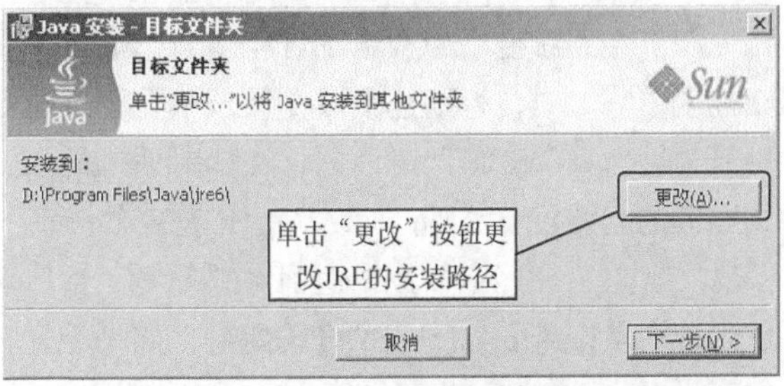

图 1-5　设置 JRE 的安装路径及选择安装组件对话框

说明　由于 JDK 只是 Java 程序的开发环境，所以 JDK 的安装文件中还包含了一个 JRE（Java SE Runtime Environment，Java 运行环境），在默认情况下同 JDK 一起安装。

（4）在设置 JRE 安装路径的对话框中，单击“更改”按钮，在打开的对话框中将 JRE 的安装路径修改为 D:\Program Files\Java\jre6\，单击“下一步”按钮继续安装 JRE。在弹出的安装完成提示对话框中，取消“显示自述文件”复选框的勾选，单击“完成”按钮，即可完成 JDK 的安装。

注意　在安装 JDK1.6 之前，关闭所有正在运行的程序，并确认系统中没有安装 JDK 的其他版本，否则，在进行配置时会有冲突。

2. 配置和测试 JDK

安装完 JDK 后，需要设置环境变量及测试 JDK 配置是否成功，具体步骤如下。

（1）在“我的电脑”上右击鼠标在弹出的快捷菜单中，选择“属性”选项。在打开的“系统特性”对话框中选择“高级”选项卡，如图 1-6 所示。

（2）单击“环境变量”按钮，打开“环境变量”对话框。在这里可以添加针对单个用户的“用户变量”和针对所有用户“系统变量”，如图 1-7 所示。

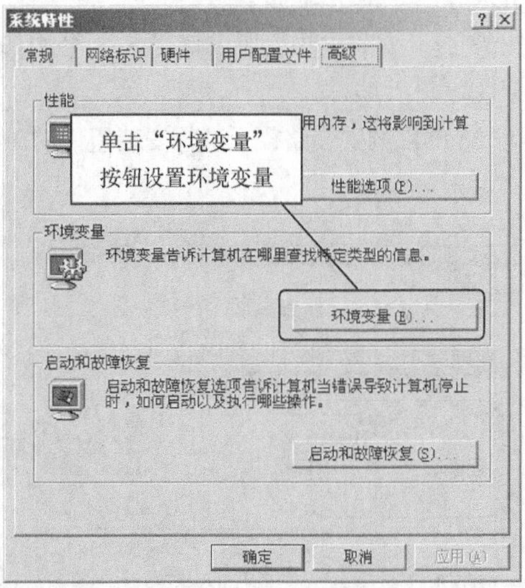

图 1-6　系统特性设置

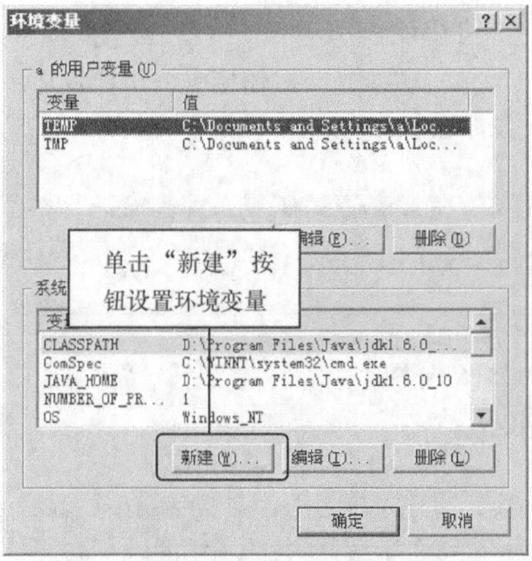

图 1-7　环境变量设置

（3）单击“系统变量”区域中的“新建”按钮，弹出“编辑系统变量”对话框。该对话框中，在“变量名”文本框中输入“JAVA_HOME”，在“变量值”文本框中输入 JDK 的安装路径 D:\Program Files\Java\jdk1.6.0_10，单击“确定”按钮，完整环境变量 JAVA_HOME 的配置，如图 1-8 所示。

（4）在系统变量中查看 PATH 变量，如果不存在，则新建变量 PATH，否则选中该变量，单击“编辑”按钮，打开“编辑系统变量”对话框，在该对话框的“变量值”文本框的起始位置添加“%JAVA_HOME%\bin;”。

图 1-8　“JAVA_HOME”变量的设置

（5）单击“确定”按钮返回到“环境变量”对话框。在系统变量中查看 CLASSPATH 变量，如果不存在，则新建变量 CLASSPATH，变量值为%JAVA_HOME%\lib\dt.jar;%JAVA_HOME% \lib\tools.jar。

（6）JDK 程序的安装和配置完成后，可以测试 JDK 是否能够在计算机上运行。

选择“开始”→“运行”命令，在打开的“运行”窗口中输入 cmd 命令，进入到 DOS 环境中，在命令提示符后面直接输入“javac”，按下 Enter 键，系统会输出 javac 的帮助信息，如图 1-9 所示。这说明已经成功配置了 JDK，否则需要仔细检查上面步骤的配置是否正确。

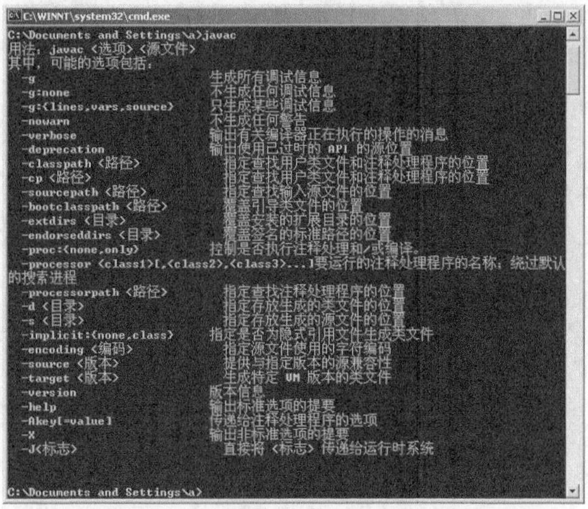

图 1-9　测试 JDK 安装与配置是否成功

1.4.2　Tomcat 的安装、运行与目录结构

Tomcat 是 Apache Jakarta 软件组织的一个子项目，是目前被广泛使用的 JSP/Servlet 服务器。该服务器的安装文件可以通过 http://tomcat.apache.org/网站进行下载，目前的最新版本是 6.0。

下面介绍 Tomcat 的安装、运行与安装目录的结构。

1．Tomcat 的安装

Tomcat 服务器安装文件下载的名称是 apache-tomcat-6.0.18.exe，下载完毕后，就可以在需要编译和运行 Java 程序的计算机上安装 Tomcat 服务器，具体步骤如下。

（1）双击 apache-tomcat-6.0.18.exe 文件开始安装。在弹出的安装向导对话框中，单击 Next 按钮，将弹出图 1-10 所示的许可协议对话框。

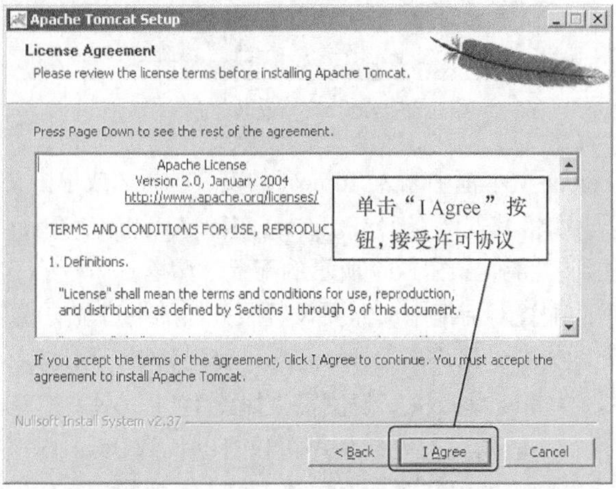

图 1-10　Tomcat 许可协议对话框

（2）单击 I Agree 按钮，接受许可协议，出现如图 1-11 所示的选择组件对话框，选择要安装的 Tomcat 组件。

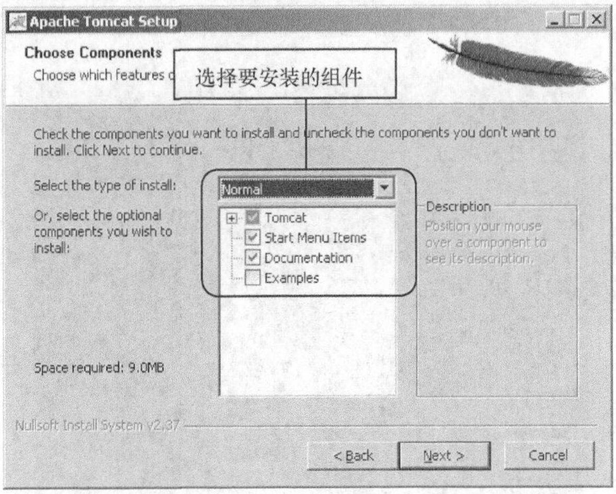

图 1-11　选择 Tomcat 安装模式

（3）这里采用默认的组件安装，单击 Next 按钮，将弹出选择安装位置的对话框，如图 1-12 所示。

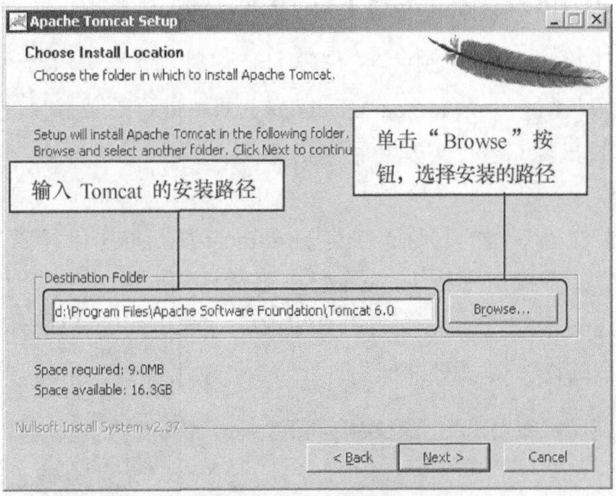

图 1-12　选择安装位置

（4）在 Desination Folder 文本框中输入 Tomcat 的安装位置，或单击文本框右侧 Browse 按钮，选择服务器安装的位置，如将其安装在 D:\Program Files\Apache Software Foundation\Tomcat 6.0 文件夹中。单击 Next 按钮，将弹出图 1-13 所示的配置对话框。

（5）在图 1-13 所示的配置对话框中，需要设置服务器的端口和更改 Tomcat 设置后台登录名和密码。默认端口采用“8080”，用户名采用 admin，密码为空，采用默认值安装。单击 Next 按钮，在打开的对话框中选择 Java 虚拟机安装位置，如图 1-14 所示。

（6）如图 1-14 所示，一般情况下安装程序可以自动找到 Java 虚拟机路径设置。然后单击 Install 按钮，开始安装。在弹出的安装对话框中单击 Finish 按钮，完成安装。

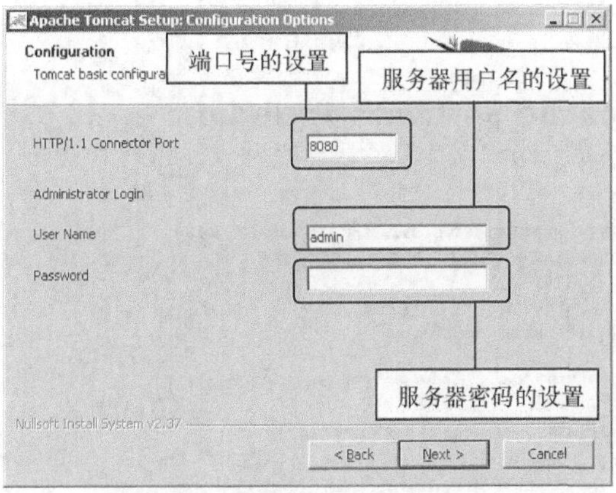

图 1-13　设置端口与管理员

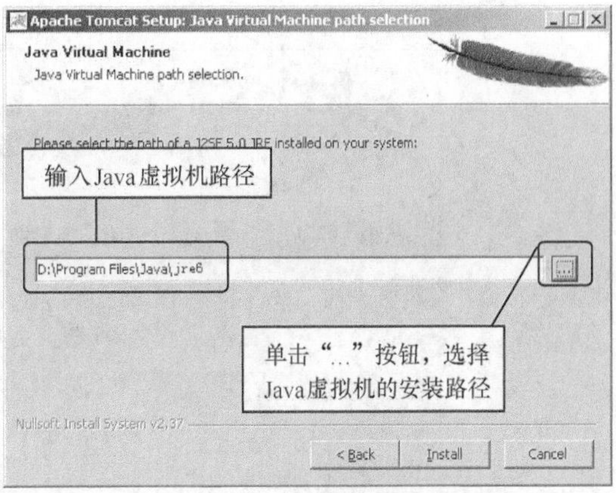

图 1-14　Java 虚拟机路径设置

2. Tomcat 运行

安装完 Tomcat 服务器后就可以运行该服务器，具体步骤如下。

（1）在开始菜单中选择"开始"→"程序"→Apache Tomcat 6.0→Configure Tomcat 选项，弹出启动 Tomcat 服务器的界面，该界面可以对 Tomcat 的一些参数进行配置，一般采用默认方式。单击 Start 按钮，启动 Tomcat 服务器，如图 1-15 所示。

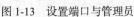

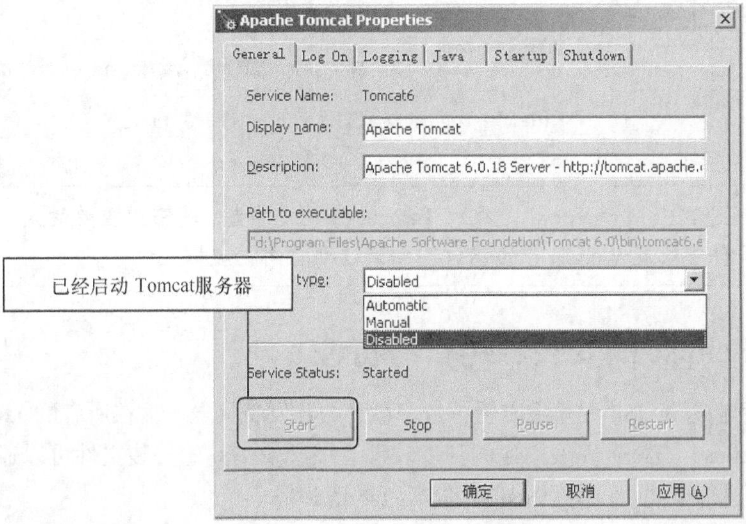

图 1-15　启动 Tomcat 服务器

说明

如图 1-15 所示，Tomcat 启动方式分为 3 种：Automatic、Manual 和 Disabled，即"自动"、"手动"和"禁止"。如果需要自动启动 Tomcat，则可将启动类型设为 Automatic。

（2）打开 IE 浏览器，在地址栏中输入"http://localhost:8080"，运行结果如图 1-16 所示。

3. 安装目录的结构

Tomcat 服务器安装完毕后，打开 Tomcat 的安装路径，会看到如图 1-17 所示的目录结构。

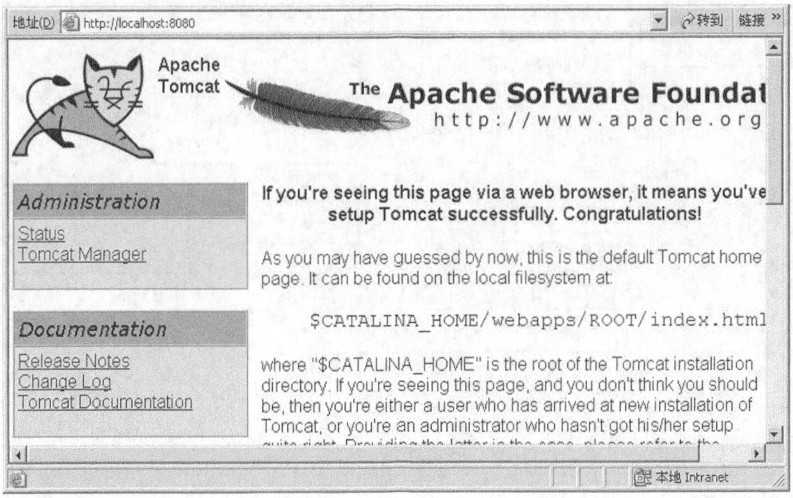

图 1-16　Tomcat 启动页面

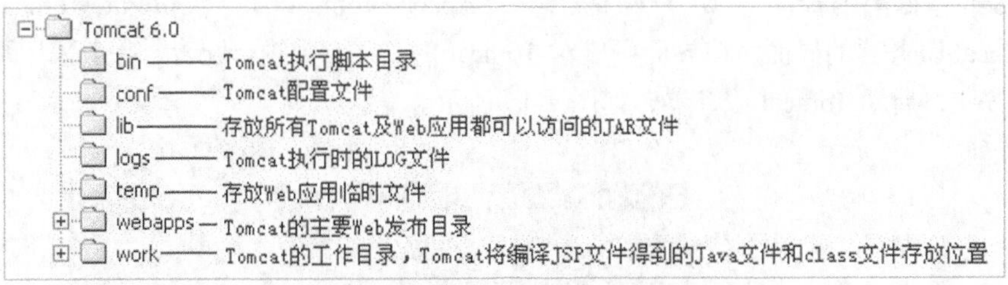

图 1-17　Tomcat 安装文件夹的目录结构

说明

如图 1-17 所示，conf 是存放 Tomcat 配置文件夹，其中最重要的是 server.xml，可以在该文件中配置 Web 服务的端口、会话过期时间、虚拟主机等。

1.4.3　Eclipse 的安装、运行与特性

Eclipse 是目前开发 JSP 程序最方便、效率最高的开发工具之一，在所有的 Java EE 和 JSP 开发 IDE 中，Eclipse 是最有发展前途的开发软件。该开发工具的安装文件可以通过 http://www.eclipse.org/网站进行下载，目前，Eclipse 最新版本是 3.4。

下面将介绍 Eclipse 安装、运行与特性。

1. Eclipse 的安装

Eclipse 安装文件下载的名称是 eclipse-jee-ganymede-SR1-win32.zip，下载完毕后的安装文件实际上是.zip 的压缩文件。将其直接解压到某个文件夹路径即可。

2. Eclipse 的运行

在 Eclipse 解压后的文件夹中，双击 Eclipse.exe 文件，即可启动 Eclipse 开发工具。Eclipse 启动界面如图 1-18 所示。

第 1 次启动 Eclipse 时，需要配置 Eclipse 工作区，实际上就是一个文件夹路径。例如，将工作区域设置为“D:\code3.4”，如图 1-19 所示。

图 1-18 Eclipse 启动界面

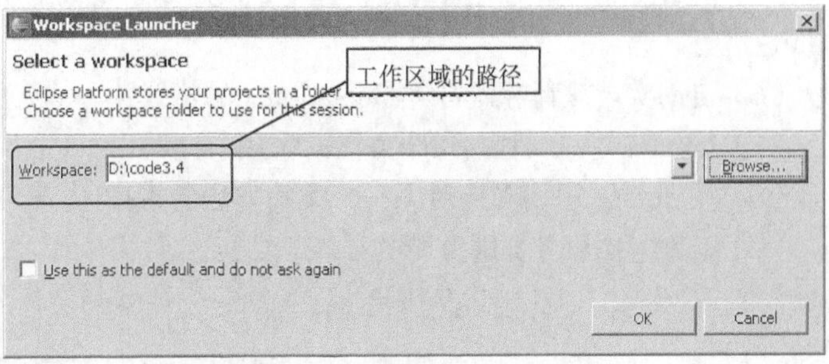

图 1-19 Eclipse 工作区配置

启动以后，Eclipse 工具的主界面如图 1-20 所示。

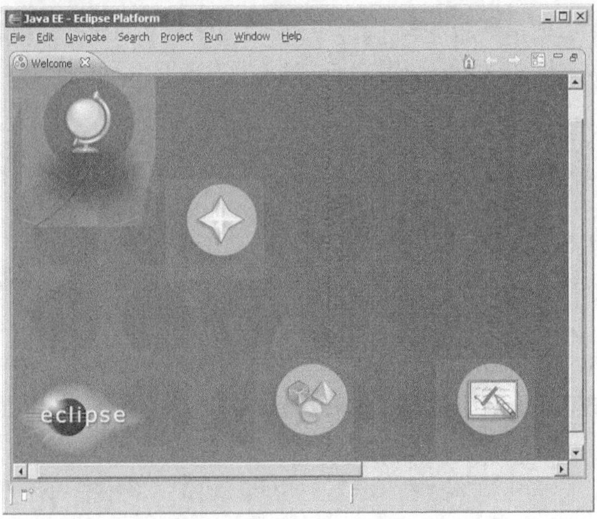

图 1-20 Eclipse 工具的主界面

说明 在运行 Eclipse 之前，需要确定计算机上是否安装了 JDK。如果没有安装 JDK，则 Eclipse 将无法运行。

3. Eclipse 的特性

Eclipse3.4 是 Eclipse 开发工具的最新版本，它与之前的版本有所不同，将一些基本的插件集成到该开发工具中，并加入了许多新特性，用户无需安装其他的插件，就可以方便地开发各种应用程序。下面介绍 Eclipse3.4 常用的特性。

（1）用户可以清晰地了解当前操作类与项目之间的路径，它主要包括包的路径与文件夹的路径。另外，用户还可以自由地在同一路径下的某个节点处，纵向切换到其他节点，在节点所在位置做一些操作。例如，创建一个新类文件或纵向切换下一个节点。

（2）在代码编写区域中，只要将鼠标移动上去，即显示解决方案信息。

（3）在代码编写区域中，按 Ctrl+1 组合键，出现相关的提示信息。例如，提示创建 getXXX()和 setXXX()方法，抽出方法，将低性能的字符串拼接，改用 StringBuilder 或将字符串拼接改用 MessageFormat 等提示信息。

（4）将代码保存后，系统将自动格式化代码。

（5）将当前代码中的对象或变量选中，根据元素是被调用还是被赋值（读或写操作），用不同的颜色进行区分。

（6）自动实现注释标识符（annotation）的格式化。

（7）Junit 支持对线程内每个方法的调用时间输出。

（8）在 outline 里，支持对同一个类中方法的重排序。

（9）新增模拟服务器端监听的 debug 功能。

1.5 JSP 程序初步

Eclipse 是一个成熟的、可扩展的 Java 开发工具。该工具以前的版本，其平台体系结构是在插件概念的基础上构建的，而最新版本的 Eclipse3.4 将一些基本的插件都集成在一起，可以开发出各种类型应用程序。本节将介绍如何利用 Eclipse3.4 开发工具编写一个 JSP 页并部署在 Tomcat 服务器上。

1.5.1 创建 JSP 页

使用 Eclipse3.4 创建一个 JSP 页主要步骤如下。

（1）启动 Eclipse3.4 开发工具后，在菜单栏中选择 File→New→Dynamic Web Project 命令，如图 1-21 所示。

（2）在弹出的 New Dynamic Web Project 对话框中，输入 JSP 项目中的各种信息。其中，在 Project name 输入框中输入 JSP 应用程序的名称，本实例为 sanyang，其他选项采用默认设置如图 1-22 所示。

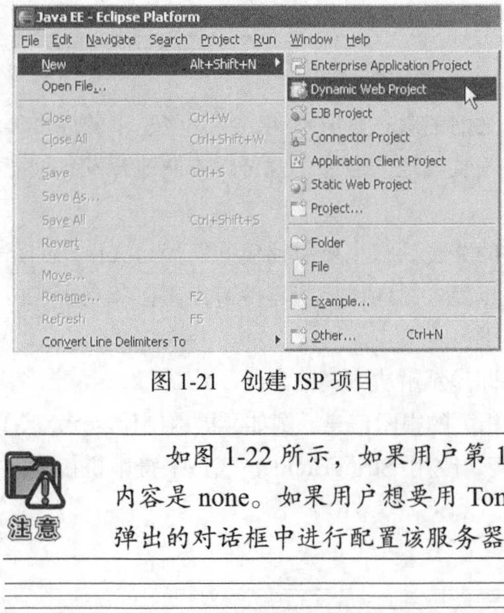

图 1-21 创建 JSP 项目

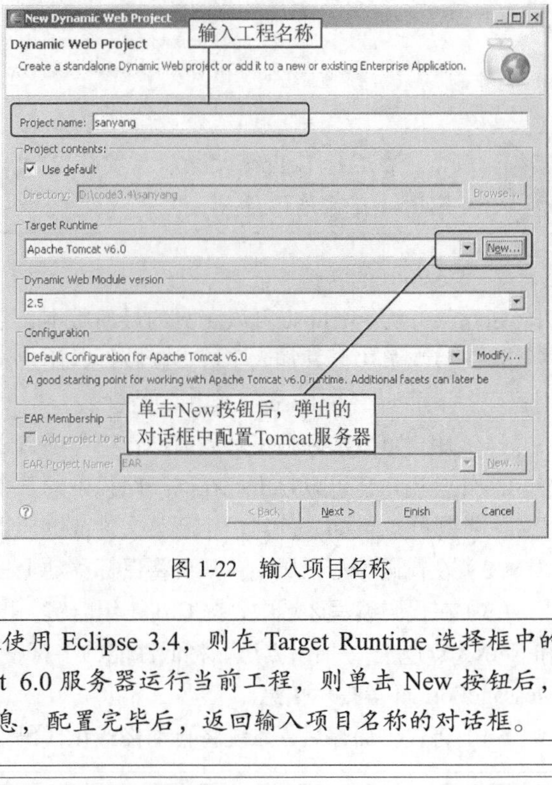

图 1-22 输入项目名称

注意

如图 1-22 所示，如果用户第 1 次使用 Eclipse 3.4，则在 Target Runtime 选择框中的内容是 none。如果用户想要用 Tomcat 6.0 服务器运行当前工程，则单击 New 按钮后，弹出的对话框中进行配置该服务器信息，配置完毕后，返回输入项目名称的对话框。

（3）单击 Finish 按钮，创建该 Web 应用程序。

（4）依次展开 sanyang→WebContent 文件夹，在该文件夹下创建名为 index.jsp 页面，如图 1-23 和图 1-24 所示。

（5）对 index.jsp 页进行如下编码：

```
<%@ page language="java" pageEncoding="GBK"%>
<%@ page import="java.util.Date,java.text.*"%>        <!--引入系统类包的路径-->
<html>
  <head>
    <title>输出系统时间</title>
  </head>
  <body>
   <%
   Date nowday=new Date();                    //获得当前日期
   SimpleDateFormat format=new SimpleDateFormat("yyyy-MM-dd HH:mm:ss");
                                              //创建日期格式化对象
   String time=format.format(nowday);         //将日期格式化为"yyyy-MM-dd HH:mm:ss"形式
   out.print("当前系统时间："+time);            //输出当前系统时间
   %>
  </body>
</html>
```

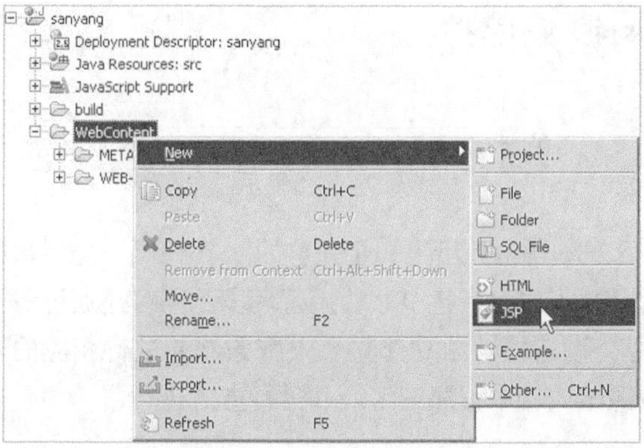

图 1-23 右键菜单项

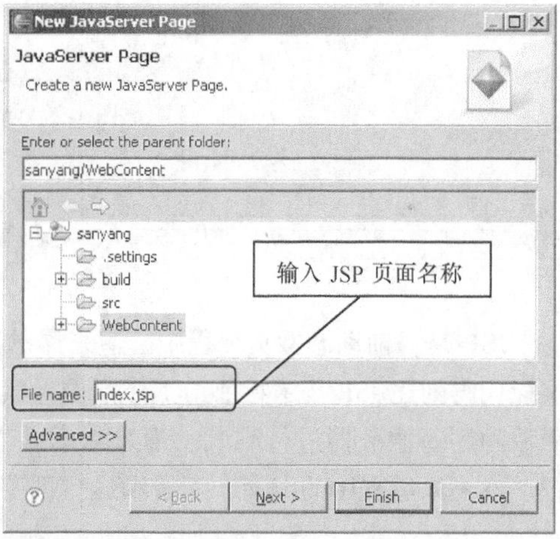

图 1-24 新建 JSP 文件

（6）保存编辑好 JSP 页，至此，完成了一个简单的 JSP 应用程序的创建。

1.5.2 部署 JSP 程序

完成 JSP 应用程序的创建后，就可以运行 JSP 程序了。运行 JSP 程序的具体步骤如下。

（1）在 Eclipse3.4 开发工具中，选择 Run→Run As→Run on Server 命令，如图 1-25 所示。

（2）在弹出的 Run On Server 对话框中，选择 Tomcat 6.0 服务器，如图 1-26 所示。

（3）单击 Finish 按钮，将启动 Tomcat 服务器。

（4）打开 IE 浏览器，在地址栏输入 http://localhost:8080/sanyang/地址，访问 sanyang 应用，运行结果如图 1-27 所示。

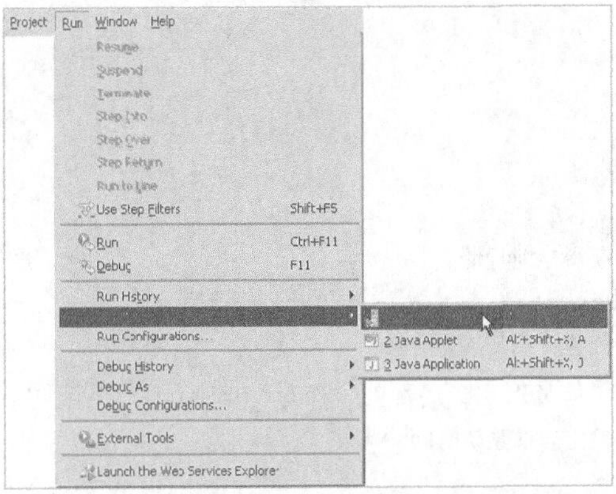

图 1-25 选择菜单项启动服务器

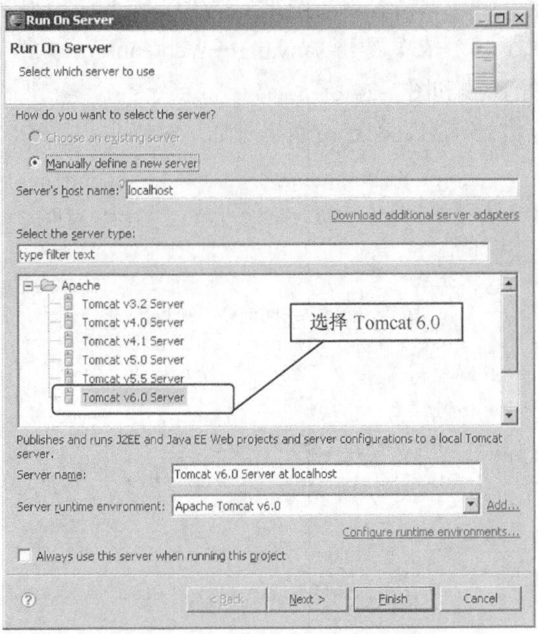

图 1-26 选择 Tomcat 服务器的版本

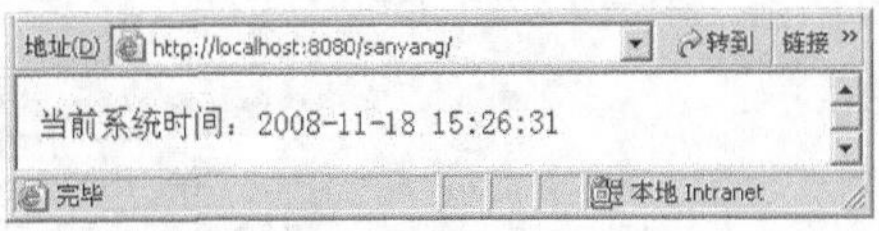

图 1-27 index.jsp 页运行结果图

小 结

JSP 是目前动态网页编程中普遍采用的技术。本章首先给出一个完整的 JSP 代码，之后根据这段代码阐述 JSP 技术特征与工作原理，然后介绍了如何搭建 JSP 的运行环境，同时还通过一个简单程序对服务器进行测试。通过本章的学习，读者能够独立建立个人服务器并进行相应的配置。本书以后程序的编译、配置和运行都要按照本实例中程序的编译和运行方式进行。

习 题

1. 根据本章介绍的 JSP 工作原理，简述 JSP 工作的具体流程。
2. 根据本章介绍的 JSP 技术特征，简述 JSP 与其他 Web 语言的区别。
3. 根据本章介绍的 JSP 技术特征，简述 JSP 的优点。
4. JDK 安装完毕后，在环境变量中需配置哪些内容？
5. 编写一个 JSP 程序，在页面中输入系统时间，要求：输入的系统时间时判断当前时间是“上午”、“中午”还是“下午”，并给出友好的提示信息。例如，当前系统时间是上午，在页面输出“早上好！新的一天即将开始，您准备好了吗？”；当前系统时间是中午，在页面输出“午休时间！正午好时光！”；当前系统时间是下午，在页面中输出“下午继续努力工作吧！”。

第 2 章 JSP 辅助知识

在第 1 章中，我们了解了 JSP 的工作原理，并且学习了如何配置 JSP 的运行环境。在学习开发 JSP 应用之前读者还需要掌握网页开发的基本知识，包括 HTML、JavaScript 语言等。

通过本章的学习，读者可以熟练应用 HTML 中的表单元素，掌握如何通过 JavaScript 语言判断表单中各个元素中的属性值，并且对 Web 应用体系结构与应用服务器有一定的了解。

2.1 JSP 中的 HTML 元素

在某种程度上,可以将 JSP 页面看作是含有 Java 代码的 HTML 页面,将与 JSP 关系密切的 Servlet 看作是含有 HTML 的 Java 程序。JSP 与 HTML 是密不可分的，要学习 JSP，必须对 HTML 有一个基本认识。如果读者已经对 HTML 属性有所了解，可以跳过这一章。

目前，HTML 大概有 100 多个元素，元素的属性繁多，因此笔者只介绍 HTML 文本结构和 JSP 中常用的 HTML 中的各种表单元素。下面将分别进行介绍。

2.1.1 HTML 文本结构

HTML 文件中包含了要显示在网页上的信息，该信息包括浏览器中显示哪些文字、在什么位置显示、以什么字体格式显示等。如果使用了图片、声音等资源，HTML 文本还会告诉浏览器去什么地方查找这些资源，以及对应资源文件的存放位置等。HTML 网页使用元素来实现上述功能。

HTML 文本的基本结构代码如下：

```
<html>
<head>
        <title>网页的标题</title>
</head>
<body>
        网页的内容，很多元素都作用于此
</body>
</html>
```

在上述代码中，整个 HTML 文件处于<HTML>与</HTML>元素之间。<HTML>用于声明这个 HTML 文件，让浏览器认出并正确处理此 HTML 文件。文件分两部分，<HEAD>与</HEAD>元素之间称为开头，<BODY>与</BODY>元素之间称为文本。基本上两者各有适用的元素，如<TITLE>只可出现于开头部分。开头部分用以存放重要的信息，而只有文本部分会被显示。所有大部分元素会运用于文本部分。

说明 <TITLE>表示是文件的标题，会出现于浏览器顶部及作为别人收藏夹收藏时的名称，所以每个页面的<TITLE>设置都不同，明确的标题是十分必要的。

2.1.2 表单元素设置

表单元素在 HTML 页面设计中起着非常重要的作用，它是用户与网页进行信息交互的主要手段。例如，在网上注册一个免费邮箱时，通常需要填写邮箱地址、个人资料、密码等信息，然后提交到网站服务器。网页中可供用户填写信息的元素，就是表单元素，通过这些表单元素，能够接收用户输入信息并将其转交给服务器。通常一个完整的表单应该包含说明性文字、用于用户填写的输入框、提交和重置按钮。下面将介绍常见的输入表单。

1. 表单元素：<form>

表单元素用于创建数据条目表，如访问填写个人信息的注册表就是表单的典型应用。<form>表单的语法如下：

```
<form name="" method="" onReset="" action="" onSubmit="" target="">
        ......
</form>
```

<form>表单属性说明如表 2-1 所示。

表 2-1 <form>属性说明

属性名称	含　义
name	指定表单名称
method	指定数据传送到服务器的方式。可选值是 get 和 post。当 method 选择 get 方式时，将输入的数据追加到 action 指定的地址后面，并传送到服务器。当 method 选择 post 方式时，则将输入的数据按照 HTTP 中 post 传输方式传送到服务器
onReset	主要针对重置（Reset）按钮和提交（Submit）按钮，分别设置在单击这两个按钮之后所要执行的程序
onSubmit	
action	设置处理表单数据程序 URL 的地址
target	指定输入结果显示在哪个窗口。用户单击表单的 Submit 按钮，就会打开另外一个网页，target 属性就指定了打开的网页是一个新窗口或是原来的表单所在的窗口中打开新页面。可选值是_blank、_self 和_parent

2. 输入框元素：<input>

<input>元素用来指定表单中数据的输入方式及表单的提交按钮。<input>元素的基本语法如下：

```
<input type="" name="" aligh=""value=""src=""checked maxlength=""size=""onclick=""
onselect=""/>
```

<input>元素属性说明如表 2-2 所示。

表 2-2 <input>元素属性说明

属性名称	含　义
type	输入数据的类型
name	当前<input>元素名称
aligh	设置表单的位置是靠左（left）、靠右（right）、居中（middle）、靠上（top）还是靠底（bottom）

续表

属性名称	含　义
value	用于设定输入的默认值，即如果用户不输入内容，就采用此默认值
src	针对 type=image 属性设置来说，设定图像文件的地址
checked	表示选择框中，此项被默认选中
maxlength	表示在输入单行文本时，最大输入字符的个数
size	用于设定在输入多行文本时的最大输入字符数
onclick	表示在单击按钮时调用指定的子程序
onselect	表示当前项被选择时调用指定的子程序

如表 2-2 所示，<input>元素中的 type 属性用来设置输入数据的类型，该属性可选值如表 2-3 所示。

表 2-3　　type 属性设置

属性名称	含　义
text	表示输入单行文本
textarea	表示输入多行文本
password	表示输入数据为密码，用“*”表示
checkbox	表示复选框
radio	表示单选框
submit	表示表单的提交按钮，数据将被送到服务器
reset	表示清除表单数据，以便重新输入
file	表示插入一个文件
hidden	表示隐藏域
image	表示插入图片
button	表示普通按钮

3. 选择元素：<select>、<option>

<select>元素用来设置下拉列表或滚动列表来选择要提交的数据。下拉列表和滚动列表通过<select>元素中使用若干个<option>子元素来定义。其基本格式如下：

```
<select name="" multiple="" size="">
        <option value="" selected>value</option>
</select>
```

<select>元素说明如下。

- name 属性：设置选择列表的名称，供应用程序作识别之用。
- multiple 属性：设置选择列表的选项数量，即高度。
- size 属性：可以让选择列表有多重的选项。

<option>元素说明如下。

- value 属性：设置该选项的值。
- selected 属性：设置该选项被选中。

4. 输入文本框元素：<textArea>

<textArea>元素用于表示表单中可滚动的多行文本字段。其基本格式如下：

```
<textarea name="textarea" name="" cols="" rows="" wrap=""></textarea>
```

参数说明如下。

- name 属性：设置多行文本字段的名称。
- cols 属性：设置多行文本字段的宽度。
- rows 属性：设置多行文本字段的高度。
- wrap 属性：设置多行文本字段的换行，可选值如表 2-4 所示。

表 2-4　　wrap 属性设置

名　称	含　义
off	表示不使用此属性
physical	表示会强迫浏览器在发送资料时必须将文本中的换行元素送出
virtual	送出连续成串的字（除非使用者按下键盘的 Enter 键）

下面的实例将以用户注册页来说明如何设置<form>元素内的表单元素。用户注册页面的关键代码如下：

```
<form action="" method="post" enctype="multipart/form-data" name="form1">
<table width="409" border="1">
  <tr>                                          <!--用户名表单的设置-->
    <td>用户名：</td>   <td><input type="text" name="username"></td>
  </tr>
  <tr>                                          <!--密码表单的设置-->
    <td>密码：</td>     <td><input type="password" name="password"></td>
  </tr>
  <tr>                                          <!--密码确认表单的设置-->
    <td>确认：</td>     <td><input type="password" name="repassword"></td>
  </tr>
  <tr><td>性别：</td>                           <!--性别设置-->
    <td><input name="sex" type="radio" value="男" checked="checked">男
        <input name="sex" type="radio" value="女" checked="checked">女</td></tr>
  <tr>                                          <!--出生日期设置-->
    <td>出生：</td>     <td><input type="text" name="born"></td>
  </tr>                                         <!--学历选择对话框设置-->
  <tr> <td>学历：</td>
    <td><select name="schoolAge">
        <option value="大专">大专</option><option value="本科">本科</option>
        <option value="研究生">研究生</option><option value="博士生">博士生</option>
      </select></td></tr>
<tr>                                            <!--地址表单设置-->
    <td>地址：</td>     <td><input type="text" name="address"></td>
</tr>
<tr>                                            <!--邮编表单设置-->
    <td>邮编：</td>     <td><input type="text" name="post"></td>
```

```
</tr>
<tr>
   <td>爱好：</td>                            <!--爱好复选框表单设置-->
   <td><input name="like" type="checkbox" value="游泳">游泳
     <input name="like" type="checkbox" value="听歌">听歌
     <input name="like" type="checkbox" value="跑步">跑步
     <input name="like" type="checkbox" value="羽毛球">羽毛球</td>
</tr>
<tr>                                          <!--照片上传表单设置-->
   <td>照片：</td>     <td><input type="file" name="photo"></td>
</tr>
<tr>                                          <!--自我介绍文本域表单设置-->
   <td>介绍：</td>
   <td><textarea name="introduce" rows="5" id="introduce"></textarea></td>
</tr>
<tr>                                          <!--"注册"和"重置"按钮设置-->
     <td> <input type="submit" name="Submit" value="注册">
     <input type="reset" name="Submit2" value="重置"> </td>
</tr>
</table>
</form>
```

程序运行结果如图 2-1 所示。

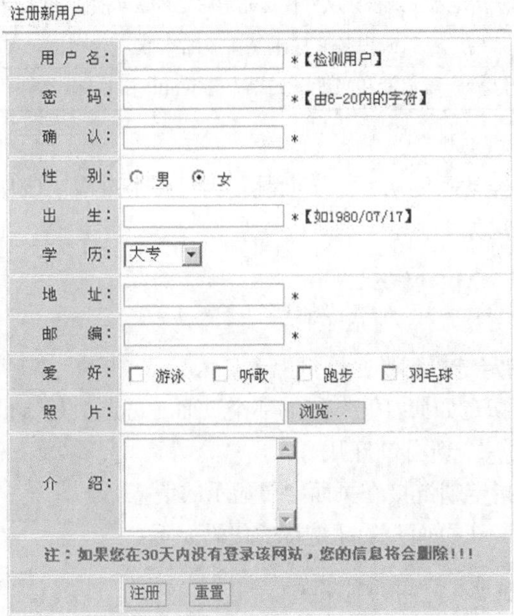

图 2-1　设置用户注册页面

2.1.3　其他元素设置

HTML 语言中的元素很多，限于篇幅不能一一介绍，只介绍 3 个常用元素：<img>元素、<embed>元素和<a>元素。

1. 图像元素：<img>

<img>元素用来指定 HTML 文件中插入的图像。其使用语法如下：

```
<img src="" dynsrc="" height="" width="" vspace="" hspace="" border=""/>
```

<img>元素参数说明如表 2-5 所示。

表 2-5　<img>元素参数说明

<img>元素参数	含　义
src 和 dynsrc	表示图像文件和视频文件的地址
height 和 width	分别表示插入图像的高度和宽度
vspace 和 hspace	分别表示插入图像的上下、左右空白区域的大小
border	指定插入的图像边框宽度

2. 多媒体元素：<embed>

<embed>元素可以播放音乐和视频，当浏览器执行到该元素时，会把浏览器所在计算机中的默认播放器嵌入到浏览器中，以便播放音乐或视频。其基本语法如下：

```
<embed autostart=""loop=""width=""heigh=""/>
```

<embed>元素参数说明如表 2-6 所示。

表 2-6　<embed>元素参数说明

<embed>元素参数	含　义
autostart	用来指定音乐或视频文件传送完毕后是否立即播放，可选值是 trut 和 false，默认值 false
loop	用来指定音乐或视频文件重复播放的次数
width 和 heigh	指定播放器宽度和高度，如果省略 width 和 heigh 属性，将使用默认值

3. 超链接元素：<a>

在网上浏览信息时，经常需要从一个页面跳转到另一个页面，该功能通过使用超链接元素来完成。超链接元素使用语法如下：

```
<a href=""target="">value</a>
```

属性说明如下。

- href 属性：用来指定链接到哪个网页上去。
- target 属性：用来指定如何打开链接的那个页面，可选值是_self（在原来页面的窗口上打开）、_blank（在浏览器的一个新窗口打开）。
- value 属性：用来指定超链接在页面中要显示的信息。

例如，设置“进入下一个页面”的超链接的代码如下：

```
<a href="index.jsp">进入下一个页面</a>
```

2.2　JSP 中的 JavaScript 语言

通过 2.1 节内容的学习，我们对 HTML 基本元素有了一定的了解，并能够对这些元素进行简单的设置。这些元素都是网页的显示部分，即用来设置最终浏览器网页的样式。但是，如果要想让网页验证表单中的文本输入框是否为空，即用户是否输入内容，HTML 就无能为力了，这就要使用 JavaScript 语言。本节将介绍有关 JavaScript 语言的基础知识。

2.2.1　JavaScript 语言概述

脚本语言就是可以和 HTML 混合使用的语言，主要包括 JavaScript 语言和 VBScript 语言，其中 VBScript 只能在微软公司的 IE 浏览器上才能完全支持，而 JavaScript 在任何浏览器上都可以运行。

JavaSrcipt 是一种高级脚本语言，它具有以下 3 个优点。

（1）JavaScript 采用在 HTML 文本中嵌入小程序段的方式，开发过程非常简单，并且提高了响应速度。

（2）JavaScript 可以直接对用户或者客户的输入作出响应，而不需要经过 Web 服务器，减少了客户浏览器与服务器之间的通信量，提高了速度。

（3）JavaScript 是一种与平台无关的解释性脚本语言，依赖于浏览器，而与操作系统无关，只要计算机能运行浏览器，且该浏览器支持 JavaScript，就可以执行 JavaScript 脚本程序。

2.2.2　网页中的 JavaScript

在网页中引入 JavaScript，只需加入<Script>元素，然后再设置所用语言即可。例如，通过 JavaScript 输出一句话的代码如下：

```
<html>
    <body>
        <script language="javascript">
             document.write("欢迎来到钟毅空间，相信您会找到您所需要的知识！！！")
        </script>
    </body>
</html>
```

程序运行结果如图 2-2 所示。

在上述代码中，使用了一对<script>和</script>元素，元素中的 language 属性设置为 JavaScript，这是因为脚本使用的是 JavaScript 语言。事实上，如果省略了 language 属性的设置，IE 浏览器也不会出错。<script>和</script>元素中的脚本是使用 JavaScript 语言编写的，程序中的函数名称 sanyang，函数体中只有一条语句“document.write("欢迎来到钟毅空间，相信您会找到您所需要的知识!!!")”，该语句的功能是使浏览器输出括号中的字符串。

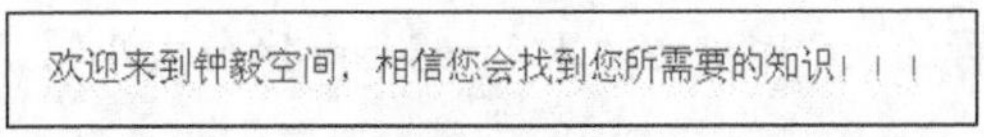
欢迎来到钟毅空间，相信您会找到您所需要的知识！！！

图 2-2　通过 JavaScript 输出一句话

> **注意**　JavaScript 区分字母的大小写，而 HTML 不区分字母的大小写。

2.2.3　基本语法

下面将介绍 JavaScript 常见的语法知识。

1. 数据类型

在 JavaScript 语言中，常见的数据类型如表 2-7 所示。

表 2-7　　JavaScript 中的数据类型

名　称	类　型	含　　义
number	数值型	该类型包含整数和浮点数。整数可以为正整数或负整数，浮点数可以包括小数点，如“5.33”或“7E-2”
string	字符串型	字符串数据应加上单引号或双引号
boolean	布尔型	可以为 true 或 false 两个值
object	对象型	该类型是 JavaScript 的重要组成部分

2. 变量

与其他编程语言相同，JavaScript 中的数据也分为常量和变量。JavaScript 对变量的数据类型要求并不严格，不必声明每一个变量的类型。例如，通过使用 var 关键字声明一个变量代码如下：

```
var isBanana = false;
```

在上述代码中，变量 isBanana 为 boolean 类型，赋值为 false。

变量命名需要遵守以下 5 个规则。

（1）变量命名必须以一个英文字母或下划线开头，也就是变量名的第 1 字符必须是 A 到 Z 或 a 到 z 之间的字母，或是“_”。

（2）变量名长度在 0~255 个字符之间。

（3）除了首字符，其他字符可以使用任何字符、数字或下划线，但不能使用空格。

（4）不能使用 JavaScript 中的保留字。

（5）不能使用 JavaScript 的运算符。

3. 数组

数组就是由一组数值按照顺序排列在一起，并放在同一个变量中，而每个数值都可以通过索引得到数组中所存储的信息。例如，声明含有两个数的一维数组的代码如下：

```
var arrUserInfo = new Array(2)
```

在上述代码中，第 1 个数索引下标是 0，第 2 个数索引下标是 1。

声明数组时，使用 new 和 Array 关键字。new 代表建立一个新的对象，Array 是 JavaScript 内置的一个对象，由于 JavaScript 区分大小写，因此 Array 的首字母必须是大写的。

2.2.4　常用语句

在 JavaScript 语言中，通常采用一个或多个关键字完成给定的程序。语句可以非常简单，如函数退出；也可以非常复杂，如声明一组要反复执行的名称。下面将介绍 JavaScript 语言中标准的常用语句。

1. 函数定义语句

JavaScript 函数定义格式如下：

```
function 函数名称(参数){
        函数执行部分
        return 表达式
}
```

上述代码中，return 语句表示函数的返回值，通过 JavaScript 函数格式定义一个函数的代码如下：

```
function sanyang(){
    alert("欢迎来到三扬科技！！")
    return 表达式
}
```

2. 条件语句

条件语句通过 if…else 来完成程序流程块中的分支功能。具体格式如下：

```
if(条件){
        执行语句 1
}else{
        执行语句 2
}
```

在上述代码中，如果条件成立，则执行语句 1，否则执行语句 2。

3. 分支语句

分支语句 switch 根据一个表达式取值的不同而采用不同的处理方法。具体格式如下：

```
switch(表达式){
        case 1:执行语句 1;break;
        case 2:执行语句 2;break;
        case 3:执行语句 3;break;
        ......
}       default:执行语句;break;
```

在上述代码中，表达式的值与 case 值都不匹配，将执行 default 后面的语句。

4. 循环语句

在 JavaScript 语言中，循环语句包含 for 语句、for...in 语句和 while 语句。下面将分别进行介绍。

（1）for 语句。for 语句的功能是只要循环条件成立，就反复执行循环体中的语句。具体格式如下：

```
for(变量初始化;条件;更新变量){
            执行语句;
}
```

（2）for...in 语句。for...in 语句与 for 语句相似，不同的是 for...in 循环的范围是一个对象的所有属性或一个数组中的所有元素。具体格式如下：

```
for(变量 in 对象或数组){
        执行语句;
}
```

（3）while 语句。while 语句中的条件如果始终成立，则一直循环下去，直到条件不再成立为止。该语句的具体格式如下：

```
while(条件){
    执行语句
}
```

注意

在 Javascript 语言中还有两个语句：break 语句和 continue 语句。其中 break 语句是结束当前的各种循环，并执行循环的下一条语句；continue 语句是结束当前的循环语句，并立即开始下一个循环。

2.2.5 对象

JavaScript 是基于对象的语言，每个对象都有自己的方法，而且 JavaScript 语言本身具有很多对象，下面将介绍一些常用的对象。

1. 时间对象：Date

Date 对象的主要作用是获取当前的系统时间，使用该对象必须使用关键字 new 来创建。例如下面的代码：

```
var date=new Date()
```

Date 对象的方法如表 2-8 所示。

表 2-8　Date 对象的方法

名　称	含　义	名　称	含　义
getYear()/setYear()	获取或赋值当前的年份	getMonth()/setMonth()	获取或赋值当前的月份
getDate()/setDate()	获取或赋值当前的日期	getDay()/setDay()	获取或赋值当前的星期
getHours()/setHours()	获取或赋值当前的小时	getMinutes()/setMinutes()	获取或赋值当前的分钟
getSeconds()/setSeconds()	获取或赋值当前的秒	getTime()/setTime()	获取或赋值当前的时间（以毫秒为单位）

2. 数学对象：Math

Math 对象可以用来处理各种数学运算。Math 对象的内置方法定义了各种数学运行，可以直接调用。Math 对象的方法如表 2-9 所示。

表 2-9　Math 对象的方法

名　称	含　义	名　称	含　义
abs(x)	返回 x 的绝对值	acos(x)	返回 x 的反余弦值
asin(x)	返回 x 的反正弦值	atan(x)	返回 x 的反正切值
ceil(x)	返回大于或等于 x 的最小整数	cos(x)	返回 x 的余弦值
exp(x)	返回 e 的 x 次方	floor(x)	返回小于或等于 x 的最大整数
max(x,y)	返回 x、y 中的最大值	min(x,y)	返回 x、y 中的最小值
pow(x,y)	返回 x 的 y 次方	round(x)	返回 x 的整数部分
sin(x)	返回 x 的正弦值	sqrt(x)	返回 x 的平方根
tan(x)	返回 x 的正切值		

3. 字符串对象：String

String 是字符串对象，也是使用较多的对象，该对象只有一个属性：length 属性，表示字符串中包含的字符数目。

String 对象的方法如表 2-10 所示。

表 2-10　String 对象的方法

名　称	含　义	名　称	含　义
big()	设置字符串为大字体	small()	设置字符串为小字体
italics()	设置字体为斜体	fixed()	设置固定字体
bold()	设置字体为粗体	substring()	获取自 start 到 end 的子串
toUpperCase()	转换字符串为大写	toLowerCase()	转换字符串为小写
fontsize(size)	设置字体的大小，参数 size 为整数，数越大字体就越大		
fontcolor(color)	设置字体的颜色，参数 color 可以使用 bule、red 等表示，也可以使用 ff0233 等 6 位十六进制数表示		
indexOf(char,start)	在字符串中从 start 处开始查找第 1 个出现的 char 字符，并返回其位置		

2.2.6　事件

在基于 Windows 平台的程序设计中，事件（event）是一个很重要的概念。所谓事件就是由某个对象发出的消息，这个消息标志着某个特定的行为发生，或某个特定的条件成立。例如，单击鼠标、单击按钮或者打开窗口时，都会触发相应的事件。下面将介绍在 JavaScript 中处理事件方法及 HTML 元素事件的种类。

1. 指定事件处理程序

指定事件处理程序有以下 3 种方法。

（1）直接在 HTML 元素中指定。这种方法应用比较普遍，具体格式如下：

```
<HTML 元素...事件="事件处理程序" [事件="事件处理程序" ...]>
```

例如，通过<body>元素中指定 onload 事件的代码如下：

```
<body onload="alert('网页读取完成，请欣赏！')" onunload="alert('欢迎下次光临，再见！')">
```

网页加载完毕后运行结果如图 2-3 所示。网页关闭后运行结果如图 2-4 所示。

在上述代码中，<body>元素能使页面读取完毕时弹出一个对话框，并显示提示信息“网页读取完成，请欣赏!”；在用户退出页面（关闭窗口或到另一个页面去）时弹出一个对话框，并显示提示信息“再见”。

图 2-3　网页加载完毕后运行结果

（2）编写特定对象特定事件的 JavaScript。这种方法应用比较少，但在某些实际操作过程中比较有用。具体格式如下：

```
<script language="JavaScript" for="对象" event="事件">
        ...(事件处理程序代码)...
</script>
```

例如，弹出一个提示对话框的 JavaScript 代码如下：

```
<script language="JavaScript" for="window" event="onload">
  alert('网页读取完成，请慢慢欣赏！');
</script>
```

程序运行结果如图 2-5 所示。

图 2-4　网页关闭后运行结果

图 2-5　弹出一个提示对话框

（3）在 JavaScript 中说明。具体格式如下：

```
<事件主角 - 对象> <事件> = <事件处理程序>;
```

在上述格式中，“事件处理程序”是真正的代码，而不是字符串形式的代码。如果事件处理程序是自定义函数没有任何参数，就不要加“()”。例如下面的代码：

```
function ignoreError() {
  return true;
}
...
window.onerror = ignoreError;              // 没有使用“()”
```

在上述代码中，ignoreError()函数定义 window 对象的 onerror 事件的处理程序。它的功能是忽略该 window 对象下任何错误，但引用不允许访问的 location 对象产生的“没有权限”错误是不能忽略的。

2. 鼠标单击事件

鼠标单击事件是常见的事件，事件对应的方法名是 onclick。具体格式如下：

```
onclick=函数或处理语句
```

例如，单击网页中的按钮后，弹出提示信息的代码如下：

```
<body>
<input value=" 单击按钮 " type="button" onclick="alert(鼠标单击事件)">
</body>
```

程序运行结果如图 2-6 所示。

3. 下拉列表事件

下拉列表是常用的一种 HTML 元素，通常情况下，利用 onChange 事件来处理。具体格式如下：

```
onChange=函数或处理语句
```

例如，选中网页中的选择对话框内容，并弹出提示信息的代码如下：

```
<select name="select" onchange="alert('您选择了'+select.value)">
    <option value="北京">北京</option> <option value="上海">上海</option>
    <option value="天津">天津</option> <option value="重庆">重庆</option>
</select>
```

程序运行结果如图 2-7 所示。

图 2-6　鼠标单击事件的运行结果

图 2-7　选中网页中的选择对话框内容运行结果

4. 判断输入框是否为空

当用户浏览网页时，经常需要进行“注册”或“登录”操作，需要校验表单中输入框是否为空。这时，可以利用<form>元素中的 onsubmit 属性进行设置，该事件用于发生在表单的“提交”按钮被单击（按下并放开）时，使用该事件可以验证表单的有效性。通过在事件处理程序中返回 false 值（return false）可以阻止表单提交。

下面将实现校验用户注册页面中表单内容是否为空，具体步骤如下。

（1）编写用户注册页面中的表单信息代码如下：

```
<form action="" method="post" name="form1" onsubmit="return userCheck()">
<table width="409" border="1">
    <tr>
        <td>用户名：</td>              <!--设置用户名的表单-->
        <td><input type="text" name="username"></td>
    </tr>
    <tr>                              <!--设置用户登录密码的表单-->
        <td>密码：</td><td><input type="password" name="password"></td>
    </tr>
    <tr>                              <!--设置确认密码的表单-->
        <td>确认：</td><td><input type="password" name="repassword"></td>
    </tr>
    <tr>                              <!--设置出生日期的表单-->
        <td>出生：</td><td><input type="text" name="born"></td>
    </tr>
    <tr>                              <!--设置地址的表单-->
        <td>地址：</td><td><input type="text" name="address"></td>
    </tr>
    <tr>
        <td>介绍：</td>                <!--设置介绍的表单-->
        <td><textarea name="introduce" rows="5" id="introduce"></textarea></td>
    </tr>
</table>
    <input type="submit" name="Submit" value="注册">
    <input type="reset" name="Submit2" value="重置">
</form>
```

（2）校验用户注册页面的表单信息是否为空的 JavaScript 代码如下：

```
<script type="text/javascript">
    function userCheck() {                  //校验用户名表单是否为空
        if (document.form1.username.value == "") {
            window.alert("请输入用户名");
            return false;
        }                                   //校验密码表单是否为空
        if (document.form1.password.value == "") {
            window.alert("请输入用户密码");
            return false;
        }                                   //校验密码确认是否为空
        if (document.form1.repassword.value == "") {
            window.alert("请输入密码确认");
```

```
            return false;
        }                                           //校验密码与确认密码是否一致
        if (document.form1.repassword.value != document.form1.password.value) {
            window.alert("您输入的两次密码并不相同");
            return false;
        }                                           //校验出生日期表单是否为空
        if (document.form1.born.value == "") {
            window.alert("请输入出生日期");
            return false;
        }                                           //校验地址表单是否为空
        if (document.form1.address.value == "") {
            window.alert("请输入地址");
            return false;
        }                                           //校验自我介绍表单是否为空
        if (document.form1.introduce.value == "") {
            window.alert("请输入自我介绍");
            return false;
        }
        return true;
    }
</script>
```

（3）程序运行结果如图 2-8 所示。

图 2-8　校验用户注册页面中表单内容

2.3　Web 应用程序体系结构

随着 Web 技术的出现，早期网络的集中式计算机逐步被分布式计算机所替代。Web 技术是一种分布式计算机技术，使用这种技术构建企业应用程序时，需要开发大量的程序，把这些程序分布在不同的计算机上，在应用中承担不同的职责。例如，计算机程序可以展示用户界面、进行逻辑计算、进行数据处理。企业级应用系统通过分为两层、三层或 N 层架构。下面将分别进行介绍。

2.3.1　三层架构

按照程序的分工不同，把应用程序分为如下 3 层。

（1）数据显示层：用户数据输入界面和数据显示界面，运行在客户端上。

（2）逻辑计算层：数据计算功能，运行在应用服务器上。

（3）数据处理层：数据库处理功能，运行在数据库服务器上。

1. 三层架构结构

应用程序的三层架构的结构如图 2-9 所示。

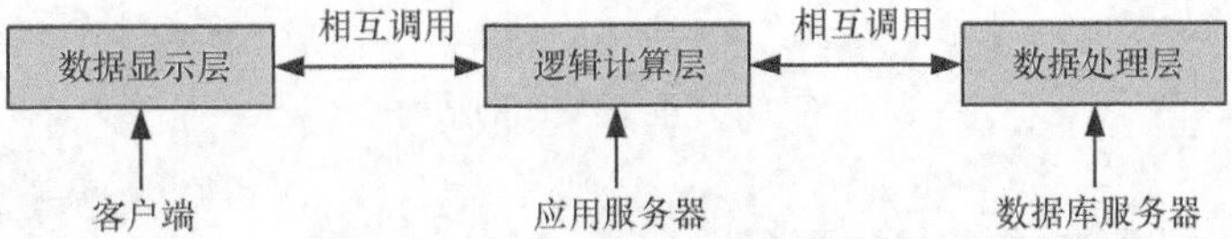

图 2-9　三层架构的结构

客户端：本地用户使用的计算机，通过客户端软件请求应用服务器提供服务。

应用服务器：接受客户请求进行数据计算，并把计算结果返回给客户。JSP 页面使用的服务器，该服务器通常由 JSP 引擎、Servlet 引擎和 Web 服务器构成。

数据库服务器：提供数据处理和事务处理。例如，SQL Server、MySQL Server 和 Oracle。

2. B/S 架构与 C/S 架构

根据客户端程序的运行机制不同，三层架构又分为 B/S 架构与 C/S 架构。

（1）C/S 架构。C/S（Client/Server，即客户/服务器）模式。服务器通常采用高性能的 PC、工作站或小型机，并采用大型数据库系统，如 Oracle、Sybase、Informix 或 SQL Server。客户端需要安装专用的客户端软件。

C/S 的优点是能充分发挥客户端 PC 的处理能力，很多工作可以在客户端处理后再提交给服务器，客户端响应速度快。缺点主要有以下几个。

- 只适用于局域网。而随着互联网的飞速发展，移动办公和分布式办公越来越普及，这就需要系统具有扩展性。这种远程访问方式需要专门的技术，同时要对系统进行专门的设计来处理分布式的数据。
- 客户端需要安装专用的客户端软件。首先涉及安装的工作量，其次任何一台计算机出现问题，如病毒、硬件损坏，都需要进行安装或维护。特别是有很多分部或专卖店的情况，不仅仅是工作量的问题，而是路程的问题。另外，系统软件升级时，每一台客户机需要重新安装，其维护和升级成本非常高。

对客户端的操作系统一般也会有限制。可能适用于 Windows 98，但不能用于 Windows 2000 或 Windows XP。或者不适用于微软公司新的操作系统等，更不用说 Linux、UNIX 等。

（2）B/S 架构。B/S（Brower/Server，即浏览器/服务器）模式，客户机上只要安装一个浏览器（Browser），如 Netscape Navigator 或 Internet Explorer，服务器安装 Oracle、MySQL Server 或 SQL Server 等数据库。浏览器通过 Web Server 同数据库进行数据交互。

B/S 最大的优点是可以在任何一台能上网的计算机上进行操作而不用安装专门的客户端软件。只要有一台能上网的计算机就能使用，客户端零维护。系统的扩展非常容易，由系统管理员分配一个用户名和密码，就可以使用了。甚至可以在线申请，通过公司内部的安全认证后，系统自动分配给用户一个账号进入系统。

2.3.2　二层架构

在二层架构中，由同一程序来实现逻辑计算和数据处理，即把逻辑层与数据处理层合并为一层。这时，应用服务器和数据库服务器可以是同一台计算机。根据客户端程序的性质，二层架构也可以分为 C/S 结构和 B/S 结构。

二层架构的结构如图 2-10 所示。

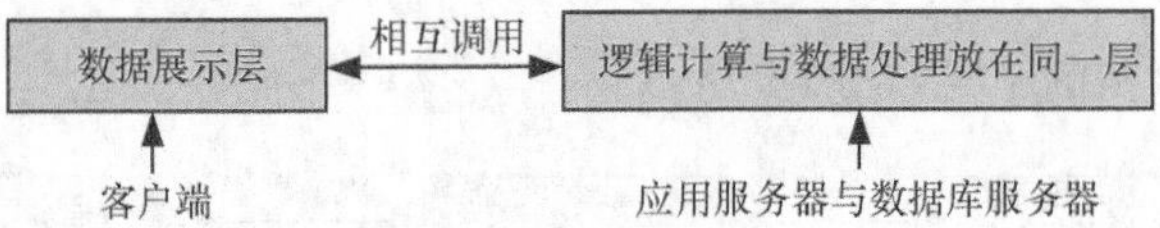

图 2-10 二层架构的结构

2.3.3 JSP 技术支持的架构

JSP 技术开发的程序架构只是 B/S 结构或 C/S 架构。JSP 技术支持的层次如图 2-11 所示。

图 2-11 JSP 技术支持的层次

JSP 页面是由显示用户界面的 HTML 元素和数据计算两部分组成，因此，数据显示层代码和数据计算代码可能处在同一个 JSP 页面上，它们都部署在 Web 服务器端。

JSP 页面有如下 3 种形式。

- JSP 页面由 HTML 元素与 Java 表达式组成。
- JSP 页面由 HTML 元素与 Servlet 模块组成。
- JSP 页面由 HTML 元素与 Bean 组成。

Java 表达式、Servlet 模块实现逻辑计算功能，Bean 实现数据处理功能，HTML 元素实现数据显示功能。JSP 页面中的 Java 表达式最终被 JSP 引擎转换成 Servlet 模块，当客户端发送 Servlet 请求时，Servlet 引擎将这些应用 Servlet 模块载入内存运行，以处理客户端的请求。

2.4 应用服务器

通过前面介绍的知识我们知道 JSP 技术支持的应用服务器是由 JSP 引擎、Servlet 引擎和 Web 服务器组成。JSP 引擎将 JSP 页面转换并编译为相应的字节码文件（Servlet 应用模块）、Servlet 引擎将客户端的请求传递给相应的 Servlet 模块，即 Web 服务器接收客户端的请求，并把处理的结果返回客户端。

2.4.1 Web 服务器

Web 服务器是一种请求/响应模式的服务器，即由客户端向服务器提出服务请求，服务器接收请求后，进行服务处理，将处理的结果返回给客户端。

客户端与 Web 服务器间的通信协议是 HTTP。

1. 请求/响应模式

请求/响应模式结构如图 2-12 所示。

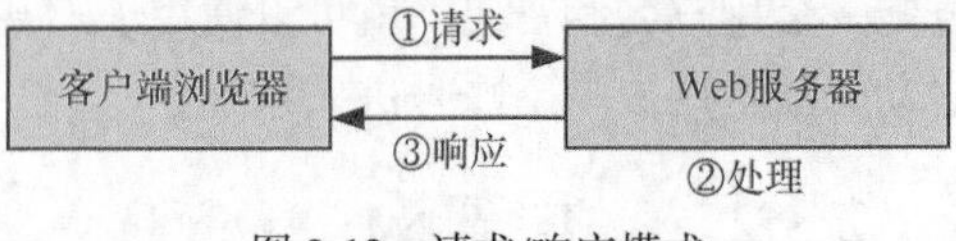

图 2-12 请求/响应模式

2. 常见的 Web 服务器

常见的 Web 服务器有 Tomcat、WebLogic、WebSphere 3 种。这 3 种服务器都带有 JSP 引擎和 Servlet 引擎。

说明

本书介绍的所有实例都可以在这 3 种服务器上运行。

2.4.2 JSP 引擎和 Servlet 引擎

JSP 引擎和 Servlet 引擎都是系统模块，即为应用服务器提供服务的模块，也属于 Servlet 模块，它们随着 Web 服务器启动载入内存，随着 Web 服务器关闭而释放。Servlet 模块分为两类：一类是应用 Servlet，它是 JSP 页面转换并编译的结果，也就是程序员编写的 Servlet；另一类是系统 Servlet，如 JSP 引擎和 Servlet 引擎。

JSP 引擎的作用是当客户端向服务器发出 JSP 页面请求时，将 JSP 页面转译为 Servlet 源代码，然后调用 Java 命令，把 Servlet 源代码编译成字节码，并保存在相应的目录中。

Servlet 引擎的作用是管理和加载应用 Servlet 模块。当客户端向相应的应用 Servlet 发出请求时，Servlet 引擎把应用 Servlet 载入 Java 虚拟机运行，由应用的 Servlet 处理客户端请求，将处理结果返回客户端。

2.5 HTTP

客户端与 Web 服务器通信是通过 HTTP 来完成的。HTTP 基于请求/响应模式，即客户端与服务器的每一次交互始于客户端提出一个请求，在服务器给出响应后结束。客户端向服务器传递信息称为 HTTP 请求包，服务器向客户传递的信息称为 HTTP 响应包。

1. HTTP 请求包

HTTP 请求包的主要包含以下 4 个部分。

- 请求方法：要求服务器执行的动作或服务。例如，get 请求，表示客户下载的资源。
- URI：资源所在的位置。
- MIME 格式信息：要求客户端向服务器发送信息时应采用的文件类别。
- 协议版本号：请求包所有的 HTTP 协议版本，通常为 HTTP/1.0 或 HTTP/1.1。

2. HTTP 响应包

HTTP 响应包主要包含以下内容。

- 状态行：显示服务器处理客户端请求是否成功的信息。
- MIME 格式信息：要求服务器向客户端传递信息时采用的文件类型。

3. HTTP 的事务处理过程

一次 HTTP 操作称为一个事务，其工作过程如下。

（1）客户端与服务器需要建立连接。只要单击某个超链接，HTTP 的工作就开始了。

（2）建立连接后，客户端发送一个请求给服务器，请求方式的格式为：统一资源标识符（URL）、协议版本号，后边是 MIME 信息包括请求修饰符、客户端信息和可能的内容。

（3）服务器接到请求后，给予相应的响应信息，其格式为一个状态行，包括信息的协议版本号、一个成功或错误的代码，后边是 MIME 信息包括服务器信息、实体信息和可能的内容。

（4）客户端接收服务器所返回的信息通过浏览器显示在用户的显示屏上，然后客户端与服务器断开连接。

如果在以上过程中的某一步出现错误，那么产生错误的信息将返回到客户端，由显示屏输出。对于用户来说，这些过程是由 HTTP 自己完成的。许多 HTTP 通信是由一个用户代理初始化的并且包括一个申请在源服务器上资源的请求。最简单的方式是在用户代理和服务器之间通过一个单独的连接来完成。在 Internet 上，HTTP 通信通常发生在 TCP/IP 连接之上。默认端口是 TCP 80，其他的端口也可用。但这并不预示着 HTTP 在 Internet 或其他网络的其他协议之上才能完成。HTTP 是一个可靠的传输协议。

HTTP 请求包中可使用的请求方法有 GET、POST、PUT、DELETE、OPTIONS。相应地处理这些请求的 Servlet 程序中也有以上几种处理方法，由这些方法的代码部分来处理客户端的请求。

小 结

HTML 和 JavaScript 语言是 JSP 网页开发的基础，JSP 网页是在 HTML 文本中嵌入 Java 和 JavaScript 代码。本章首先介绍了 HTML，循序渐进地介绍了各种元素，并给出了许多实例，然后介绍了 JavaScript 语言，主要包括：数据类型、常用语句、对象及常用事件。通过本章学习，读者能够掌握基本的 HTML 和 JavaScript 语言，会编写一些简单而又实用的网页。

习 题

1. 输入框表单元素有哪些？
2. 超链接中的事件元素是哪个？
3. 简述 JavaScript 语言中，变量命名的规则。
4. 根据本章所介绍的 JavaScript 语言，简述该脚本语言与 Java 语言的区别。
5. Web 应用的两层架构中，可以将什么放在同一层中？
6. Web 应用的三层架构体系的三层分别是什么？
7. 编写一个电子商城的用户注册页面，要求该主页面中包含用户设置的用户名、密码、真实姓名、性别、年龄等表单，并使用 JavaScript 编写函数，当用户单击“提交”按钮时，会检测用户名、密码、真实姓名等项是否为空。

第3章 JSP语法详解

JSP与其他的计算机语言一样，也具有自己的语法规则。JSP页面基本上是通过特殊的约定将Java代码嵌入到HTML元素中构成的。在脚本程序中包含的是任意Java代码，Java中的一些语法规则会被应用到JSP中仅仅是JSP语法中的一小部分。

通过本章的学习，读者可以对JSP文件的组成有一定的了解，并掌握JSP脚本元素、JSP注释方式、JSP指令元素及JSP动作元素的相关知识。

3.1 JSP文件的组成

JSP页面是在传统网页HTML文档（*.html、*.htm）中加入Java代码。Web服务器在遇到访问JSP页面的请求时，首先执行Java程序代码，然后将执行结果以HTML格式返回给客户端。

3.1.1 JSP页的创建

在介绍JSP语法之前，首先来初步了解JSP页面的基本组成。代码如下：

```
<!--JSP中的指令标识-->
<%@ page language="java" pageEncoding="GBK"%>
<!--HTML标记语言-->
<html>
  <head>
    <title>第一个 JSP 程序</title>
  </head>
  <body>
<!--加入 Java 代码-->
   <%String sanyang="您好，三扬科技";%>
<!--JSP 表达式-->
   <%=sanyang%>
  </body>
</html>
```

在上述代码中，并没有包含JSP页中所有的元素，但该页面仍然构成了动态的JSP程序。访问该JSP页面，则在页面显示“您好，三扬科技”。

3.1.2 JSP 文件的组成元素

3.1.1 小节已经给出了 JSP 文件的具体实例，从代码注释中可以知道 JSP 页面中各个元素的组成部分，下面将逐一进行介绍。

1. JSP 中的指令标识

利用 JSP 指令可以使服务器按照指令的设置来执行动作和设置在整个 JSP 页面范围内有效的属性。例如，在上述代码中，page 指令指定了在该页面中编写 JSP 脚本使用的语言为“Java”，并且还指定了页面中 JSP 字符编码为“GBK”。

2. HTML

HTML 在 JSP 页面中作为静态的内容，浏览器将会识别这些 HTML 语言并执行。在 JSP 程序开发中，这些 HTML 主要负责页面的布局、设计和美观，可以说是网页的框架。

3. 加入 Java 代码

加入到 JSP 页面中的 Java 代码，在客户端浏览器中是不可见的。它们需要被服务器执行，然后由服务器将执行结果与 HTML 一同发送给客户端进行显示。通过向 JSP 页面中加入 Java 代码，可以使该页面生成动态内容。

4. JSP 表达式

JSP 表达式主要用来输出，它可以将页面输出内容显示给用户，还可以用来动态地指定 HTML 标记中属性的值。

3.1.3 JSP 的转义字符

在 JSP 页面中可以使用转义字符，JSP 的转义字符和其他语言的转义字符在本质上是没有任何区别的。转义字符以“\”开头的特殊字符，在屏幕上不能显示，而且在程序中无法用一般形式的字符表示，只能用这种特殊形式表示。常见的转义字符如表 3-1 所示。

表 3-1 常见的转义字符

字符形式	描　述
\n	换行符，将当前位置移到下一行开头，与 元素是相同的
\t	制表符，跳转到下一个 tab 位置
\b	退格符，将当前位置移到前一列
\r	回车符，将当前位置移到本行开头
\f	换页符，将当前位置移到下页开头
\\	反斜杠字符“\”
\'	单引号字符
\"	双引号字符

3.2 JSP 注释方式

注释就是在程序代码中用来解释说明程序流程的语句。注释语句可以帮助程序员识别和理解程序代码，但不会在页面中显示。在 JSP 页面中主要有 3 种注释方式，分别为 HTML 注释、JSP 隐藏注释及脚本段注释。下面将分别介绍这 3 种注释方式。

3.2.1　HTML 注释

在 JSP 页面中可以使用 HTML 注释，具体语法格式如下：

```
<!--comment [ <%=expression%> ]-->
```

HTML 注释将被发送到客户端，但不直接显示，用户在客户端源代码中可以查看到。

3.2.2　JSP 隐藏注释

HTML 注释尽管可以始终在 JSP 页面中使用，但用户一旦查看源代码就会看到这些注释。如果不想让用户看到这些注释，则采用 JSP 隐藏注释（Hidden Conmment）。JSP 隐藏注释语句在传输到客户端的过程中会被过滤掉，而不会发送到客户端。JSP 隐藏注释语法格式如下：

```
<%--注释--%>
```

下面将通过一个简单实例来说明 JSP 隐藏注释的使用方法。具体步骤如下。

（1）创建名称为 wangyi.jsp 页面，在 wangyi.jsp 页面中输入以下代码：

```
<%@ page language="java" pageEncoding="GBK"%>
<html>
  <body>
   <%
      out.print("测试 JSP 隐藏注释");
   %>
   <%-- 用户看不到这些 JSP 隐藏注释  --%>
  </body>
</html>
```

（2）运行结果如图 3-1 所示。

在 IE 浏览器的菜单栏中，选择“查看”→“源文件”命令，可以查看 JSP 注释在客户端源文件中处于隐藏状态，如图 3-2 所示。

图 3-1　wangyi.jsp 运行结果

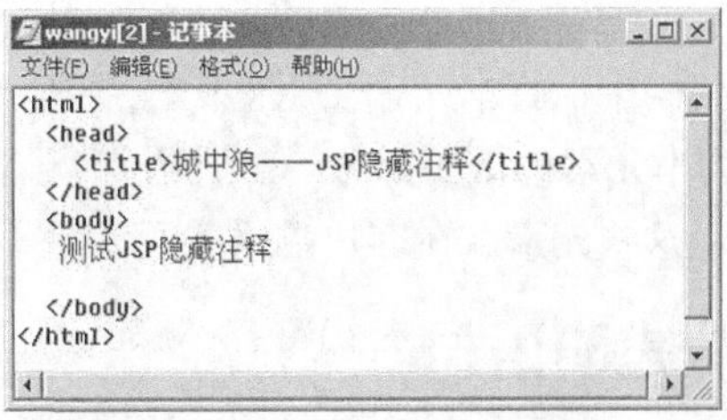

图 3-2　客户端显示的源文件

3.2.3　脚本段注释

在 JSP 页面中的 Java 代码通常被称作脚本段，脚本段的注释与在 Java 中的注释方式相同。脚本段中包括两种注释方式：单行注释和多行注释。下面将分别介绍这两种脚本注释。

1．单行注释

单行注释是以“//”符号后面的所有内容为注释内容，服务器对该内容不能进行任何操作。脚本段在客户端通过查看源代码的方式是不可见的，因此，在脚本段中注释的内容也是不可见的，并且在后面提到的多行注释也是不可见的。单行注释的格式如下：

```
// 注释内容
```

例如，在 JSP 页面中注释脚本段的代码如下：

```
<%
String name="sanyang";                    //定义一个 String 类型的对象，并初始化值为 sanyang
%>
```

2. 多行注释

多行注释通过“/*”和“*/”符号进行标记，这两个标记必须成对出现，在它们之间输入的注释内容可以换行。多行注释的格式如下：

```
/*                                        /*
    注释内容 1                             *    注释内容 1
    注释内容 2              或             *    注释内容 2
    注释内容 3                             *    注释内容 3
*/                                        */
```

多行注释的开发标记和结束标记可以不在同一个脚本段中同时出现。例如，对以下代码进行多行注释：

```
<%
    String admin = "普通管理员";
    /*if(admin.equals("普通管理员")) {
        admin = "系统管理员";
%>将 admin 对象设置为系统管理员
<%
    }*/
    out.println(admin);
%>
```

3.3 JSP 脚本元素

在 JSP 代码中，脚本元素使用得比较频繁。因为它们能够方便、灵活地生成页面中的动态内容。JSP 中脚本元素包括 3 部分：声明语句、脚本段和 JSP 表达式，在 JSP 页面中需要通过特殊的约定来表示这些元素，在客户端这些元素是不可见的，它们都是由服务器来执行。

3.3.1 声明语句

声明语句（Declaration）在 JSP 页面中定义方法和变量，其声明格式如下：

```
<%! 声明变量或方法 %>
```

在页面中通过声明元素的方法和变量，在整个页面内都有效，它们是 JSP 页面被转换为类文件后中的方法和属性，并且它们会被多个线程（即多个用户）共享。也就是说，其中的任何一个线程对声明的变量或方法进行修改都会改变它们原来的状态。它们的生命周期从创建开始，到服务器关闭后结束。

注意

在“<%”与“!”之间不要空格。声明的语法与在 Java 语言中声明变量和方法是一样的。

下面通过简单的网站计数器来说明 JSP 声明语句的使用方式。具体步骤如下。

（1）创建 wangyi.jsp 页，该网页主要实现网站计数器的功能。当访问该页面后，实现计数的 add()方法被调用，将访问次数累加，然后向用户显示当前的访问量。具体代码如下：

```
<%@ page language="java" pageEncoding="GBK"%>
  <body>
   <%!
      int number=0;                                        //声明计数变量 number
      void addNumber(){                                    //该方法来实现计数功能
       number++;
      }
   %>
   <%
      this.addNumber();                                    //该脚本程序调用定义的计数方法
   %>
    本网页的访问次数是：<%=number%>次
  </body>
```

在上述代码中，当该页面第 1 次被访问时，变量 num 被初始化，服务器执行<%add();%>代码，add()方法被调用，number 变量累加为 1。当第 2 次被访问时，变量 number 不再被重新初始化，而使用前一个用户访问后的 number 值，之后调用 add()方法，number 变量累加为 2，依次类推。

（2）实例运行结果如图 3-3 所示。

本网页的访问次数是：36次

图 3-3　声明变量和方法实现网站计数器

3.3.2　脚本段

脚本段（Scriptlets）就是 JSP 代码片段或脚本片段，嵌在“<%%>”标记中。在脚本段中可以定义变量、调用方法和进行各种表达式运算，每行语句后面加入分号。这种 Java 代码在 Web 服务器响应请求时会运行。在脚本段周围可以是原始的 HTML 或 XML 语句，在这些地方，代码段可以创建条件执行代码，或调用另一段代码。

脚本段使用格式如下：

```
<% Java 代码 %>
```

说明　脚本程序的使用比较灵活，实现的功能是 JSP 表达式无法实现的。

本实例是通过 JSP 页面中的脚本程序实现输出管理员的身份。具体步骤如下。

（1）创建 wangyi.jsp 页面，该页面通过脚本程序判断变量 able 的值，选择内容并输出到 JSP 页面中，具体代码如下：

```
<%@ page language="java" pageEncoding="GBK"%>
  <body>
   <%
      int able=0;
      if(able==0){
   %>
   <p align="center">欢迎光临三扬！您的身份是——普通管理员</p>
   <%
```

```
    }else{
%>
<p align="center">欢迎光临三扬！您的身份是——系统管理员</p>
<%
    }
%>
</body>
```

（2）实例运行结果如图 3-4 所示。

欢迎光临三扬！您的身份是——普通管理员

图 3-4　通过脚本语言输出管理员身份

3.3.3　JSP 表达式

JSP 表达式用来把 Java 数据向页面直接输出信息，其使用格式如下：

```
<%=Java 变量或返回值的方法名称%>
```

JSP 表达式在 Web 服务器端被转换为 Servlet 后，转换后通过 out.print()方法输出，因此，JSP 表达式与 JSP 页面中嵌入到脚本段中的 out.print()方法实现的功能相同。如果表达式输出的是一个对象，则该对象的 toString()方法被调用，表达式将输出 toString()方法返回的内容。

本实例是通过 JSP 表达式实现输出系统时间。具体步骤如下。

（1）创建 wangyi.jsp 页面，该页面通过 JSP 表达式实现 Date 类对象，并输出当前的系统时间，具体代码如下：

```
<%@ page language="java" pageEncoding="GBK"%>
  <body>
   <%=new java.util.Date()%>
  </body>
```

（2）实例运行结果如图 3-5 所示。

Wed Nov 19 14:32:30 CST 2008

图 3-5　通过 JSP 表达式输出系统时间

3.4　JSP 指令元素

指令元素在客户端是不可见的，由 Web 服务器解释并执行的。通过指令元素可以使服务器按照指令的设置来执行动作及设置在整个 JSP 页面范围内有效的属性。在一个指令中可以设置多个属性，这些属性的设置可以影响到整个页面。JSP 指令的语法格式如下：

```
<%@ 指令名 属性 ="值"%>
```

JSP 指令元素主要包括 3 种：page 指令、include 指令及 taglib 指令。以“<%@”标记开始，以“%>”标记结束。下面将分别介绍 JSP 的 3 种指令格式。

3.4.1　页面指令元素：page

page 指令（即页面指令）用于定义 JSP 文件中有效的属性。该指令可以放在 JSP 页面中的任意位置，通常放在文件的开始部分，便于程序代码的阅读。page 指令具有多种属性，通过这些属性的设置可以影响到当前的 JSP 页面。

> 注意　在页面中正确设置当前页面响应的 MIME 类型为 text/html，如果 MIME 类型设置错误，则当服务器将数据传输给客户端进行显示时，客户端将无法识别传送来的数据，从而不能正确的显示内容。

page 指令中包含许多的属性。除 import 属性外，其他属性只能在指令中出现一次。page 指令语法格式如下：

```
<%@ page
[language="java"]
[import="package.class,……"]
[contentType="text/html";charset="GB3212"]
[session="True|False"]
[buffer="none|8kb|sizekb"]
[autoFlush="True|False"]
[isThreadSafe="True|False"]
[info="text"]
[errorPage=relativeURL]
[isErrorPage="True|False"]
[isELlgnored="True|False"]
[extends="package.class"]
[pageEncoding="ISO-8859-1"]
%>
```

下面将介绍 page 指令中各属性所具有的功能，如表 3-2 所示。

表 3-2　　page 指令各个属性名称

属性名称	含　义
language	设置当前页面中编写 JSP 脚本使用的语言。设置当前页面中使用 Java 语言来编写 JSP 脚本，只能是 Java
import	类似于 Java 中的 import 语句，用于向 JSP 文件中导入需要用户的类包。在 page 指令中可多次使用该属性来导入多个包
contentType	设置响应结果的 MIME 类型。默认 MIME 类型是 text/html，默认字符编码为 ISO-8859-1；当多次使用 page 指令时，该属性只有第 1 次使用有效
session	默认值为 ture，说明当前页面支持 session。当该属性值设置为 false，则说明当前页面不支持 session
buffer	设置 out 对象使用的缓冲区的大小。如设置为 none，说明不使用缓存，而直接通过 out 对象进行输出；如果将该属性指定为数值，则输出缓冲区的大小不应小于该值。默认值为 8kB
autoFlush	设置输出流的缓冲区是否自动清除。默认设置值为 true，说明当缓冲区已满时，自动将其中的内容输出到客户端；如果设置为 false，则当缓冲区中的内容超出其设置的大小时，会产生 JSP Buffer overflow 溢出异常
isThreadSafe	默认值为 true，说明当前 JSP 页被转换为 Servlet 后，会以多线程的方式来处理来自多个用户的请求；如果设置为 false，则转换后的 Servlet 会实现 SigleThreadModel 接口，该 Servlet 将以单线程的方式来处理用户请求，即其他请求必须等待直到前一个请求被处理结束

续表

属性名称	含　义
info	设置为任意字符串，如当前页面的作者或其他相关的页面信息。可以通过 Servlet.getServletInfo()方法来获取设置的字符串
errorPage	指定一个当前页面出现异常时所要调用的页面。如果属性值是以“/”开头的路径，则将在当前 Web 应用的根目录下查找文件；否则，将当前页面的目录下查找文件
isErrorPage	设置为 true，说明在当前页面中可以使用 excpetion 异常对象。若在其他页面中通过 errorPage 属性指定了该页面，则当调用页面出现异常时候，会跳转到该页面，并且在该页面中可以通过 exception 对象输出错误信息。相反，如果将该属性设置为 false，则在当前页面中不能使用 execption 对象。该属性默认值为 false
isELlgnored	可以使 JSP 容器忽略表达式语言“${}”。其值只能是 ture 或 false。设置为 true，则忽略表达式语言；设置为 false，则不忽略表达式语言
extends	设置当前 JSP 页产生的 Servlet 是继承哪个父类。在 JSP 中通常不会设置该属性，JSP 容器会提供转换后的 Servlet 继承的父类。并且如果设置该属性，一些改动会影响 JSP 的编译能力
pageEncoding	用来设置 JSP 页字符的编码，默认值是 ISO-8859-1

3.4.2 包含指令元素：include

include 指令用于 JSP 页面在当前使用该指令的位置嵌入其他的文件，如果被包含文件有可以执行的代码，则显示代码执行结果。include 指令的语法格式如下：

```
<%@ include file="relativeURL"%>
```

include 指令只存在 file 属性，表示此 file 的路径，路径名指的是相对路径，不需要指定端口、协议或域名等。该属性不支持任何表达式，也不允许传递任何参数。下面的代码是绝对不允许的：

```
<%@ include file="sanyang.jsp?sign=1"%>
```

注意　如果该属性值以“/”开头，那么指定的是一个绝对路径，将在当前应用的根目录下查找文件；如果是以文件名称或文件夹名开头，那么指定的是相对路径，将在当前页面的目录上查找文件。

使用 include 指令引用外部文件，可以减少代码冗余。例如，网页模板布局如图 3-6 所示。

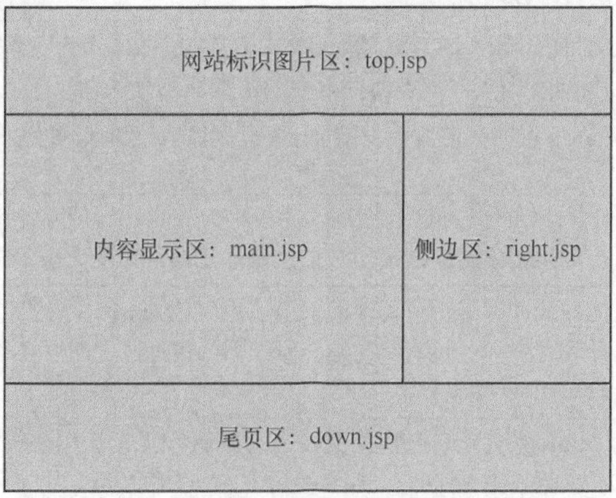

图 3-6　网页模板结构

如图 3-6 所示，网站标识图片区、侧边区和尾页区的内容都不会发生变化。如果通过基本 JSP 语句来编写这个页面，会导致 JSP 文件出现大量的冗余代码，降低了开发进程，而且会给程序的维护带来很大的困难。为了解决代码的冗余，可以将这个复杂页面分别在 JSP 文件中进行单独的编写。这样在多个页面中应用如图 3-6 所示的网页模板时，就可以通过 include 指令在相应的位置上引入这些文件，只需对内容显示区进行编码即可。如图 3-6 所示的页面局部可以通过以下代码进行编写：

```
<%@ page contentType="text/html; charset=gb2312" language="java" errorPage="" %>
<body>
<table width="359" height="236" border="1" align="center">
  <tr>
    <td colspan="2"><%@ include page="top.jsp"%></td>
  </tr>
  <tr>
    <td width="259">编写显示区域代码</td>
    <td width="84"><%@ include page="right.jsp"%></td>
  </tr>
  <tr>
    <td colspan="2"><%@ include page="down.jsp"%></td>
  </tr>
</table>
</body>
```

技巧：include 指令将会在 JSP 编译时插入被包含文件的内容，被包含的文件内容常常是代码片断，因此，代码片断的后缀名最好是以“f”（fragment 的第 1 个字母）结尾。例如，“.htmlf”、“.jspf”等。这样就可以避免 JSP 编辑器对该文件内容进行语法检查。

3.4.3　提供动作指令元素：taglib

taglib 指令可以在页面中使用基本标记或自定义标记来完成特殊的功能，在 JSP 页面中启动客户端定制行为。taglib 指令语法格式如下：

```
<%@ taglib uri="taglibURI" prefix="tagPrefix"%>
```

参数说明如下。

- ri 属性：该属性指定了 JSP 要在 web.xml 文件中查找的标签库描述符，该描述符是一个标签描述文件（*.tld）的映射。在该标签描述文件中定义了该标签库中各个标签名称，并为每个标签指定一个标签处理类。

说明

通过 uri 属性直接指定标签描述文件的路径，无需在 web.xml 文件中进行配置，同样可以使用指定的标记。

- prefix 属性：该属性指定了标签的前缀，此前缀不能使用 Sun 公司已声明保留的字符。前缀名不能为 jsp、jspx、java、javax、servlet、sun 和 sunw。

用户可以通过前缀来引用标签库中的标签。使用 Struts2 标签的通过 taglib 指令引用的代码如下：

```
<%@ taglib prefix="s" uri="/struts-tags"%>
```

在上述代码中，通过 taglib 指令引用的是 Struts2 框架中的标签文件。

3.5 JSP 动作元素

JSP 动作元素是在请求处理阶段按照在页面中出现的顺序被执行的，该类元素只有被执行时才实现其所具有的功能。这与指令元素不同，因为在 JSP 页面被执行时，首先进入翻译阶段，程序会查找页面中指令元素并将它们转换成 Servlet，所以这些指令元素会首先被执行，从而影响到整个页面。

在 JSP 页面中常用的动作元素是<jsp:include>、<jsp:forward>、<jsp:useBean>、<jsp:setProperty>、<jsp:getProperty>、<jsp:plugin>、<jsp:fallback>及<jsp:param>。下面将分别进行介绍。

3.5.1 包含文件：<jsp:include>

该元素允许包含动态或静态文件，这两种包含文件的结果不同。如果包含的文件是静态的，它仅仅是把包含文件的内容加到 JSP 文件中。包含静态文件的使用格式如下：

```
<jsp:include page="被包含文件的路径" flush="true|false"/>
```

如果包含的文件是动态的，这个被包含文件也会被 JSP 编译器执行，并且在编译时可以传递参数。包含动态文件使用格式如下：

```
<jsp:include page="被包含文件的路径" flush="true|false">
     <jsp:param name="参数名称" value="参数值"/>
</jsp:include>
```

属性及元素说明如下。

- page 属性：该属性指定了被包含文件的路径，其值可以是相对路径的表达式。如果路径以“/”开头，则按照当前应用的路径查找该文件；如果路径以文件名或目录名称开头，则按照当前的路径查找被包含的文件。
- flush 属性：该属性标识当输出缓冲区满时，是否清空缓冲区。该属性默认值为 false，通常情况下设置为 true。
- <jsp:param/>子元素：该子元素可以向被包含的动作页面中传递参数。

在 3.4.2 小节中已经介绍过一个包含指令元素（include）。那么，这两个包含指令元素有什么区别呢？下面将从以下 5 个方面介绍二者的区别。

（1）<%@ include file>是直接包含源代码，<jsp:include>包含请求的 HTML 代码，并且支持 JSP 表达式和 Struts 应用中的请求模式。

（2）通过<jsp:include>包含一个 JSP 页面，在包含的页面中相关的 response 操作都被忽略，也就是说当前操作不能通过 response 对象重定向到其他页面。如果用<%@include>包含的 JSP 页面，在该页面中所有的 response 操作都会正常运行。

（3）<jsp:include>元素请求代码时，可以带参数，而<%@include>就不可以带参数。

（4）从执行速度角度上讲，<%@include>比<jsp:include>请求速度快，因为<%@include>仅处理一个请求，而<jsp:include>处理两个请求。

（5）从实际应用角度上讲，<%@include>用于检测用户是否登录、网站标识或网站的一些静态不变的信息；而<jsp:include>用于发送一个请求，接收返回的 HTML，并可以加入参数。

3.5.2　请求转发：<jsp:forward>

该元素用于将客户端请求从一个页面转发到另一个 JSP 页面、HTML 或相关的资源文件中。该元素被执行后，不再执行当前页面，而是去执行该元素指定的目标页面。<jsp:forward>使用格式如下：

```
<jsp:forward page="文件路径或标识路径的表达式"/>
```

如果转发目标是一个动态文件，还可以向该文件中传递多个参数，具体使用格式如下：

```
<jsp:forward page="文件路径或标识路径的表达式">
        <jsp:param name="参数名称 1" value="值 1"/>
        <jsp:param name="参数名称 2" value="值 2"/>
        <jsp:param name="参数名称 3" value="值 3"/>
        <jsp:param name="参数名称 4" value="值 4"/>
        <jsp:param name="参数名称 5" value="值 5"/>
</jsp:forward>
```

参数及元素说明如下。

- page 属性：该属性指定了目标文件的路径。如果该值是以“/”开头，表示在当前应用的根目录下查找文件，否则就是在当前路径下查找目标文件。请求被转向到的目标文件必须是内部的资源，即当前应用中的资源。
- <jsp:param/>元素：该元素用来向动态的目标文件中传递参数。

注意

<jsp:forward>实现的是请求转发操作，而不是请求重定向，它们之间的区别是：进行请求转发时，存储在 request 对象中的信息会被保留并被带到目标页面中；而请求重定向是重新生成一个 request 请求，然后将请求重定向到指定 URL，存储在 request 对象中的信息都会消失。

下面通过用户登录的实例来说明如何使用<jsp:forward>元素。

在用户登录页面，如果在用户登录表单中没有填写任何数据，单击“登录”按钮后，则通过<jsp:forward>元素转发到错误页面；如果在用户登录表单中填写用户名与密码，单击“登录”按钮后，通过<jsp:forward>元素转发到正确页面，并将用户名与密码作为转发的参数。具体实现步骤如下。

（1）创建用户登录的页面 index.jsp，该页面主要包括账号、密码与登录按钮的表单信息。该页面的关键代码如下：

```
<form name="form1" method="post" action="dealwith.jsp">
    账号：<input type="text" name="name">
    密码：<input type="password" name="password">
</form>
```

在上述代码中，form 表单被提交到 dealwith.jsp 页面，该页面中的内容在客户端是不可见的，用来对用户输入的登录信息进行判断，然后根据判断的结果通过<jsp:forward>元素转发到指定的 JSP 页面。

（2）创建 dealwith.jsp 页面，该页面获取 index.jsp 页面中的 form 表单数据，若存在空数据，则将请求转发到 error.jsp 页面，否则将请求转发到 success.jsp 页面，并向该页面中传递参数。该页面的关键代码如下：

```
<%@ page language="java" import="java.util.*" pageEncoding="GBK"%>
<%
    String name = request.getParameter("name");                //获取账号
    String password = request.getParameter("password");       //获取密码
    if (null == name || null == password || name.equals("")
            || password.equals("")) {              //判断账号和密码是否为 null 或空对象
%>
<jsp:forward page="error.jsp" />
<%  } else {%>
<jsp:forward page="success.jsp">
    <jsp:param name="name" value="<%=name%>" />
    <jsp:param name="password" value="<%=password%>" />
</jsp:forward>
<%  }%>
```

（3）创建 error.jsp 页面，该页面显示登录失败的提示信息。该页面的关键代码如下：

```
<font size="4pt">  请输入用户名与密码,谢谢! </font>
```

（4）创建 success.jsp 页面，显示登录成功后的提示信息。在该页面中输出用户名与密码。该页面的关键代码如下：

```
<%
String name=new String(request.getParameter("name").getBytes("ISO8859_1"),"GBK");
                                                    //将账号进行 GBK 转码
String password=new String(request.getParameter("password").getBytes("ISO8859_1"),"GBK");
                                                    //将密码进行 GBK 转码
%>
账号：<%=name%>
密码：<%=password%>
```

（5）程序执行过程如图 3-7 所示。

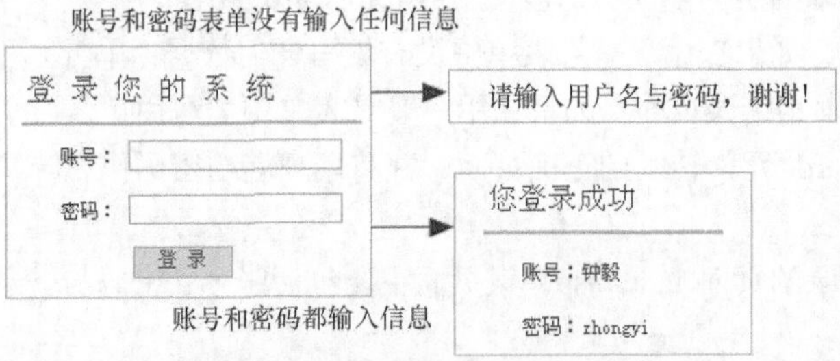

图 3-7　<jsp:forward>元素判断用户登录的执行过程

3.5.3　声明使用 JavaBean：<jsp:useBean>

该元素可以在 JSP 页面中创建一个 JavaBean 实例，并且通过属性的设置可以将该实例存储到 JSP 中的指定范围内。如果在指定范围内已经存在了指定的 JavaBean 实例，那么将使用该实例，而不会重新创建。通过该元素创建的 JavaBean 实例可以在 Scriptlet 中应用。<jsp:useBean>使用格式如下：

```
<jsp:useBean id="变量名"
            scope="存储范围"
            {
              class="类的路径"|
```

```
        type="数据类型"|
        class="类的路径" type="数据类型"|
        beanName="类的路径" type="数据类型"
    }
>
其他元素设置，如<jsp:setProperty/>
</jsp:useBean>
```

属性说明如下。

- id 属性：该属性指定一个变量，在所定义的范围内或 Scriptlet 中将使用该变量来对所创建的 JavaBean 实例进行引用。该变量必须符合 Java 中变量的命名规则。
- type 属性：该属性用于设置由 id 属性指定的变量类型，可以指定要创建实例的类本身、类的父类或是一个接口。例如，使用 type 属性设置变量类型的代码如下：

```
<jsp:useBean id="name" type="java.lang.String" scope="session"></jsp:useBean>
```

注意　在 session 范围内，如果已经存在 name 实例，则将该实例转换为 type 属性指定的 string 类型（必须是合法的类型转换）并赋值给 id 属性指定的变量；若指定的实例不存在，则在控制台中出现“bean name not found within scope”异常信息。

- scope 属性：该属性指定了所创建 JavaBean 实例的存取范围，默认属性值是 page。<jsp:useBean>元素被执行时，首先会在 scope 属性指定的范围来查找指定的 JavaBean 实例，如果该实例已经存在，则引用的这个 JavaBean 将重新创建，并将其保存到 scope 属性指定的范围内。scope 属性具有的可选值如表 3-3 所示。

表 3-3　scope 属性具有的可选值

属性名称	获 取 方 式	描　述
page	无	指定创建的 JavaBean 实例只能够在当前的 JSP 文件中使用，包括通过 include 静态指令包含的页面中有效
request	request 对象的 getAttribute（“id 属性”）方法获取	指定创建的 JavaBean 实例可以在请求范围内进行存取
session	session 对象的 getAttribute（“id 属性”）方法获取	指定创建的 JavaBean 实例可以在 session 范围内进行存取
application	application 对象的 getAttribute（“id 属性”）方法获取	指定创建的 JavaBean 实例可以在 application 范围内进行存取

- class 属性：该属性指定了一个完整的类名，指定的类名不能是抽象的，它必须具有公共的、没有参数的构造方法。在没有设置 type 属性时，必须设置 clase 属性。使用 class 属性定位一个类的格式如下：

```
<jsp:useBean id="userInfo" clase="com.model.UserInfo" scope="session"></jsp:useBean>
```

程序首先会在 session 范围中查找是否存在名为 userInfo 的 UserInfo 类的实例，如果不存在，那么会通过 new 操作符实例化 UserInfo 来获取一个实例，并以 userInfo 为实例名存储到 session 范围内。

- beanName 属性：该属性可以是类文件、JavaBean 实例或包含 JavaBean 的串行化文件（.ser 文件）。当 JavaBean 不存在于指定范围内时，才可以使用此属性。它必须使用类型属性来指定要将何种类型的 Bean 实例化。

注意

（1）beanName 属性不能与 class 属性一起使用，并且区分大小写。

（2）使用 beanName 主要用来实例化一个串行化的 Bean，而不是用来从一个类创建一个全新的实例。如果 Bean 还没有创建，beanName 属性传给 java.beans.Beans.instantiate()方法，由类装载器对类进行实例化。它首先假定存在一个串行化的 Bean（带扩展名.ser），然后会将其激活。如果这个操作失败，它就会实例化一个新的实例。

- class 属性与 type 属性并用：class 属性与 type 属性可以指定同一个类，在<jsp:useBean>元素中的 class 属性与 type 属性一起使用的格式如下：

```
<jsp:useBean id="userInfo"class="com.model.UserInfo"type="com.model.UserBase"scope="session"/>
```

假设 UserBase 类是 UserInfo 类的父类。上述代码的执行流程如图 3-8 所示。

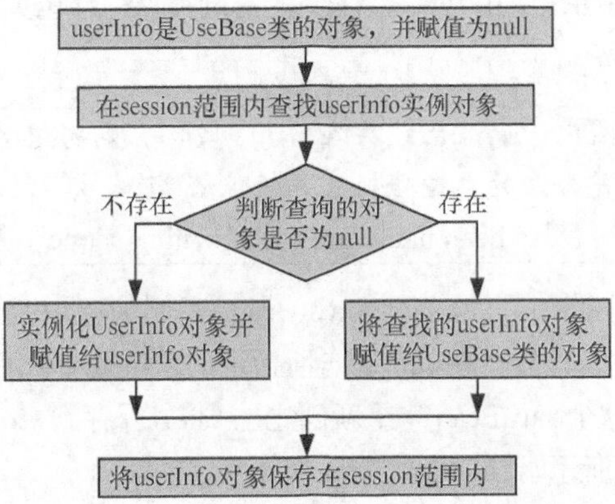

图 3-8　class 属性与 type 属性并用执行流程

- beanName 属性与 type 属性并用：beanName 属性与 type 属性可以指定同一个类，在<jsp:userBean>元素中同时使用 beanName 属性与 type 属性的格式如下：

```
<jsp:useBean id="userInfo" beanName="com.model.UserInfo" type="com.model.UserBase"/>
```

beanName 与 type 属性并用和 class 属性与 type 属性并用的代码执行流程是完全相同的，这里就不再赘述了。

<jsp:useBean>元素存在以下两种使用格式。

（1）不存在 Body 的格式如下：

```
<jsp:useBean id="变量名"class="package.className" ……/>
<jsp:setPropery name="变量名"property="*"/>
```

（2）存在 Body 的格式如下：

```
<jsp:useBean id="变量名"class="package.className" ……/>
<jsp:setPropery name="变量名"property="*"/>
</jsp:useBean>
```

这两种使用方法是有区别的。在页面中应用<jsp:useBean>元素创建一个 JavaBean 时，如果该 JavaBean 是第 1 次被实例化，那么对于<jsp:useBean>元素的第 2 种使用格式，元素体内的内容会被执行，若已经存在了指定的 JavaBean 实例，则元素内的内容就不再被执行。而对于第 1 种使用格式，无论在指定的范围内是否已经存在一个指定的 JavaBean 实例，<jsp:userBean>元素后面的内容都会被执行。

下面通过用户注册的实例来说明如何使用<jsp:userBean>元素。

在用户注册页面中，将用户注册的表单信息填写完毕后，进行提交表单操作，表单会被提交到 dealwith.jsp 页面，在该页面中应用<jsp:setProperty>元素将用户输入的信息赋值给由<jsp:useBean>元素所创建的 JavaBean 中的对应属性。具体实现步骤如下。

（1）创建名称为 UserInfo.java 类文件，用于存储用户注册的基本信息。具体代码如下：

```
public class UserInfo {
    private String account = "";                           //用户账号
    private String password = "";                          //用户密码
    private String realname = "";                          //用户真实姓名
    private String email = "";                             //用户 E-mail 地址
    private String sex = "";                               //用户性别
/*****************设置 account 属性的 getXXX()和 setXXX()******************/
    public String getAccount() {
        return account;
    }
    public void setAccount(String account) {
        this.account = account;
    }
    …
                                        //省略其他属性的 setXXX()和 getXXX()方法
}
```

（2）创建用户输入注册信息的页面 index.jsp，在该页面中的 form 表单将被提交到 show UserInfo.jsp 中，并且表单中的 5 个表单元素的名称 account、password、realname、email 和 sex 与 User Info 类中的 5 个属性是相同的，只有这样，才能应用<jsp:setProperty name="userInfo" property="*"/>元素将表单元素与 UserInfo 类中的属性进行一一映射（关于<jsp:setProperty>元素的用法在 2.5.4 小节中已介绍）。用户注册信息的页面 index.jsp 的关键代码如下：

```
<form name="form1" method="post" action="showUserInfo.jsp">
    账号:          <input type="text" name="account">
    密码:          <input type="password" name="password">
    真实姓名:      <input type="text" name="realname">
    Email 地址:    <input type="text" name="email">
    性别:          <input name="sex" type="radio" value="男" checked="checked">男
    <input name="sex" type="radio" value="女">女
    <input type="submit" name="Submit" value=" 注 册 ">
</form>
```

（3）创建接收用户注册 form 表单的 JSP 页面 showUserInfo.jsp，在该页面中显示用户注册信息。其中，正在显示的用户注册信息属性将转换成 GBK 的编码方式。showUserInfo.jsp 页面的关键代码如下：

```
<jsp:useBean id="userInfo" class="com.wy.model.UserInfo" scope="request"/></jsp:useBean>
<jsp:setProperty name="userInfo" property="*"/>
    账号: <%=new String(userInfo.getAccount().getBytes("ISO8859_1"),"GBK")%>
    密码: <%=new String(userInfo.getPassword().getBytes("ISO8859_1"),"GBK")%>
    真实姓名: <%=new String(userInfo.getRealname().getBytes("ISO8859_1"),"GBK")%>
    E-mail 地址: <%=new String(userInfo.getEmail().getBytes("ISO8859_1"),"GBK")%>
    性别: <%=new String(userInfo.getSex().getBytes("ISO8859_1"),"GBK")%>
```

（4）程序执行过程如图 3-9 所示。

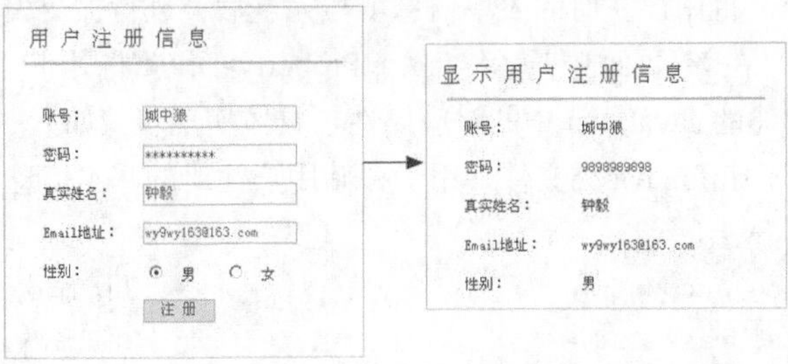

图 3-9 使用<jsp:useBean>实现用户注册与显示用户注册信息的过程

3.5.4 设置 JavaBean 属性值：<jsp:setProperty>

该元素通常情况下与<jsp:useBean>元素一起使用，它调用 JavaBean 中的 setXXX()方法，将请求中的参数赋值给由<jsp:useBean>元素创建的 JavaBean 中对象的简单属性或索引属性。该属性的使用格式如下：

```
<jsp:setProperty
                    name="Bean实例名"{
                     property="*"|
                     property="属性名称"|
                     property="属性名称" param="参数名称"
                     property="属性名" value="值"
                    }
/>
```

属性说明如下。

- name 属性：该属性用来指定一个存在于 JSP 中某个范围内的 JavaBean 实例。<jsp:setProperty>元素将会按照 page→request→session→application 的顺序来查找这个 JavaBean 实例，直到第 1 个实例被找到。若任何范围内不存在这个 JavaBean 实例，则会抛出异常。
- property="*"：该属性说明 request 请求中的所有参数值将被一一赋给 JavaBean 中与参数具有相同名字的属性。如果请求中存在空值参数，那么 JavaBean 中对应的属性将不会被赋值为 null；在这两种情况下的 JavaBean 属性都会保留原来的值或默认值。

这种使用方法要求请求中参数的名称和类型必须与 JavaBean 中属性的名称和类型一致。但由于通过表单传递的参数都是 String 类型的，所以 JSP 会自动将这些参数转换为 JavaBean 中对应属性类型。

- property="属性名称"：该属性取值为 JavaBean 中的属性时，则只会将 request 请求中与该 JavaBean 属性同名的一个参数的赋给这个 JavaBean 属性。如果指定的 JavaBean 属性为 useName，那么指定 JavaBean 中必须存在 setUserName()方法，否则会抛出异常信息。如果请求中没有与 userName 同名的参数，则该 JavaBean 属性会保留原来的值或默认值，而不会被赋值为 null。

> **说明** property="属性名称"与 property="*"一样，当请求中参数类型与 JavaBean 中属性类型不一致时，JSP 会自动进行转换。

- property="属性名称"与 param="参数名称"：param 属性指定一个 request 请求中的参数，

property 属性指定 JavaBean 中的某个属性。该方法允许将请求中的参数赋值给 JavaBean 中与该参数不同名的属性。如果 param 属性指定参数的值为空，那么由 property 属性指定的 JavaBean 属性会保留原来的值或默认值，而不会被赋值为 null。

- property="属性名称"与 value="值"：value 属性指定的值可以是字符串数值或标识一个具体指的 JSP 表达式或 EL 表达式。该值将被赋值给 property 属性指定的 JavaBean 属性。

当 value 属性值指定的是一个字符串时，且指定的 JavaBean 属性与其类型不一致，则会将该字符串值自动转换成对应的类型；如果 value 属性指定的是一个表达式，那么该表达式所表示的值类型必须与 property 属性指定的 JavaBean 属性一致，否则会抛出异常信息。

3.5.5　获取 JavaBean 属性值：<jsp:getProperty>

该属性用来从指定的 JavaBean 中读取指定的属性值，并输出到页面中。该 JavaBean 必须具有 getXXX()方法。<jsp:getProperty>元素的使用格式如下：

```
<jsp:getProperty name="JavaBean实例名" property="属性名称"/>
```

参数说明如下。

- name 属性：该属性用来指定一个存在某个 JSP 范围中的 JavaBean 实例。<jsp:getProperty>元素将会按照 page→request→session→application 的顺序来查找这个 JavaBean 实例，直到第 1 个实例被找到。若任何范围内不存在这个 JavaBean 实例，则会抛出异常信息。
- property 属性：该属性指定了要获取由 name 属性指定的 JavaBean 中的哪个属性值。若它指定的值为 userName，那么 JavaBean 中必须存在 getUserName()方法，否则抛出异常信息。如果指定 JavaBean 中的属性是一个对象，那么该对象的 toString()方法被调用，并输出执行结果。

3.5.6　声明使用 Java 插件：<jsp:plugin>与<jsp:fallback>

<jsp:plugin>元素可以在页面中插入 Java Applet 小程序或 JavaBean，它们能够在客户端运行，该元素会根据客户端浏览器的版本转换成<object>或<embed>HTML 元素。当转换失败时，<jsp:fallback>元素用来显示用户的提示信息。因此，<jsp:plugin>与<jsp:fallback>通常情况下一起使用，使用格式如下：

```
<jsp:plugin
type="bean | applet"
code="classFileName"
codebase="classFileDirectoryName"
[ name="instanceName" ]
[ archive="URIToArchive, ..." ]
[ align="bottom | top | middle | left | right" ]
[ height="displayPixels" ]
[ width="displayPixels" ]
[ hspace="leftRightPixels" ]
[ vspace="topBottomPixels" ]
[ jreversion="JREVersionNumber | 1.1" ]
[ nspluginurl="URLToPlugin" ]
[ iepluginurl="URLToPlugin" ] >
[ <jsp:params>
[ <jsp:param name="parameterName" value="{parameterValue | <%= expression %>}" /> ]
</jsp:params> ]
[ <jsp:fallback> text message for user </jsp:fallback> ]
</jsp:plugin>
```

参数与元素说明如表 3-4 所示。

表 3-4　　声明使用 Java 插件属性及含义

属性与参数名称	含　义
type	指定了所要加载插件对象的类型，可选值为 bean 和 applet
code	指定了要加载的 Java 类文件的名称。该名称包含扩展名和类包名，如 com.applet.MyApplet.class
codebase	用来指定 code 属性指定的 Java 类文件所在的路径。默认值为当前访问的 JSP 页面路径
name	指定了加载的 Applet 或 JavaBean 的名称
archive	指定预先加载的存档文件的路径，多个路径可用逗号进行分隔
align	主要是加载的插件对象在页面中显示时的对齐方式。可选值为 bottom、top、middle、left 和 right
height	加载的插件对象在页面中显示时的高度，单位为像素。支持 JSP 表达式或 EL 表达式
width	加载的插件对象在页面中显示时的宽度，单位为像素。支持 JSP 表达式或 EL 表达式
hspace	加载的 Applet 或 JavaBean 在屏幕或单元格中所留出的左右空间大小，不支持任何表达式
vspace	加载的 Applet 或 JavaBean 在屏幕或单元格中所留出的上下空间大小，不支持任何表达式
jerversion	在浏览器中执行 Applet 和 JavaBean 时所需的 Java 运行环境的版本，默认是 1.1
nspluginurl	指定了 Netscape 浏览器用户能够使用的 JRE 的下载地址
iepluginurl	指定了浏览器 Internet 浏览器用户能够使用的 JRE 的下载地址
<jsp:params>元素	在该元素中可以包含多个<jsp:param>元素，用来向 Applet 或 JavaBean 中传递参数
<jsp:fallback>元素	当加载 Java 类文件失败时，用来显示给用户的提示信息

例如，在 JSP 页面中通过<jsp:plugin>元素加载名称为 MediaPlay 的 Java Applet 小程序的代码如下：

```
<jsp:plugin type=applet code="MediaPlay.class" codebase="../classes">
    <jsp:params>
        <jsp:param name="way" value="Hall"/>
        <jsp:param name="count" value="2"/>
    </jsp:params>
    <jsp:fallback><p>加载 applet 失败</p></jsp:fallback>
</jsp:plugin>
```

3.5.7　参数传递：<jsp:params>与<jsp:param>

这两个元素用于传递参数。通过<jsp:param>元素传递一个参数的使用格式如下：

```
<jsp:param name="参数名称" value="值"/>
```

通过<jsp:params>元素传递多个参数的使用格式如下：

```
<jsp:params>
   <jsp:param name="参数名称 1" value="值 1"/>
   <jsp:param name="参数名称 2" value="值 2"/>
   <jsp:param name="参数名称 3" value="值 3"/>
</jsp:params>
```

或者通过<jsp:param>元素传递多个参数的使用格式如下：

```
    <jsp:param name="参数名称 1" value="值 1"/>
    <jsp:param name="参数名称 2" value="值 2"/>
    <jsp:param name="参数名称 3" value="值 3"/>
```

参数说明如下。

- name 属性：表示参数名称。
- value 属性：表示参数值。

注意　<jsp:param>元素经常与其他元素一起使用。例如，与<jsp:include>、<jsp:forward>等元素一起使用；<jsp:params>元素只能与<jsp:plugin>元素一起使用。

3.5.8　其他动作元素

除了上面介绍的动作元素外，还存在其他 JSP 动作元素，它们都是不常用的动作元素。表 3-5 列出了显示不常用的动作元素以及它们的描述信息。

表 3-5　其他动作元素名称及含义

名　称	含　义
<jsp:attribute>	用于定义其他动作元素中任意属性值
<jsp:body>	用于为一个动作元素定义动作体，该元素只能与<jsp:attribute>元素一起使用
<jsp:element>	用于动态创建一个 XML 元素，并将其添加到响应信息，此元素主要用于 JSP 文档中
<jsp:output>	用于输出 XML 声明和文档类型声明

小　结

本章介绍了编写 JSP 程序时必须掌握的语法知识，应该重点掌握 JSP 的指令元素、脚本元素和动作元素的应用。同时，开发一个可读性好的程序，JSP 注释同样也是重要的，希望读者能够很好地掌握并熟练应用。

JSP 技术的另外一个很重要的组成部分是 JSP 的隐含对象，它和 JSP 技术的基本语法一样重要。因此，在第 4 章将详细介绍 JSP 内置对象。

习　题

1. 简述 JSP 文件的组成元素，并说明每个元素的含义。
2. 如何在 JSP 页面中添加动态 HTML 注释？
3. JSP 中含有哪几种指令元素？它们的作用分别是什么？
4. JSP 中含有哪些动作元素？它们的作用是什么？
5. 通过 include 指令元素，制作一个新闻网的首页。其中，该页面上侧包含新闻的 LOGO 图片，左侧包含含有新闻类别的超链接信息，右侧包含所有新闻的查询信息。
6. 编写用户注册实例，当在用户注册页面中没有输入任何信息，则返回用户注册页面，如果在用户注册页面中输入完整的用户注册信息后，则进入显示用户注册信息页面。在编写程序中需要用 JSP 动作元素去实现。

第 4 章 JSP 内置对象详解

JSP 内置对象是指 JSP 中内置的、不需要定义就可以在网页中直接使用的对象。这些对象对页面起简化作用，不需要由 JSP 程序员进行实例化，它们由容器实现和管理，在所有的 JSP 页面中都能够使用内置对象。内置对象在 JSP 页面初始化时生成，可以利用这些对象制作多种 JSP 应用程序。

JSP 内置对象主要有：request、response、pageContext、session、application、out、config、page 及 exception，下面将分别介绍这 9 个对象。

4.1 请求对象：request

request 对象包含了来自客户端的请求信息，如请求的来源、标头、Cookie 及请求相关的参数值等。客户端可以通过 HTML 表单或者在网页地址后面带参数的方法提交数据，再用 request 对象的相关方法来获取提交的各种数据。request 的各个方法主要用来处理客户端浏览器提交请求中的各项参数和选项。下面介绍 request 内置对象中常见的方法。

4.1.1 获取请求参数

通常情况下，Web 应用程序需要用户与网站的交互。用户填写表单后，把数据提交给服务器处理。request 对象的 getParameter()方法，可以用来获取用户提交的数据。

获取请求参数的使用格式如下：

```
String name=request.getParameter("name")
```

代码说明：

参数 name 与 form 表单中的 name 属性对应，或者与提交链接的参数名对应，如果参数值不存在，则返回 null 值，该方法的返回值类型是 String。

4.1.2 在作用域中管理属性

在进行请求转发操作时，可能需要将一些数据传递给转发后的页面处理。这时，就可以使用 request 对象的 setAttribute()方法将数据设置在 request 范围内存取。

在 request 作用域中，设置转发数据的方法使用格式如下：

```
request.setAttribute("key",value);
```

代码说明：

参数 key 为 String 类型的键名。在转发后的页面取数据时，通过这个键名来获取数据；参数 value 为 Object 类型的键值，需要保存在 request 范围内的数据。

在 requet 作用域中，获取转发数据的方法使用格式如下：

```
Object object=request.getAttribute("name");
```

代码说明：

在页面使用 request 对象的 request.setAttribute("key",value)方法，可以把数据 value 设置在 request 范围内。请求转发后的页面使用 request.getAttribute("name")方法就可以获取数据 value，该方法的返回值是 Object。

在 requet 作用域中，获取所有属性的名称集的方法使用格式如下：

```
request.getAttributeNames();
```

代码说明：

该方法返回值是枚举类型（Enumeration）数据。

下面将通过获取用户注册信息来说明 requet 获取请求参数和在作用域中管理属性。具体实现步骤如下。

（1）创建 index.jsp 页面，显示用户注册表单信息。该页面的关键代码如下：

```
<form name="form1" method="post" action="dealwith.jsp">
<table>
<tr>
<td height="30">账号：    </td>
<td height="30"><input type="text" name="account"></td>
</tr>
<tr>
<td height="30">密码：    </td>
<td height="30"><input type="password" name="password"></td>
</tr>
<tr>
<td height="30">真实姓名： </td>
<td height="30"><input type="text" name="realname"></td>
</tr>
<tr>
<td height="30">Email 地址：</td>
<td height="30"><input type="text" name="email"></td>
</tr>
<tr>
<td height="30">性别：</td>
<td height="30"><input name="sex" type="radio" value="男" checked="checked">男
                <input name="sex" type="radio" class="cannleLine" value="女">女
</td>
</tr>
<tr>
<td width="82" height="30"> </td>
<td width="152"><input type="submit" name="Submit" value="注册"></td>
```

```
</tr>
</table>
</form>
```

（2）在用户注册页面，当用户输入完注册信息后，单击“注册”按钮，可以将表单信息提交到 dealwith.jsp 页面。在 dealwith.jsp 页面中，通过 request 对象中的 getParameter()方法将表单中的对象获取，之后将获取的对象保存在 request 范围内，并通过<jsp:forward>元素转向到 showUserInfo.jsp 页面。dealwith.jsp 页面的关键代码如下：

```
<%@ page language="java" import="java.util.*" pageEncoding="gbK"%>
<%
String account = new String(request.getParameter("account").getBytes("ISO8859_1"), "GBK");
String password = new String(request.getParameter("password").getBytes("ISO8859_1"), "GBK");
String realname = new String(request.getParameter("realname").getBytes("ISO8859_1"), "GBK");
String email = new String(request.getParameter("email").getBytes("ISO8859_1"), "GBK");
String sex = new String(request.getParameter("sex").getBytes("ISO8859_1"), "GBK");
request.setAttribute("account", account);
request.setAttribute("password", password);
request.setAttribute("realname", realname);
request.setAttribute("email", email);
request.setAttribute("sex", sex);
%>
<jsp:forward page="showUserInfo.jsp"/>
```

（3）在 showUserInfo.jsp 页面，通过 request 对象中的 getAttribute()方法将 request 范围内中用户注册信息进行获取并显示。具体代码如下：

```
<table width="244" border="0" align="center">
    <tr>
      <td width="83" height="30">账号：</td>
      <td width="151" height="30"><%=request.getAttribute("account")%></td>
    </tr>
    <tr>
      <td height="30">密码：</td>
      <td height="30"><%=request.getAttribute("password")%></td>
   </tr>
   <tr>
      <td height="30">真实姓名：</td>
      <td height="30"><%=request.getAttribute("realname")%></td>
        </tr>
        <tr>
      <td height="30">Email 地址：</td>
      <td height="30"><%=request.getAttribute("email")%></td>
    </tr>
    <tr>
      <td height="30">性别：</td>
      <td height="30"><%=request.getAttribute("sex")%></td>
       </tr>
  </table>
```

（4）程序执行过程如图 4-1 所示。

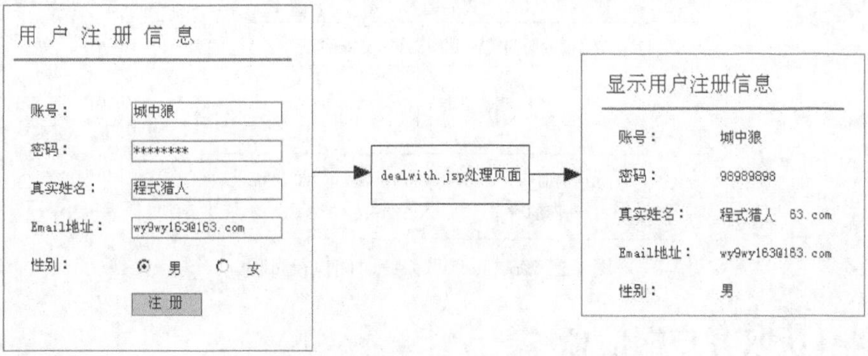

图 4-1　在作用域范围内获取用户注册信息

4.1.3　获取 Cookie 对象

Cookie 是为 Web 应用程序保存用户相关信息而提供的一种有效的方法，它是一段文本信息，伴随着用户请求和页面在 Web 服务器和浏览器之间传递。用户每次访问站点时，Web 应用程序都可以读取 Cookie 包含的信息。例如，当用户访问站点时，可以利用 Cookie 保存用户首选项或其他信息，这样当用户下次再访问站点时，应用程序就可以检索以前保存的信息。

在 JSP 页面中，可以通过 requet 对象中的 getCookie()方法获取 Cookie 中的数据。具体使用格式如下：

```
Cookie[] cookie= request.getCookie();
```

代码说明：

该方法返回值是 Cookie[]数组。

下面通过 Cookie 来实现一个显示网页访问时间的功能，程序开发步骤如下。

（1）创建名称为 index.jsp 页面的文件，该页面主要保存 Cookie 对象中的数据和显示 Cookie 对象中的数据。具体代码如下：

```
<%@ page import="javax.servlet.http.Cookie,java.util.*"%>
<%
        Cookie[] cookies = request.getCookies();
        Cookie cookie_response = null;
        if (cookies != null) {
            cookie_response = cookies[0];
        }
        out.println("当前的时间：" + new java.util.Date() + "<br>");
        if (cookie_response != null) {
            out.println("上一次访问的时间：" + cookie_response.getValue());
            cookie_response.setValue(new Date().toString());
        }
        if (cookies == null) {
            cookie_response = new Cookie("AccessTime", "");
            cookie_response.setValue(new Date().toString());
            response.addCookie(cookie_response);
        }
%>
```

（2）程序执行过程如图 4-2 所示。

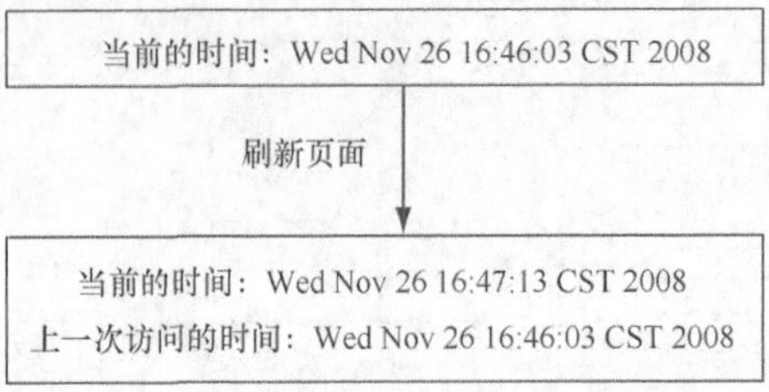
当前的时间：Wed Nov 26 16:46:03 CST 2008
刷新页面
当前的时间：Wed Nov 26 16:47:13 CST 2008
上一次访问的时间：Wed Nov 26 16:46:03 CST 2008

图 4-2　Cookie 获取系统时间执行过程

4.1.4　获取客户端信息

request 对象的一些方法可以用于确定组成 JSP 页面的客户端的信息，request 对象用于访问请求行元素的方法如表 4-1 所示。

表 4-1　　request 对象获取客户端信息的方法

方法名称	含　义
String getMethod()	返回用来生成请求的 HTTP 方法名称，例如 get()方法或 post()方法等
String getPathInfo()	返回任何额外的路径信息，这些信息与服务器小程序路径、查询字符串之间的 URL 相关联
String getRequestURI()	返回请求的 URI 部分，位于 HTTP 请求第 1 行的协议名和查询字符串之间的内容
String getContextPath()	返回请求 URI 部分，表示请求的应用程序环境
String getServletPath()	返回请求 URI 部分，指定服务器小程序或 JSP 页面
String getQueryString()	返回跟随在 URI 的路径部分后面的查询字符串

下面的代码是用于输出 JSP 页面客户端的一些信息。

```
<%
        out.print("getMethod()的值："+request.getMethod()+"<br>");
        out.print("getPathInfo()的值："+request.getPathInfo()+"<br>");
        out.print("getRequestURI()的值："+request.getRequestURI()+"<br>");
        out.print("getContextPath()的值："+request.getContextPath()+"<br>");
        out.print("getServletPath()的值："+request.getServletPath()+"<br>");
        out.print("getQueryString()的值："+request.getQueryString());
%>
```

程序运行结果如图 4-3 所示。

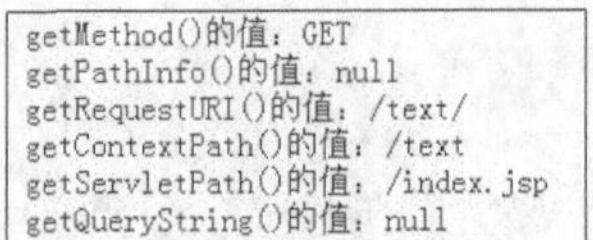
getMethod()的值：GET
getPathInfo()的值：null
getRequestURI()的值：/text/
getContextPath()的值：/text
getServletPath()的值：/index.jsp
getQueryString()的值：null

图 4-3　request 对象获取客户端信息

4.2　响应对象：response

response 对象和 request 对象的性质相反，它所包含的是服务器向客户端做出的应答信息。response 对象被封装为 javas.servlet.http.HttpServletResponse 接口。JSP 引擎会根据客户端的请求信息建立一个预设的 response 回应对象，然后传入_ jspService()方法中。它提供给客户端浏览器的参考信息。下面介绍 response 内置对象中常见的调用功能。

4.2.1　客户端与服务器端的交互

request 对象和 response 对象的结合使用，可以使 JSP 更好地实现客户端与服务器的信息交互。用户在客户端浏览器中发出的请求信息被保存在 request 对象中并发送给 Web 服务器，JSP 引擎根据 JSP 文件的指示处理 request 对象，或者根据实际需要将 request 对象转发给由 JSP 文件所指定的其他服务器端组件，如 Servlet 组件、JavaBean 组件或 EJB 组件等。处理结果则以 response 对象的方式返回给 JSP 引擎，JSP 引擎和 Web 服务器根据 response 对象最终生成 JSP 页面，返回给客户端浏览器，这也是用户最终看到的内容。由于客户端和服务器之间最常用的通信协议是 HTTP，也可以使用特定的私有协议。因此，response 对象在 JSP 响应客户请求时的作用是很大的。

客户端与服务器端信息交互的流程如图 4-4 所示。

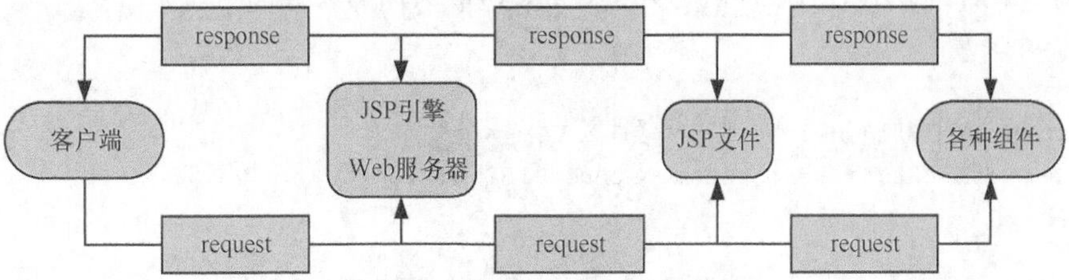

图 4-4　客户端与服务器端信息的交互流程

4.2.2　页面重定向

JSP 页面可以使用 response 对象中的 setRedirect()方法将客户请求重定向到一个不同的页面资源。例如，客户端重定向到 sanyang.jsp 页面的代码如下：

```
response.sendRedirect("sanyang,jsp")
```

JSP 页面还可以使用 response 对象中的 sendError()方法指明一个错误状态，该方法接收一个错误及一条可选的错误信息。该信息将在内容主体上返回给客户。例如，将客户端请求重定向到一个在内容主体上包含了出错信息页面的代码如下：

```
response.sendError(500,"请求页面存在错误");
```

上述两个方法都会中止当前的请求和响应。如果 HTTP 响应已经提交给客户端，则不会调用这些方法。response 对象中用于重定向的方法如下。

- sendError(int number)方法：使用指定的状态码向客户发送错误响应。
- endError(int *number,String msg)方法：使用指定的状态码和描述性消息向客户发送错误响应。
- sendRedirect(String location)方法：指定的重定向位置 URL 并向客户发送重定向响应，可以使用相对 URL。

4.2.3　缓冲区的输出

缓冲区可以有效地在服务器与客户端之间传输内容。HttpServletResponse 对象为支持 jspWriter 对象而启用了缓冲区配置。response 对象中的 getBufferSize()方法的返回值为 JSP 页面的当前缓冲区容量；response 对象中的 setBufferSize()方法允许 JSP 页面为响应的主体设置一个首选的输出缓冲区容量。容器使用的实际缓冲区容量至少要等于输出缓冲区的容量。如果要设置缓冲区容量，则必须在向响应中写入内容之前。否则，JSP 容器将产生异常信息。response 对象中用于相应缓冲的方法如下。

- flushBuffer() throws IOException：强制把缓冲区中的内容发送给客户端。
- getBufferSize()：返回响应所使用的实际缓冲区大小，如果没使用缓冲区，则该方法返回 0。
- setBufferSize(int size)：为响应的主体设置首选的缓冲区大小。
- boolean isCommitted()：表示响应是否已经提交，提交的响应已经写入状态码。
- reset()：清除缓冲区存在的任何数据，同时清除状态码。

response 缓冲区使用方式的具体步骤如下。

（1）创建 index.jsp 页面，在该页面中首先通过 response 对象调用 getBufferSize()方法，显示当前页面缓冲区的大小，之后调用 response 对象中的 flushBuffer()方法，强制把缓冲区中的内容发送给客户端，最后再显示当前缓冲区的大小。index.jsp 页面的关键代码如下：

```
<table>
  <tr>
    <td width="131" height="30">缓冲区大小：</td>
    <td width="223"><%=response.getBufferSize()%></td>
  </tr>
  <tr>
    <td height="30" colspan="2" align="center">缓冲区设置之前</td>
  </tr>
  <tr>
    <td height="30">输出的内容是否提交：</td>
    <td><%=response.isCommitted()%></td>
  </tr>
  <tr>
    <td height="30" colspan="2">缓冲区设置之后<%response.flushBuffer();%></td>
  </tr>
  <tr>
    <td height="30">输出的内容是否提交：</td>
    <td><%=response.isCommitted()%></td>
  </tr>
</table>
```

（2）程序运行结果如图 4-5 所示。

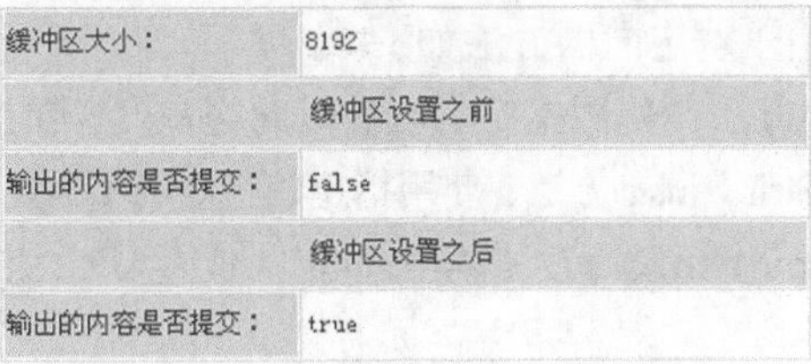

缓冲区大小：	8192
缓冲区设置之前	
输出的内容是否提交：	false
缓冲区设置之后	
输出的内容是否提交：	true

图 4-5　显示缓冲区的结果

4.2.4　response 对象的常用方法

response 对象的常用方法如 4-2 所示。

表 4-2　　　　　　　　　　　　response 对象的常用方法

方法名称	含　义
addCookie(Cookie cookie)	添加一个 Cookie 对象
setLocale(java.util.Locale loc)	设置本地的国家和语言
public String getCharacterEncoding()	获取字符编码方式
public ServletOutputStream getOutputStream()throw IOException	获取到客户端的输出流对象
public void setContentType(java.lang.String type)	设置响应的 MIME 类型
setHeader(String name,String value)	使用给定的名称和整数值设置一个响应报头

4.3　会话对象：session

session 对象是 java.servlet.http.HttpSession 类的子类对象，它表示当前的用户会话信息。在 session 中保存的对象在当前用户链接所有页面中都可以被访问到。使用 session 对象存储用户登录网站信息时，当用户在页面之间跳转时，存储在 session 对象中的变量不会被清除。下面介绍 session 内置对象中常见方法的相关知识。

4.3.1　理解 session

session 是用于保存客户端信息而分配给客户端的对象，HTTP 不能保存客户端请求信息的历史记录，为了解决这一问题，生成一个 session 对象，这样服务器和客户端之间的连接就会一直保持下去。但是在一定时间内，如果客户端不向服务器发出应答请求，系统默认在 30min 内，session 对象会自动消失。

当用户登录网站时，系统自动分配给用户的 session 标识可以通过 getId()方法得到，具体代码如下：

```
<body>
            客户端 session 的 ID 值：<%=session.getId() %>
</body>
```

session 中的 ID 标识是唯一的，用来标识每个用户，当刷新浏览器时，该标识的值不变。程序运行结果如图 4-6 所示。

客户端session的ID值：DF6D9668FF0ADE4AAD673C9757FC70E6

图 4-6　获取客户端 session 标识

4.3.2　内置对象对通信的控制

resquest、response 和 session 是 JSP 内置对象中的重要对象，这 3 个对象体现了服务器与客户端进行交互通信的控制。当客户端打开浏览器时，在地址栏中输入服务器 Web 服务页面的地址后，就会显示 Web 服务器上的网页。客户端浏览器从 Web 服务器上获得网页信息，实际上是通过 HTTP 向服务器发送一个请求，服务器收到请求后进行处理并将处理后的信息返还给客户端，客户端解析服务器返回的信息并在浏览器中进行显示。resquest、response 和 session 内置对象的通信过程如图 4-7 所示。

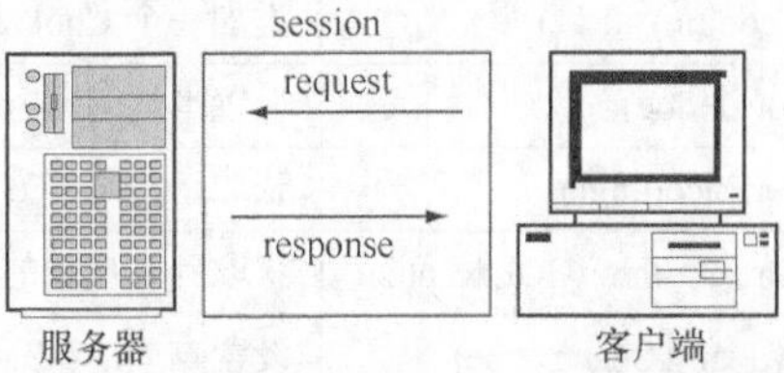

图 4-7　resquest、response 和 session 内置对象的通信过程

如图 4-7 所示，JSP 通过 request 对象控制客户浏览器向服务器发送请求；通过 response 控制服务器对客户浏览器进行响应；而 session 对象则负责保存请求和响应过程中需要传递的数据信息。

4.3.3　创建与获取客户端 session

session 内置对象可以使用 setAttribuete()方法保存对象的名称和对象的值，如果程序员想要获取保存在 session 中的信息，则需要调用 getAttribuete()方法。例如，设置 String 类型的字符串，将该字符串保存在 session 对象内，之后再从 session 对象中取出赋值给新的 String 类型的字符串，具体代码如下：

```
<%
    String name1="城中狼";
    session.setAttribute("name",name1);              //将 name 对象存储在 session 对象中
    String name2=(String)session.getAttribute("name");
%>
```

注意　设置属性和获取属性可以在不同的文件中，但是不允许在同一个 session 中，是否在同一会话中要根据客户端的访问情况来决定。

除了上述方法可以管理 session 中的属性设置方法外，还可以通过 getAttributeNames()方法进行获取，该方法的语法如下：

```
java.util.Enumeration getAttributeNames()
```

该方法返回一个枚举类型的对象，其中包含绑定在该 session 中所有对象的名称。

4.3.4　移除指定 session 中的对象

在 JSP 页面中可以将已经保存到 session 中的任何对象进行移除操作。session 内置对象使用 removeAttribute()方法所提供的名称移除，也就是从这个 session 中删除指定的绑定对象。removeAttribute()方法的语法如下：

```
void removeAttribute(java.lang.String name)
```

参数 name 为 String 类型的值，代表移除的对象的名称。

4.3.5　session 销毁

在 JSP 页面中，可以通过 session 对象中的 invalidate()方法删除已经保存到 session 中的所有对象。invalidate()方法的语法如下：

```
void invalidate()
```

4.3.6　session 超时管理

我们在访问一些需要登录验证的网站时经常会遇到这样一种情况，登录成功后在某个页面停留时间过长而没有任何操作，再次访问其他页面时又要求我们重新登录。其实，这里用到的技术就是 session 的超时管理。出于安全性以及资源合理分配的考虑，JSP 允许设置 session 对象的超时时间。一旦某个客户端请求在设置时间内没有任何活动，该请求对应的 session 对象将自动失效。

session 对象用于超时管理的方法及说明如表 4-3 所示。

表 4-3　　session 超时管理的方法

方　法	含　义
session.getLastAccessedTime()	获取客户端最近访问服务器端的保存时间
session.getMaxInactiveInterval()	获取客户端停止访问服务器端的保存时间
session.setMaxInactiveInterval(int value)	设置客户端停止访问后，session 在服务器端的保存时间

4.3.7　session 实现局部网页计数器

使用 session 编写局部网页计数器的具体实现步骤如下。

创建名称为 index.jsp 页面。首先，设置 int 类型的变量 number，并将该对象初始化为 1。其次，通过获取 session 中 getAttribute()方法获取 number 对象，并判断该对象是否为 null，如果不为 null，则将获取的内容赋值给 number 变量。最后，将该变量自动加 1 并显示在页面中。session 编写网页计数器的具体代码如下：

```
<%
    int number=0;
    if(null!=session.getAttribute("number")){
    number=(Integer)session.getAttribute("number");
    }
    number++;
    out.println("当前网页访问次数:"+number);
    session.setAttribute("number",number);
%>
```

程序执行过程如图 4-8 所示。

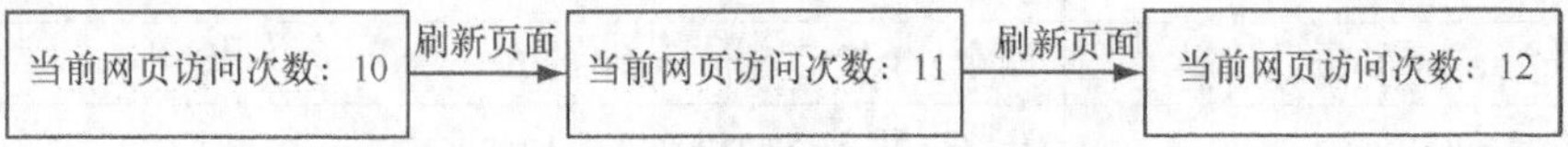

图 4-8　session 编写网页计数器的执行过程

注意

当浏览器关闭时或 session 过期时，网页访问次数将回到初始化值。

4.4 多客户端共享对象：application

通过 4.3 节的学习我们已经知道，不同用户的 session 对象互不相同。但有时候用户之间可能需要共享一个对象，Web 服务器启动后，就产生了一个共享对象——application 对象。任何客户端在所访问的服务目录下的各个页面时，application 对象都是同一个，直到关闭服务器后，application 对象才会消失。下面介绍 application 内置对象中常见方法的相关知识。

4.4.1 appliaction 对象的作用范围

application 对象用于保存所有应用系统中的公共数据，Web 服务器启动并自动创建 application 对象后，只要没有关闭服务器，appliaction 对象一直存在，所有用户可以共享 appliaction 对象。appliaction 对象与 session 对象有一定区别，session 对象和客户端有关，不同客户端的 session 是完全不同的对象，而 appliaction 对象都是相同的一个对象，即共享这个内置的 appliaction 对象。

在 JSP 页面中，作用范围的对象分别为 page、request、session、application，它们之间的关系如图 4-9 所示。

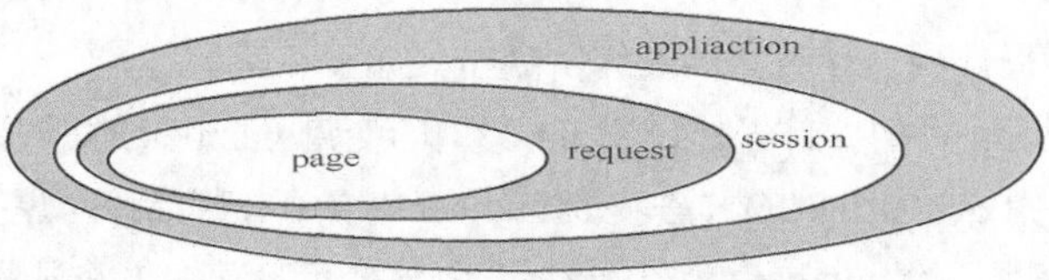

图 4-9 JSP 页面中的作用范围

4.4.2 application 对象的常用方法

application 对象的常用方法如表 4-4 所示。

表 4-4 application 对象的常用方法

方 法 名	描 述
setAttribute(String key,Object obj)	将参数 Object 指定的对象 obj 添加到 application 对象中，并为添加的对象指定一个索引值
getAttribute(String name)	获取指定的属性值
getAttributeNames()	获取一个包含所有可用属性名的枚举
removeAttribute(String name)	删除一个指定 Application 的值
getContext(String uripath)	获取指定 WebApplication 的 application 对象
getResource(String path)	获取指定资源（文件及目录）的 URL 路径
getResourceAsStream(String path)	获取指定资源的输入流
getServlet(String name)	返回指定的 Servlet
log(String msg)	把指定消息写入 Servlet 的日志文件

4.4.3　application 实现全局网页计数器

使用 application 编写全局网页计数器的具体实现步骤如下。

创建名称为 index.jsp 页面。首先，设置 int 类型的变量 number，并将该对象初始化为 1。其次，通过获取 application 中 getAttribute()方法获取 number 对象，并判断该对象是否为 null，如果不为 null，则将获取的内容赋值给 number 变量。最后，将该变量自动加 1 并显示在页面中。application 编写网页计数器具体实现代码如下：

```
<%
    int number=0;
    if(null!= application.getAttribute("number")){
    number=(Integer)application.getAttribute("number");
    }
    0number++;
    out.println("当前网页访问次数:"+number);
    application.setAttribute("number",number);
%>
```

程序执行过程如图 4-10 所示。

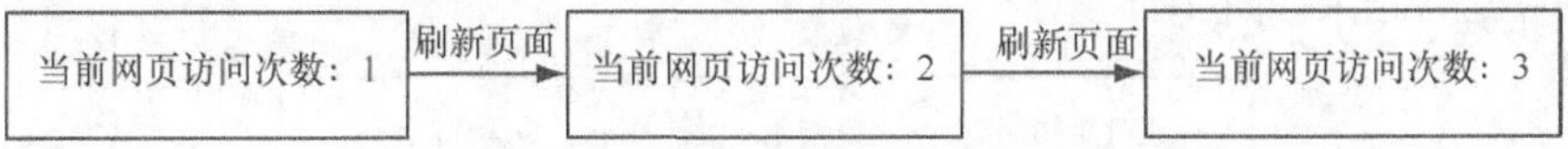

图 4-10　application 编写网页计数器的执行过程

注意　当浏览器关闭时，再次访问该网页，访问次数继续增加。

4.5　页面对象：page

page 对象的实质就是 java.lang.Object，它是 java.lang.Object 类的一个实例。page 对象代表 JSP 本身，也就是说，它是代表 JSP 转换后的 Servlet，它可以调用 Servlet 类定义的方法，作用与 Java 中的 this 相同。下面介绍 page 对象的常用方法与实例。

4.5.1　page 对象的常用方法

page 对象的常用方法如表 4-5 所示。

表 4-5　page 对象的常用方法

方 法 名	描　述
getClass()	获取 page 对象的类
hashCode()	获取 page 对象的 hash 码
equals(Object obj)	判断 page 对象是否与参数中的 obj 相等
copy(Object obj)	把此 page 对象复制到指定的 Object 对象中
clone()	克隆当前的 page 对象
toString()	把 page 对象转换成 String 类型的对象

说明　page 对象在实际开发过程中并不常用，因此该对象的其他方法在这里就不一一介绍了。

4.5.2　page 对象的转换类型

使用 page 输出 JSP 页面的对象转换类型和 hash 代码值的具体实现步骤如下。

（1）创建名称为 index.jsp 页面的文件。该页面调用 page 对象的 hashCode()方法和 toString()方法，分别获取 Page 对象的 hash 代码值和 JSP 页面的对象转换类型，具体代码如下：

```
<%
int hashCode=page.hashCode();
String thisStr=page.toString();
out.println("page 对象的 ID 值: "+thisStr);
out.print("<br>");
out.println("page 对象的 hash 代码"+hashCode);
%>
```

（2）程序运行结果如图 4-11 所示。

page对象的ID值：org.apache.jsp.index_jsp@10ea9ba
page对象的hash代码17738170

图 4-11　page 输出 JSP 页面的对象转换类型和 hash 代码值

4.6　页面上下文对象：pageContext

pageContext 对象是一个比较特殊的对象，它的作用是取得任何范围的参数，通过 pageContext 对象可以获取 JSP 页面的 out、request、response、session、application 等对象，或者重新定向客户端的请求等。pageContext 的创建和初始化都是由容器来完成的，在 JSP 页面里可以直接使用 pageContext 对象的句柄，它的 getXXX()、setXXX()和 findXXX()方法可以用来根据不同的对象范围实现对这些对象的管理。下面介绍 pageContext 对象的常用方法与实例。

4.6.1　pageContext 对象的常用方法

pageContext 对象的常用方法如表 4-6 所示。

表 4-6　pageContext 对象的常用方法

方 法 名	描　述
setAttribute(String name,Object attribute)	设置默认页面范围或特定对象范围之中的已命名对象
getAttribute(String name [, int scope])	获取一个已命名为 name 的对象的属性，可选参数 scope 表示在特定范围内
removeAttribute(String name,[int scope])	删除指定范围内的某个属性
forward(String relativeUrlPath)	将当前页面重定向到其他的页面
include(String relativeUrlPath)	在当前位置包含另一文件
release()	释放 pageContext 对象所占用的资源

续表

方 法 名	描　述
getServletContext()	获取当前页的 ServletContext 对象
getException()	获取当前页的 Exception 对象

说明　pageContext 对象在实际 JSP 开发过程中很少使用，因为 request 和 response 等对象可以直接调用方法进行使用，通过 pageContext 来调用其他对象会比较麻烦。

4.6.2　pageContext 对象获取作用域的值

使用 pageContext 对象获取作用域的值的具体代码介绍如下。

（1）创建名称为 index.jsp 页面。在该页面中通过 pageContext 对象的方法获取存储在 request、session 和 apllication 作用范围内值，具体代码如下：

```
<%
  request.setAttribute("sanyang","获取到 request 范围内对象的值");
  session.setAttribute("sanyang","获取到 session 范围内对象的值");
  application.setAttribute("sanyang","获取到 application 范围内对象的值");
%>
<table>
  <tr>
    <td width="138">request 范围内：</td>
    <td width="251"><%=pageContext.getRequest().getAttribute("sanyang")%></td>
  </tr>
  <tr>
    <td>session 范围内：</td>
    <td><%=pageContext.getSession().getAttribute("sanyang")%></td>
  </tr>
  <tr>
    <td>application 范围内：</td>
    <td><%=pageContext.getServletContext().getAttribute("sanyang")%></td>
  </tr>
</table>
```

（2）程序运行结果如图 4-12 所示。

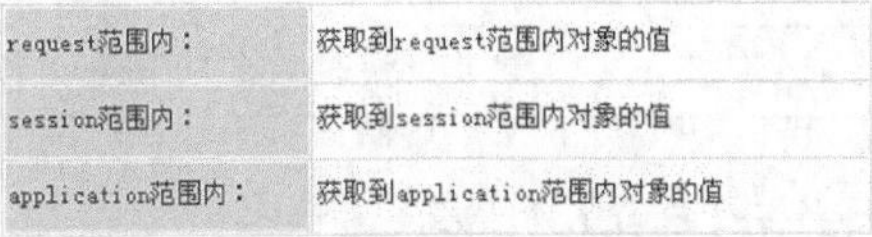

request范围内：	获取到request范围内对象的值
session范围内：	获取到session范围内对象的值
application范围内：	获取到application范围内对象的值

图 4-12　pageContext 对象获取作用域的值

4.7　输出对象：out

out 对象是向 Web 浏览器输出各种数据类型的内容，并且管理应用服务器上的输出缓冲区，缓冲区默认值是 8kB。out 对象被封装为 javax.servlet.jsp.JspWriter 接口，它是 JSP 编程过程中经常用到的一个对象。out 对象的常用方法如表 4-7 所示。

表 4-7　　out 对象的常用方法

方 法 名	描 述
print()/println()	输出各种类型数据
clearBuffer()	清除缓冲区的数据，并将数据写入客户端
clear()	清除缓冲区的当前内容，但不将数据写入客户端
flush()	输出缓冲区中的数据
newLine()	输出一个换行符号
close()	关闭输出流

说明　当用 out 对象管理应用服务器上的输出缓冲区时，可以通过页面指令元素 page 来改变默认值。使用 out 对象输出数据时，可以对数据缓冲区进行操作，可以清除缓冲区的残余数据，为其他的输出留出缓冲空间。

4.8　配置对象：config

config 对象的主要作用是取得服务器的配置信息。config 对象被封装为 javax.servletConfig 接口，通过 pageContext.getServletConfig()方法可以获取一个 config 对象。开发者可以为应用程序环境在 web.xml 文件中为 Servlet 程序和 JSP 页面提供初始化参数。下面介绍 config 对象的常用方法与实例。

4.8.1　config 对象的常用方法

config 对象的常用方法如表 4-8 所示。

表 4-8　　config 对象的常用方法

方 法 名	描 述
getServletContext()	获取当前的 Servlet 上下文
getInitParameter(String name)	获取指定的初始参数的值
getInitParameterNames()	获取所有的初始参数的值
getServletName()	获取当前的 Servlet 名称

4.8.2　config 对象获取初始化参数

本实例为通过 config 对象获取 web.xml 文件中的初始化参数，具体步骤如下。

（1）在 web.xml 配置文件中设置 Servlet 初始化的参数设置。具体代码如下：

```
<?xml version="1.0" encoding="UTF-8"?>
<web-app>
    <servlet>
        <servlet-name>sanyang</servlet-name>
        <jsp-file>/index.jsp</jsp-file>
        <init-param>                                <!--设置初始化参数-->
```

```
            <param-name>email</param-name>
            <param-value>wy9wy163@163.com</param-value>
        </init-param>
    </servlet>
    <servlet-mapping>
        <servlet-name>sanyang</servlet-name>
        <url-pattern>/index.jsp</url-pattern>
    </servlet-mapping>
</web-app>
```

（2）创建名称为 index.jsp 的页面，该页面中通过 config 对象中的 getInitParameter()方法获取在 web.xml 文件中初始化参数。程序代码如下：

```
<%@ page contentType="text/html; charset=gb2312"%>
<body>
    <center>
        钟毅邮箱地址：<%=config.getInitParameter("email")%>
    </center>
</body>
```

（3）程序运行结果如图 4-13 所示。

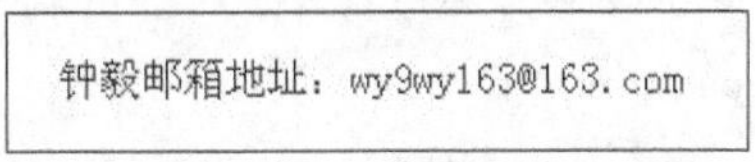

图 4-13　config 对象获取初始化参数

4.9　异常对象：exception

exception 内置对象用于处理 JSP 文件中发生的错误和异常，它和 Java 的所有对象一样，都具有系统继承结果。exception 对象基本上定义了所有异常情况，在实际开发中，exception 对象可以帮助我们快速了解并处理页面中的错误信息。下面介绍 exception 对象的相关知识与实例。

4.9.1　exception 错误机制

exception 异常对象指的是 Web 应用程序所能够识别并能够处理的问题。在 Java 语言中，通过 try/catch 的关键来处理异常信息情况，如果在 JSP 页面中出现没有捕捉到的异常信息，系统会自动生成 exception 对象，并把这个对象传送到 page 指令元素中设定的错误页面中，然后在错误提示页面中处理相应的 exception 对象。Exexceptionception 对象只能在错误页面中才可以使用，并在页面指令元素里存在 isErrorPage=true 的页面。

4.9.2　exception 对象的常用方法

exception 对象的常用方法如表 4-9 所示。

表 4-9　exception 对象的常用方法

方 法 名	描　述
getMessage()	获得当前的错误信息

续表

方 法 名	描 述
getLocalizedMessage()	本地化语言的异常错误
printStackTrace()	以标准错误的形式输出一个错误和错误的堆载跟踪
fillInStackTrace()	重写异常的执行栈轨迹
toString()	关于异常错误的简单信息描述

4.9.3 exception 设置指定错误页面

exception 设置指定的错误页面的具体步骤如下。

（1）建立自定义的错误页面，即创建一个 JSP 页面，在该页面的开始部分<%@page%>标识符中添加如下代码：

```
<%@page isErrorPage="true"%>
```

通过上述代码的设置就可以指定为错误页面。

（2）将其他页面指向该错误页面。在<%@page%>标识符中添加以下代码：

```
<%@page errorPage="errorpagename"%>
```

在上述代码中，errorpagename 为自定义错误页面的路径。

4.9.4 exception 对象指向空指针错误

使用 exception 对象转向空指针信息。具体步骤如下。

（1）创建 index.jsp 页面，在该页面中声明一个 String 类型的 null 对象，并将该对象进行转型操作。具体代码如下：

```
<%@ page contentType="text/html; charset=gb2312" errorPage="exception.jsp"%>
<%
    String number = null;
    Integer changeNumber = Integer.valueOf(number);          //将会出现异常信息
%>
```

（2）创建 exception.jsp 页面，如果发生任何的异常信息，则系统将自动重定向到 exception.jsp 页面，该页面将通过 exception 对象中各种方法输出错误信息。exception.jsp 的关键代码如下：

```
<%@ page contentType="text/html; charset=gb2312" isErrorPage="true"%>
<center><font=-1>下面就是异常信息</font></center>
<%
    java.io.StringWriter sout = new java.io.StringWriter();
    java.io.PrintWriter pout = new java.io.PrintWriter(sout);
    exception.printStackTrace(pout);
%>
<pre>
<%=sout.toString()%>
</pre>
```

（3）程序运行结果显示的错误信息如图 4-14 所示。

```
下面就是异常信息

java.lang.NumberFormatException: null
	at java.lang.Integer.parseInt(Integer.java:415)
	at java.lang.Integer.valueOf(Integer.java:553)
	at org.apache.jsp.index_jsp._jspService(index_jsp.java:62)
	at org.apache.jasper.runtime.HttpJspBase.service(HttpJspBase.java:70)
	at javax.servlet.http.HttpServlet.service(HttpServlet.java:717)
	at org.apache.jasper.servlet.JspServletWrapper.service(JspServletWrapper.java:374)
	at org.apache.jasper.servlet.JspServlet.serviceJspFile(JspServlet.java:342)
	at org.apache.jasper.servlet.JspServlet.service(JspServlet.java:267)
	at javax.servlet.http.HttpServlet.service(HttpServlet.java:717)
	at org.apache.catalina.core.ApplicationFilterChain.internalDoFilter(ApplicationFilterChain.java:290)
	at org.apache.catalina.core.ApplicationFilterChain.doFilter(ApplicationFilterChain.java:206)
	at org.apache.catalina.core.StandardWrapperValve.invoke(StandardWrapperValve.java:233)
	at org.apache.catalina.core.StandardContextValve.invoke(StandardContextValve.java:191)
	at org.apache.catalina.core.StandardHostValve.invoke(StandardHostValve.java:128)
	at org.apache.catalina.valves.ErrorReportValve.invoke(ErrorReportValve.java:102)
	at org.apache.catalina.core.StandardEngineValve.invoke(StandardEngineValve.java:109)
	at org.apache.catalina.connector.CoyoteAdapter.service(CoyoteAdapter.java:286)
	at org.apache.coyote.http11.Http11Processor.process(Http11Processor.java:845)
	at org.apache.coyote.http11.Http11Protocol$Http11ConnectionHandler.process(Http11Protocol.java:583)
	at org.apache.tomcat.util.net.JIoEndpoint$Worker.run(JIoEndpoint.java:447)
	at java.lang.Thread.run(Thread.java:619)
```

图 4-14 exception 对象指向空指针错误

小 结

本章介绍了 JSP 内置对象的概念、生命周期、作用范围和对象方法的实际应用。使用 JSP 内置对象可以方便操作页面属性和行为，访问页面运行环境，实现页面内、页面间、页面与环境之间的通信和相互操作。

在 JSP 内置对象中，request、response、session、application 及 out 是最常使用的，也是很容易出现错误的，读者应该多多练习，在实践中真正理解这些技术和处理一些容易出错的细节。

习 题

1. application 对象有什么特点，它与 session 对象有什么区别呢？
2. 如何获取客户端的 IP 地址。
3. 编写一个实例：通过 config 对象获取 web.xml 文件用户的基本信息，例如，用户名、用户性别、用户年龄等。
4. 编写一个实例：将页面中的错误信息或异常实现，重定向到另一个页面，并给予提示信息。

第5章 JavaBean 组件技术

JavaBean 组件可以将 Java 代码和 JSP 页面分离，便于代码的维护，可以降低 JSP 程序员对 Java 的了解，也可以降低 Java 程序员对 JSP 的要求。JavaBean 组件在 JSP 页面中主要用于封装页面的逻辑代码，具有重用性、独立性、完整性等特点，可以提高网站的开发效率。本章将为读者介绍 JavaBean 的简介、属性和存在范围等内容，为后续的程序开发打下良好的基础。

5.1 JavaBean 简介

JavaBean 是使用 Java 语言描述的软件组件模型，简单地说，它就是一个可以重复使用的 Java 类。JavaBean 可分为可视化组件和非可视化组件，其中可视化组件包括简单的 GUI 元素（如文本框、按钮）及一些报表组件等。非可视化组件是在实际开发中经常被使用到的，并且在应用程序中起着至关重要的作用。其主要功能是用来封装业务逻辑（功能实现）、数据库操作（如数据处理、连接数据库）等。

5.1.1 为什么要使用 JavaBean

在实际的开发过程中，出现重复的代码或者段落是在所难免的，此时就会大大降低程序的可重用性并且浪费时间。使用 JavaBean 技术这个问题就会迎刃而解，因为 JavaBean 可以大大简化程序的设计过程并且方便其他程序的重复使用。

JavaBean 在服务器的应用具有非常强大的优势，可视化的 JavaBean 可以实现控制逻辑、业务逻辑、表示层之间的分离，从而大大降低了它们之间的耦合度。非可视化的 JavaBean 多用于后台处理，这样使系统具有一定的灵活性。

JavaBean 是 Java 程序的一种，所使用的语法和其他类似的 Java 程序一致。JavaBean 代码不多但可以被其他程序引用，当一个项目很大的时候，可以建立没有用户界面的程序（如计算、数据库引用等）。在程序中使用 JavaBean 具有以下优点。

（1）可以实现代码的重复利用。

（2）易编写、易维护、易使用。

（3）可以压缩在 jar 文件中，以更小的体积在网络中应用。

（4）完全是 Java 语言编写，可以在安装了 Java 运行环境的平台上的使用，而不需要重新编译。

说明　JavaBean 和 EJB（企业级的 JavaBean）组件是两个完全不同的概念，EJB 是 J2EE 的核心，是用来创建分布式应用、服务器及基于 Java 应用的功能强大的组件模型。因此，千万不要将二者混淆。

5.1.2　JavaBean 的形式和要素

编写 JavaBean 就是编写一个 Java 类，只要会写类就能编写一个 Bean，这个类创建的一个对象称为一个 Bean。为了能让使用这个 Bean 的应用程序构建工具（如 JSP 引擎）知道这个 Bean 的属性和方法，只需在类的方法命名上遵守以下规则。

（1）如果类的成员变量的名字是 xxx，那么为了更改或获取成员变量的值，即更改或获取属性，在类中可以使用两种方法。

- getXXX()：用来获取属性 xxx。
- setXXX()：用来修改属性 xxx。

（2）对于 boolean 类型的成员变量，即布尔逻辑类型的属性，允许使用 is 代替上面的 get 和 set。

（3）类中方法的访问属性都必须是 public 的。

（4）类中如果有构造方法，那么这个构造方法也是 public 的并且是无参数的。

通过一个简单的示例来说明 JavaBean 的形式与要素。具体代码如下：

```
import java.io.Serializable;
public class JavaBeanDemo implements Serializable{          //实现了 Serializable 接口
    JavaBeanDemo(){                                          //无参的构造方法
    }
    private int id;                                          //私有属性 Id
    private String name;                                     //私有属性 name
    private int age;                                         //私有属性 age
    private String sex;                                      //私有属性 sex
    private String address;                                  //私有属性 address
    public String getAddress(){                              //get()方法
        return address;
    }
    public void setAddress(String address){                  //set()方法
        this.address = address;
    }
    public int getAge() {
        return age;
    }
    public void setAge(int age){
        this.age = age;
    }
    public int getId(){
        return Id;
    }
    public void setId(int id) {                              //set()方法
        Id = id;
    }
    public String getName(){                                 //get()方法
```

```
        return name;
    }
    public void setName(String name) {
        this.name = name;
    }
    public String getSex(){
        return sex;
    }
    public void setSex(String sex){
        this.sex = sex;
    }
}
```

程序说明：

该程序具备了 JavaBean 的所有要素及形式。声明了 5 个私有属性并且为这 5 个属性分别提供了 setXXX()与 getXXX()方法。

注意 提供的 setXXX()与 getXXX()方法的属性名称首字母大写，例如，name 是类中的属性名称，则该属性名称的 getXXX()和 setXXX()方法分别是 getName()和 setName()。

5.2 JavaBean 属性

属性是 Bean 组件内部状态的一种抽象表示形式，JavaBean 的属性与普通的 Java 程序中的属性在概念上非常相似。在 JavaBean 的设计中按照其属性的不同作用可以把该 Bean 分为 4 类，分别是简单（Simple）属性、索引（Indexed）属性、束缚（Bound）属性、限制（Constrained）属性。本节将详细介绍这 4 类属性的相关知识。

5.2.1 简单属性

JavaBean 的简单属性（Simple 属性）表示为一般数据类型的变量并且 getXXX()和 setXXX()方法是以属性来命名的。例如，假设有 setXXX()和 getXXX()方法，则说明有一个名为 X 的属性，假设有一个方法名为 isX()方法，则通常说明 X 是一个布尔属性，即 X 的值为 true 或者是 false。

通过一个简单的示例来说明如何使用 Simple 属性。具体代码如下：

```
public class Hello {
    Hello(){}                               //无参构造方法
    private String name;                    //定义 String 类型的简单属性 name
    private int passwrod;                   //定义 int 类型的简单属性 password
    private boolean info;
    public String getName() {               //简单属性的 getXxx()方法
        return name;
    }
    public void setName(String name) {      //简单属性的 setXxx()方法
        this.name = name;
    }
    public int getPasswrod() {
        return passwrod;
```

```
    }
    public void setPasswrod(String passwrod) {
        this.passwrod = passwrod;
    }
    public boolean isInfo() {                          //布尔类型的取值方法
        return info;
    }
    public void setInfo(boolean info) {                //布尔类型的 setXxx 方法
        this.info = info;
    }
}
```

说明

Simple 是在 JavaBean 中经常被使用的属性。

5.2.2 索引属性

JavaBean 的索引属性（Indexed 属性）表示一个数组值或者一个集合，与 Simple 属性一样，可以使用 getXXX()和 setXXX()方法来获取值，下面通过简单的示例来说明如何使用 Indexed 属性。

例如，数组 array，假设该数组的数据类型为 int。关键代码如下：

```
public int[] array=new int[8];
    public int[] getArray() {                          //返回整个数组
        return array;
    }
    public void setArray(int[] array) {                //为整个数组赋值
        this.array = array;
    }
    public void setArray(int index,int value) {        //为数组中的某个元素赋值
        this.array[index]=value;
    }
    public int getArray(int index){                    //返回数组中的某个值
        return array[index];
    }
```

程序说明：

对于 Indexed 属性，必须提供两对相匹配的 getXXX()与 setXXX()方法，一对是用来设置整个数组，另一对是用来获得或设定数组中的某个元素。

使用 Indexed 属性除了表示数组之外，还可以表示集合类。以集合类 Map 为例。具体代码如下：

```
import java.util.HashMap;
import java.util.Map;
public class Hello {
    public Map map=new HashMap();
    public void setMap(Object value,Object key) {  //为 Map 集合中某个键值赋值
        map.put(value, key);
    }
    public Object getMap(Object key)  {               //返回 Map 集合中的某个键值的数据
        return map.get(key);
```

```
    }
    public Map getMap() {                          //返回整个 Map 集合
        return map;
    }
    public void setMap(Map map) {                  //为 Map 集合赋值
        this.map = map;
    }
}
```

注意

Map 集合中的元素是以 key，value（键值对的形式）的形式存在的。

5.2.3 束缚属性

束缚属性（Bound 属性）也称为关联属性，它是当该种属性的值发生变化时，要通知其他的对象。每次属性值改变时，这种属性就触发一个 PropertyChange 事件（在 Java 程序中，事件也是一个对象）。事件中封装了属性名、属性的原值、属性变化后的新值。这种事件是传递到其他的 Bean，至于接收事件的 Bean 应做什么动作由其自己定义。

包含关联属性的 Bean 必须具有以下的功能。

（1）允许事件监听器注册和注销与其有关的属性修改事件。

（2）当修改一个关联属性时，可以在相关的监听器上触发属性修改事件。

监听器需要实现 java.beans.PropertyChangeListener 接口，负责接收由 JavaBean 组件产生的 java.beans.PropertyChangeEvent 对象，在 PropertyChangeEvent 对象中包含了发生改变的属性名称，改变前的值、改变后的值以及每个监听器可能要访问的新属性的值。

利用 java.beans.PropertyChangeSupport 类创建出 PropertyChangeSupport 类的对象，从而可以用于管理注册的监听器列表和属性修改事件通知的发送。JavaBean 还需要实现 addPropertyChange Linster()方法和 removePropertyChangeLinster()方法，以便添加和取消属性变化的监听器。

5.2.4 限制属性

限制属性（constrained 属性）是指当这个属性的值要发生变化时，与这个属性已建立了某种连接的其他外部 Java 对象可否决该属性值的改变（限制属性的监听者通过抛出 PropertyVeto Exception 来阻止该属性值的改变）；当然 Bean 本身也可以否决该 Bean 属性值的改变。

说明

限制属性是一种特殊的关联属性，只是它的值的变化可以被监听者否决掉。

一个限制属性有两种监听者：属性变化监听者和取消属性改变的监听者。取消属性改变的监听者在自己的对象代码中有相应的控制语句，在监听到有限制属性要发生变化时，在控制语句中判断是否应否决这个属性值的改变。

监听器需要实现 java.beans.VetoableChangeListener 接口，负责接收由 JavaBean 组件产生的 java.beans.PropertyChangeEvent 对象，通过 java.beans.VetoableChangeSupport 类可以激活由监听器接收的实际事件。

利用 java.beans.VetoableChangeSupport 类的 fireVetoableChange()方法传递属性名称、改

变前的值和改变后的值等信息。JavaBean 还需要实现 addVetoableChangeLinster()方法和 removeVetoable Change Linster()方法，以便添加和取消属性变化的监听器。

总之，某个 Bean 的限制属性值可否改变取决于其他的 Bean 或者外部 Java 对象是否允许这种改变。允许与否的条件由其他的 Bean 或 Java 对象在自己的类中进行定义。

注意　由于限制属性使用了错误处理，编程的时候要特别注意异常的处理方式。

5.3　JavaBean 的作用域

使用<jsp:useBean>标签中的 scope 关键字可以设置 JavaBean 的 scope 属性，scope 属性决定了 JavaBean 对象的生存周期范围和使用范围。scope 的可选值包括 page、request、session 和 application，默认值为 page。JavaBean 存在的范围和 JSP 页面的范围名称相同并且意义也相同。下面分别介绍 JavaBean 存在的范围。

5.3.1　page 作用域

当 scope 为 page 时，它的作用域在 4 种类型中范围最小，客户端每次请求访问时都会创建一个 JavaBean 对象。JavaBean 对象的有效范围是客户端请求访问的当前页面文件，当客户端执行当前的页面文件完毕后 JavaBean 对象结束生命。在 page 范围内，每次访问页面文件时都会生成新的 JavaBean 对象，原有的 JavaBean 对象已经结束生命周期。

5.3.2　request 作用域

当 scope 为 request 时 JavaBean 对象被创建后，它将存在于整个 request 的生命周期内，request 对象是一个内建对象，使用它的 getParameter 方法可以获取表单中的数据信息。request 范围的 JavaBean 与 request 对象有着很大的关系，它的存取范围除了 page 外，还包括使用动作元素<jsp:include>和<jsp:forward>包含的网页，所有通过这两个操作指令连接在一起的 JSP 程序都可以共享同一个 JavaBean 对象。

5.3.3　session 作用域

当 scope 为 session 时 JavaBean 对象被创建后，它将存在于整个 session 的生命周期内，session 对象是一个内建对象，当用户使用浏览器访问某个网页时，就创建了一个代表该链接的 session 对象，同一个 session 中的文件共享这个 JavaBean 对象。客户端对应的 session 生命周期结束时，JavaBean 对象的生命也结束了。在同一个浏览器内，JavaBean 对象就存在于一个 session 中。当重新打开新的浏览器时，就会开始一个新的 session。每个 session 中拥有各自的 JavaBean 对象。

5.3.4　application 作用域

当 scope 为 application 时 JavaBean 对象被创建后，它将存在于整个主机或虚拟主机的生命周期内，application 范围是 JavaBean 的生命周期最长的。同一个主机或虚拟主机中的所有文件共享这个 JavaBean 对象。如果服务器不重新启动，scope 为 application 的 JavaBean 对象会一直存放在内存中，随时处理客户端的请求，直到服务器关闭，它在内存中占用的资源才会被释放。在此期间，服务器并不会创建新的 JavaBean 组件，而是创建源对象的一个同步复制，任何复制对象发生改变都会使源对象随之改变，不过这个改变不会影响其他已经存在的复制对象。

5.3.5 JavaBean 获取作用域数据

为了更好理解范围的含义，使用各种存在范围获取 JavaBean 中数值的例子来说明，具体步骤如下。

（1）创建名称为 Scope.java 的 JavaBean，在这个类中定义了一个属性 number 及访问这个属性的方法。

```
package scope;
public class Scope {
 public Scope(){                                          //无参的构造函数
 }
 private int number=0;                                    //初始化变量 number 的值为 0
 public int getNmuber(){                                  //增加并返回变量 number 的值
      number++;
      return number;
 }
 public void setNumber(int newNumber) {
      this.number = newNumber;                            //给变量 number 赋新值
 }
}
```

（2）创建名称为 scope.jsp 的页面文件，该页面文件用来显示 JavaBean 存在的范围的具体区别。页面文件的关键代码如下：

```
<body>
  <jsp:useBean id="pageScope" scope="page" class="scope.Scope" />
  <% out.println("使用 page 获取的数据为：" + pageScope.getNmuber());%>
  <jsp:useBean id="requestScope" scope="request" class="scope.Scope" />
  <%out.println("使用 request 获取的数据为：" + requestScope.getNmuber());%>
  <jsp:useBean id="sessionScope" scope="session" class="scope.Scope" />
  <% out.println("使用 session 获取的数据为：" + sessionScope.getNmuber()); %>
  <jsp:useBean id="applicationScope" scope="application"class="scope.Scope" />
  <% out.println("使用 application 获取的数据为：" + applicationScope.getNmuber());%>
</body>
```

（3）程序运行结果如图 5-1 所示。

使用page获取的数据为：	1
使用request获取的数据为：	1
使用session获取的数据为：	8
使用application获取的数据为：	8

图 5-1　JavaBean 存在的范围 1

（4）关闭该浏览器，重新打开新的浏览器后的结果如图 5-2 所示。

使用page获取的数据为：	1
使用request获取的数据为：	1
使用session获取的数据为：	1
使用application获取的数据为：	9

图 5-2　JavaBean 存在的范围 2

5.4 使用 JavaBean 计算圆的周长与面积

介绍一个使用 JavaBean 实现圆的数学计算功能的例子，实现计算任意圆的周长和面积的功能。具体步骤如下。

（1）创建名称为 Circle.java 的 JavaBean 文件，该类文件主要实现了圆的数学计算操作。具体代码如下：

```
package circle;
public class Circle {
    private int radius=1;                          //定义私有变量 radius 表示圆的半径
    public Circle(){}                              //无参的构造函数
    public int getRadius()    {
        return radius;                             //返回变量 radius
    }
    public void setRadius(int rRadius){
        radius=rRadius;                            //给变量 radius 赋值
    }
    public double circleLength(){
        return Math.PI*radius*2.0;                 //计算圆的周长
    }
    public double circleArea(){
        return Math.PI*radius*radius;              //计算圆的面积
    }
}
```

（2）创建名称为 radiusInput.jsp 的页面文件，该页面文件将实现提示用户输入圆半径的功能，该页面文件的关键代码如下：

```
<body>
<form id="form1" name="form1" method="post" action="circle.jsp">
  请输入圆的半径：
  <input name="radius" type="text" id="radius" />
  <input type="submit" name="submit" value="开始计算" />
</form>
</body>
```

（3）创建名称为 circle.jsp 的页面文件，该页面文件将实现显示圆的面积和周长的计算结果。该页面文件的关键代码如下：

```
<body>
  <jsp:useBean id="circleBean" scope="session" class="circle.Circle"/></p>
  <%
     int radius=Integer.parseInt(request.getParameter("radius"));
     circleBean.setRadius(radius);
     out.println("圆的半径是："+circleBean.getRadius());
     out.println("圆的周长是："+circleBean.circleLength());
     out.println("圆的面积是："+circleBean.circleArea());
%>
</body>
```

（4）程序执行过程如图 5-3 所示。

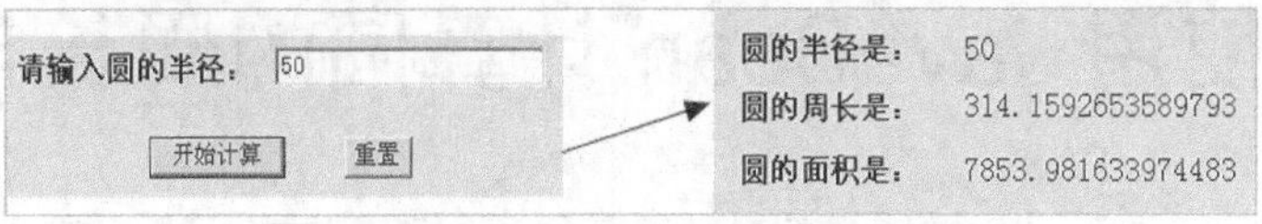

图 5-3　使用 JavaBean 计算圆的周长与面积

小　结

本章首先阐述了 JavaBean 的工作原理，使读者知道为什么要使用 JavaBean 技术，并且了解 JavaBean 技术特点。接下来介绍了 JavaBean 定义形式和要素，这部分内容是本章的重点，读者应该多练习。随后介绍了 JavaBeam 的属性和 JavaBean 的存在范围。最后通过使用 JavaBean 实现圆的数学计算功能的例子，使读者掌握 JavaBean 在 JSP 页面中的使用。学习本章的内容后，读者应该掌握 JavaBean 基础，并且能够正确使用 JavaBean 进行小程序的开发。

习　题

1. 一个标准的 JavaBean 具有哪些特征？

2. 在 JSP 中哪个动作可以通过设定 property 属性为“*”，使请求参数与 JavaBean 中的同名属性相匹配？

3. 什么是 JavaBean 组件？使用 JavaBean 组件有什么好处？

4. 编写一个 JSP 页面，该页面提供一个表单，用户通过表单输入正方形的边长后提交给本页面，JSP 页面将计算正方形面积和周长的任务交给一个 JavaBean 去完成，并将计算结果在显示另外一个 JSP 页面中。

第 6 章 Servlet 核心技术

Servlet 是 1997 年由 Sun 和其他几个公司提出的一项技术，使用该技术能将 HTTP 请求和响应封装在标准 Java 类中来实现各种 Web 应用方案。Servlet 在处理 Web 编程方面具有高效性、可移植性，而且 Servlet 功能强大，容易使用，能够节省开发的投资成本。

通过本章的学习，读者可以对 Servlet 技术有一定的了解，并能使用 Servlet 技术开发 Web 应用程序。

6.1 Servlet 基础

Servlet 是使用 Java 语言编写的服务器端程序，它能够接受客户端的请求并产生响应。与常规的 CGI 程序相比，Servlet 具有更好的可移植性和安全性，具有更强大的功能等特点。

Servlet 通常是被部署在容器内，由容器连接到 Web 服务器，当客户端进行请求时，Web 服务器将请求传递给 Servlet 容器，容器调用相应的 Servlet。

Servlet 发展到今天，已经成为一门非常成熟的技术，在许多的 Web 应用开发中都是使用 Servlet 技术来实现的，因此，掌握 Servlet 在 Web 应用编程中是非常必要的。

6.1.1 Servlet 技术功能

Servlet 是对支持 Java 服务器的一般扩充，它最常见的用途就是扩展 Web 服务器，即每当请求到达服务器时，Servlet 负责对请求作出相应的响应。Servlet 最常见的功能如下。

- 基于客户端的响应，给客户端生成并返回一个包含动态内容的 HTML 页面。
- 可生成一个 HTML 片段，并将其嵌入到现有 HTML 页面中。
- 能够在其内部调用其他的 Java 资源并与多种数据库进行交互。
- 可同时与多个客户端进行连接，包括接收多个客户端的输入信息并将结果返回给多个客户端。
- 在不同的情况下，可将服务器与 Applet 的连接保持在不同的状态。
- 对特殊的处理采用 MIME 类型过滤数据。
- 将定制的处理提供给所有服务器的标准例行程序。例如，Servlet 可以修改如何认证用户。

6.1.2 Servlet 特征

Servlet 是传统 CGI 的替代品，它能够动态的生成 Web 页面，与其他的动态网页编程技术相比，Servlet 具有以下特征。

- 高效性。传统 CGI 中，对每个请求都要启动一个新的进程，启动进程所需要的资源在有些情况下就可能很大，而 Servlet 在服务器上仅有一个 Java 虚拟机在运行，每个 Servlet 请求都作为持久性进程中的一个单独线程得以执行，相对于传统 CGI 而言，显然效率要高得多。
- 方便性。Servlet 提供了大量的实用工具例程。例如，自动解析和编码 HTML 表单数据、读取和设置 HTTP 头、处理 Cookie、跟踪会话等。
- 功能强大。许多传统 CGI 程序很难完成的工作，使用 Servlet 就可轻松完成。例如，Servlet 能够直接和 Web 服务器交互，而普通的 CGI 程序则不能。Servlet 还能够在各个应用程序之间共享数据，使得数据库连接的功能很容易实现。
- 跨平台性。Servlet 采用 Java 语言编写，在有 Java 运行环境的任何操作系统上都可运行。
- 成本低。许多廉价甚至免费的 Web 服务器可供个人或小规模网站使用，而且对于现有的服务器，即使它不支持 Servlet，要加上这部分功能也是免费的（或只需要极少的费用）。
- 可扩展性。Servlet 采用 Java 语言编写，而且得到了广泛的支持，因此基于 Servlet 的应用具有很好的扩展性。

6.2 Servlet 生命周期

Servlet 的生命周期由部署 Servlet 的容器来控制，其过程包括 Servlet 是如何加载和实例化、初始化，如何处理来自客户端的请求，以及如何从服务器中销毁。Servlet 的生命周期如图 6-1 所示。

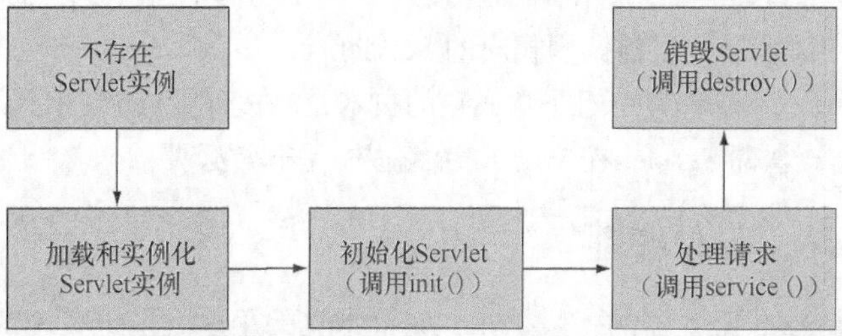

图 6-1 Servlet 的生命周期

在 Servlet 生命周期中，Servlet 容器完成加载 Servlet 类和实例化一个 Servlet 实例，并通过下面 3 个方法来完成生命周期中的其他阶段。

（1）init()方法：负责 Servlet 的初始化工作，该方法由 Servlet 容器调用完成。

（2）service()方法：处理客户端请求，并返回响应结果。

（3）destroy()方法：在 Servlet 容器卸载 Servlet 之前被调用，释放系统资源。

6.2.1 加载并初始化 Servlet

Servlet 加载和实例化是由容器来负责完成的。加载和实例化 Servlet 指的是将 Servlet 类载入 JVM（Java 虚拟机）中并初始化。将 Servlet 类载入 JVM 中的临时机存在以下 3 种可能。

- 当服务器启动时。

- 浏览器第 1 次接收请求时。
- 根据管理员要求。

当服务器启动时，首先容器会定位并加载 Servlet 类，加载完成后，容器就会实例化该类的一个或者多个实例。例如，一个 Servlet 类因为有不同的初始参数而有多个定义，或者 Servlet 实现 SingleThreadModel 而导致容器为之生成一个实例池。

Servlet 被实例化后，容器会在客户端请求以前首先初始化它，其方式就是调用它的 init()方法，并传递实现 ServletConfig 接口的对象。ServletConfig 对象允许 Servlet 访问容器的配置信息中的键-值（key-value）初始化参数，同时它给 Servlet 提供了访问实现 ServletContext 接口的具体对象的方法。

在初始化阶段，Servlet 实例可能会抛出 ServletException 异常或 UnavailableException 异常。若 Servlet 出现异常，它将不会被置入有效服务并且被容器立即释放。在此情况下 destroy()方法不会被调用，因为初始化没有成功完成。在失败的实例被释放后，容器在任何时候实例化一个新的实例，唯一例外的情况就是失败的 Servlet 抛出的异常是 UnavailableException，并且该异常指定了最小的无效时间，那么容器就会至少等待该时间后才会重新试图创建一个新的实例。

执行完 init()方法后，Servlet 就会处于“已初始化”状态。

6.2.2　处理客户端请求

Servlet 初始化完毕以后，就可以用来处理客户端的请求。当客户端发来请求时，容器会首先为请求创建一个 ServletRequest 对象和 ServletResponse 对象，其中 ServletRequest 代表请求对象，ServletResponse 代表响应对象。然后调用 service()方法，并把请求和响应对象作为参数传递，从而把请求委托给 Servlet。在每次请求中，ServletRequest 对象负责接受请求，ServletResponse 对象负责响应请求。

在 HTTP 请求的情况下，容器调用与 HTTP 请求的方法，响应的 doXXX()方法，例如，若 HTTP 请求的方式为 GET，容器调用 doGet()方法，若 HTTP 请求的方式为 POST，容器调用 doPost()方法。有可能出现的一种情况就是容器创建一个 Servlet 实例并将之放入等待服务的状态，但是这个实例在它的生存周期中根本没有处理过任何请求。

Servlet 在处理客户端请求的时候，可能会抛出 ServletException 异常或者 UnavailableException 异常。其中 ServletException 表示 Servlet 进行常规操作时出现的异常，UnavailableException 表示无法访问当前 Servlet 的异常，这种无法访问可能是暂时的，也可能是永久的。如果是暂时的，那么容器可以选择在异常信息里面指明在这个暂时无法服务的时间段里面不向它发送任何请求。在暂时不可用的这段时间内，对该实例的任何请求，都将收到容器发送的 HTTP 503（服务器暂时忙，不能处理请求）响应。如果是永久的，则容器必须将 Servlet 从服务中移除，调用 destroy()方法并释放它的实例。此后对该实例的任何请求，都将收到容器发送的 HTTP 404（请求的资源不可用）响应。

6.2.3　卸载 Servlet

Servlet 的卸载是由容器定义和实现的，因为资源回收或其他原因，当 Servlet 需要销毁时，容器会在所有 Servlet 的 service()线程完成之后（或在容器规定时间后）调用 Servlet 的 destroy()方法，以此来释放系统资源，比如数据库的连接等。

在 destroy()方法调用之后，容器会释放 Servlet 实例，该实例随后会被 Java 的垃圾收集器所回收。如果再次需要这个 Servlet 处理请求，Servlet 容器会创建一个新的 Servlet 实例。

6.3 使用 Servlet

介绍完 Servlet 的生命周期以后，本节讲解如何使用 Servlet。在应用程序中，所有的 Servlet 都必须直接或者间接地实现 javax.servlet.Servlet 接口，而在开发过程中最常使用的则是扩展 javax.servlet.Servlet 接口的实现类 javax.servlet.GenericServlet 及其子类 javax.servlet.http.HttpServlet。下面将介绍第 1 个 Servlet 例子。

6.3.1 认识第 1 个 Servlet

开发一个普通的 Servlet 只需扩展 javax.servlet.GenericServlet 即可，GenericServlet 类定义了一个普通的、协议无关的 Servlet，使用 GenericServlet 类可使编写 Servlet 变得简单。通过一个实例来介绍如何使用 GenericServlet 开发一个 Servlet，具体步骤如下。

（1）创建 Servlet 类 ServletSample.java，类 ServletSample 继承了 GenericServlet。具体代码如下：

```
import java.io.IOException;
import java.io.PrintWriter;
import javax.servlet.GenericServlet;
import javax.servlet.ServletException;
import javax.servlet.ServletRequest;
import javax.servlet.ServletResponse;
public class ServletSample extends GenericServlet{
    public void service(ServletRequest request, ServletResponse response)
                throws ServletException, IOException {
            response.setCharacterEncoding("GBK");          //设置响应的编码类型为 GBK
            PrintWriter out=response.getWriter();       //获取输出对象
            out.println("<html>");
            out.println("<head>");
            out.println("<title>Servlet 简单例子</title>");
            out.println("</head>");
            out.println("<body>");
            out.println("<center>");
            out.println("<h2>这是第 1 个 Servlet 的例子</h2>");
            out.println("</center>");
            out.println("</body>");
            out.println("</html>");
            out.close();                                  //关闭输出对象
    }
}
```

注意

在扩展 GenericServlet 时必须要重载 service()方法。

（2）将 ServletSample 在 web.xml 文件中进行配置，配置过程是由<servlet>元素和<servlet-mapping>元素实现的，其中<servlet>元素用来定义<servlet>，<servlet-mapping>元素用来为 Servlet

配置映射路径。ServletSample 在 web.xml 文件中的配置代码如下：

```
<!-- 配置 Servlet -->
 <servlet>
       <servlet-name>ServletSample</servlet-name>
       <servlet-class>sunyang.ServletSample</servlet-class>
 </servlet>
 <!-- 配置 Servlet 映射路径 -->
 <servlet-mapping>
       <servlet-name>ServletSample</servlet-name>
       <url-pattern>/servlet</url-pattern>
 </servlet-mapping>
```

在上述代码中，<servlet>元素的子元素<servlet-name>定义了 Servlet 的名称，子元素<servle-tclass>元素定义了 Servlet 的实现类；<servlet-mapping>元素的子元素<servlet-name>和<servlet>元素的子元素<servlet-name>一致，子元素<url-pattern>指定了 Servlet 的映射路径，当用户请求的 URL 和<url-pattern>元素指定的 URL（/servlet）相匹配时，容器就会调用 Servlet。

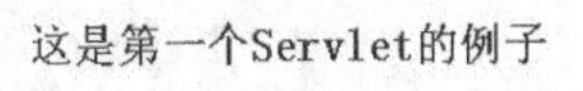
这是第一个Servlet的例子
图 6-2　第 1 个 Servlet 的例子

（3）程序的运行结果如图 6-2 所示。

6.3.2　使用 HttpServlet

开发协议无关的 Servlet 继承 GenericServlet 即可，但是如果要创建一个用于 Web 的 HTTP Servlet，则需要扩展 javax.servlet.http.HttpServlet。HttpServlet 用于处理 HTTP 请求。下面的实例将介绍如何使用 HttpServlet，具体步骤如下。

（1）创建 Servlet 类 HttpServletSample.java，类 HttpServletSample 继承了 HttpServlet，并重载了 HttpServlet 的 doGet()方法和 doPost()方法，其中 doGet()方法用于处理 GET 方式的请求，doPost () 方法用于处理 POST 方式的请求。类 HttpServletSample 的代码如下：

```
import java.io.IOException;
import java.io.PrintWriter;
import javax.servlet.ServletException;
import javax.servlet.http.HttpServlet;
import javax.servlet.http.HttpServletRequest;
import javax.servlet.http.HttpServletResponse;
public class HttpServletSample extends HttpServlet {
     protected void doGet(HttpServletRequest req, HttpServletResponse resp)
               throws ServletException, IOException {
          resp.setCharacterEncoding("GBK");          //设置响应的编码类型为 GBK
          PrintWriter out=resp.getWriter();          //获取输出对象
          out.println("<html>");
          out.println("<head>");
          out.println("<title>HttpServlet 简单例子</title>");
          out.println("</head>");
          out.println("<body>");
          String name=req.getParameter("name");      //获取请求的参数
          if(name==null||name.equals("")){
                name="sunyang";
          }
          out.println("<h2>你好，"+name+"<br>这是使用 HttpServlet 的例子</h2>");
```

```
        out.println("</body>");
        out.println("</html>");
        out.close();                                          //关闭输出对象
    }
    protected void doPost(HttpServletRequest req, HttpServletResponse resp)
            throws ServletException, IOException {
        this.doGet(req, resp);
    }
}
```

（2）在 web.xml 文件中配置 HttpServletSample。配置的关键代码如下：

```
<!-- 配置 Servlet -->
<servlet>
    <servlet-name>ServletSample</servlet-name>
    <servlet-class>sunyang.HttpServletSample</servlet-class>
</servlet>
<!-- 配置 Servlet 映射路径 -->
<servlet-mapping>
    <servlet-name>ServletSample</servlet-name>
    <url-pattern>/httpServlet</url-pattern>
</servlet-mapping>
```

（3）程序的运行结果如图 6-3 所示。

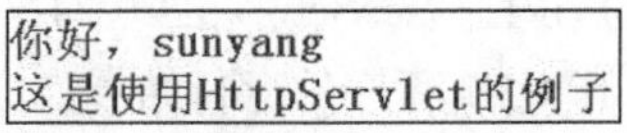
你好，sunyang
这是使用HttpServlet的例子
图 6-3　使用 HttpServlet 的例子

6.4　获取运行环境信息

在 Servlet 中，运行环境信息包括 Servlet 信息、服务器信息和客户端信息。Servlet 提供了访问这些信息的多种方法，每一种方法都会返回一个特定结果，下面将介绍 Servlet 是如何使用这些方法获取运行环境信息的。

6.4.1　获取 Servlet 信息

Servlet 信息包括 Servlet 的初始化参数、Servlet 的初始化参数名和 Servlet 名称，这些信息通常配置在 web.xml 中，可通过 javax.servlet.ServletConfig 接口中定义的方法来获取，下面分别介绍如何获取 Servlet 信息。

1. 获取 Servlet 的初始化参数

在 web.xml 中经常会进行如下代码的配置：

```
<servlet>
         <servlet-name>test</servlet-name>
         <servlet-class>sunyang.TestServlet</servlet-class>
         <init-param>
         <param-name>paramname1</param-name>
         <param-value>value1</param-value>
         </init-param>
         <init-param>
          <param-name>paramname2</param-name>
          <param-value>value2</param-value>
         </init-param>
</servlet>
```

在上述代码中，<init-param>元素的相关配置代表 Servlet 的初始化参数，在 Servlet 中这些参数的获取是通过 ServletConfig 接口的 getInitParameter()方法来完成的。getInitParameter()方法的语法格式如下：

```
public String getInitParameter(String name)
```

在上述语法格式中，参数 name 为<param-name>元素的值。getInitParameter()方法的返回值为<param-value>元素的值。

说明　在 GenericServlet 中实现了 ServletConfig 接口，因此，GenericServlet 的子类中可以直接调用 getInitParameter()方法。

2. 获取 Servlet 初始化参数名

在 web.xml 文件的配置中，<param-name>元素的值即为 Servlet 初始化参数名。获取 Servlet 初始化参数名通过 ServletConfig 接口的 getInitParameterNames()方法来完成。该方法的语法格式如下：

```
public Enumeration getInitParameterNames()
```

getInitParameterNames()方法的返回值为一个枚举对象（Enumeration），和 getInitParameter()方法一样，该方法也可在 GenericServlet 的子类中直接调用。

3. 获取 Servlet 名称

可通过 ServletConfig 接口的 getServletName()方法来获取 Servlet 在 web.xml 文件中的注册名称。该方法的语法格式如下：

```
public String getServletName()
```

getServletName()方法的返回值为<servlet-name>元素的值，若 Servlet 未注册，则返回类名。

说明　在将 Servlet 实例状态信息写入日志或保存到数据库中，getServletName()方法是非常有用的。

6.4.2 获取服务器端信息

服务器端信息包括服务器名、服务器端口号、服务器的属性信息等，Servlet 通过 ServletContext 和 ServletRequest 接口提供的相关方法可获取服务器端信息，这些方法的名称及其作用如表 6-1 所示。

表 6-1　获取服务器端信息的方法

接　口	方法名称	作　用
ServletContext	String getServerName()	获取服务器名
	int getServerPort()	获取服务器端口号
ServletRequest	String getServerInfo()	获取服务器信息
	Enumeration getAttributeNames()	获取服务器属性名
	Object getAttribute(String name)	获取服务器属性值
	int getMajorVersion()	获取服务器支持的 Servlet 的主版本号
	int getMinorVersion()	获取服务器支持的 Servlet 的次版本号

下面通过一个实例来演示如何获取服务器端信息，具体步骤如下。

（1）创建一个 Servlet 类 ServerInfoServlet.java，该类可生成一个显示服务器端信息的 HTML 页面。类 ServerInfoServlet 的代码如下：

```
import java.io.IOException;
import java.io.PrintWriter;
import java.util.Enumeration;
import javax.servlet.GenericServlet;
import javax.servlet.ServletContext;
import javax.servlet.ServletException;
import javax.servlet.ServletRequest;
import javax.servlet.ServletResponse;
public class ServerInfoServlet extends GenericServlet{
    public void service(ServletRequest req, ServletResponse res)
            throws ServletException, IOException {
        ServletContext servletContext=getServletContext(); //获取 Servlet 上下文
        res.setCharacterEncoding("GBK");                    //设置响应的编码类型为 GBK
        PrintWriter out=res.getWriter();                    //获取输出对象
        out.println("<html>");
        out.println("<head>");
        out.println("<title>服务器端信息</title>");
        out.println("</head>");
        out.println("<body>");
        out.println("<center><h2>服务器端信息列表</h2></center>");
        out.println("<table border=1 > ");
        out.println("<tr>");
        out.println("<td>服务器名</td>");
        out.println("<td>"+req.getServerName()+"</td>");
        out.println("</tr>");
        out.println("<tr>");
        out.println("<td>服务器端口号</td>");
        out.println("<td>"+req.getServerPort()+"</td>");
        out.println("</tr>");
        out.println("<tr>");
        out.println("<td>服务器信息</td>");
        out.println("<td>"+servletContext.getServerInfo()+"</td>");
        out.println("</tr>");
        out.println("<tr>");
        out.println("<td>Servlet 主版本</td>");
        out.println("<td>"+servletContext.getMajorVersion()+"</td>");
        out.println("</tr>");
        out.println("<tr>");
        out.println("<td>Servlet 次版本</td>");
        out.println("<td>"+servletContext.getMinorVersion()+"</td>");
        out.println("</tr>");
        out.println("<tr>");
        out.println("<td>服务器属性</td>");
        out.println("<td>");
        Enumeration em=servletContext.getAttributeNames(); //获取服务器所有的属性名称
        while(em.hasMoreElements()){
            String attributeName=(String)em.nextElement(); //获取每一个属性名称
            out.println(attributeName);
        }
        out.println("</td>");
```

```
            out.println("</tr>");
            out.println("</table>");
            out.println("</body>");
            out.println("</html>");
            out.close();                                    //关闭输出对象
        }
}
```

（2）在 web.xml 中配置类 ServerInfoServlet。配置的关键代码如下：

```
<!-- 配置 Servlet -->
    <servlet>
        <servlet-name>Server InfoServlet</servlet-name>
        <servlet-class>sunyang. ServerInfoServlet</servlet-class>
    </servlet>
    <!-- 配置 Servlet 映射路径 -->
    <servlet-mapping>
        <servlet-name>ServerInfo Servlet</servlet-name>
        <url-pattern>/server Info</url-pattern>
    </servlet-mapping>
```

（3）程序的运行结果如图 6-4 所示。

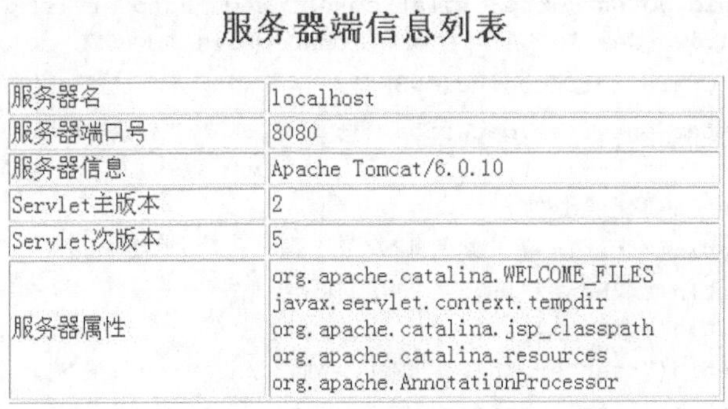

服务器端信息列表

服务器名	localhost
服务器端口号	8080
服务器信息	Apache Tomcat/6.0.10
Servlet主版本	2
Servlet次版本	5
服务器属性	org.apache.catalina.WELCOME_FILES javax.servlet.context.tempdir org.apache.catalina.jsp_classpath org.apache.catalina.resources org.apache.AnnotationProcessor

图 6-4　服务器端信息列表

6.4.3 获取客户端信息

客户端信息包括客户端主机名、客户端 IP 地址、客户端端口号、客户端的请求参数等，Servlet 通过 ServletRequest 接口或其子接口 HttpServletRequest 提供的相关方法可获取客户端信息，这些方法的名称及其作用如表 6-2 所示。

表 6-2　获取客户端信息的方法

方法名	描　述
String getRemoteHost()	获取客户端主机名
String getRomoteAddr()	获取客户端 IP 地址
int getRemotePort()	获取客户端端口号
String getProtocol()	获取客户端请求协议
String getCharacterEncoding()	获取客户端请求的编码格式
Enumeration getParameterNames()	获取客户端请求的所有参数名
String getParameter(String name)	根据客户端请求的参数名获取参数值

通过一个实例来演示如何获取客户端信息，具体步骤如下。

（1）创建一个 Servlet 类 ClientInfoServlet，该类可生成一个显示客户端信息的 HTML 页面。类 ClientInfoServlet 的代码如下：

```
import java.io.IOException;
import java.io.PrintWriter;
import java.util.Enumeration;
import javax.servlet.GenericServlet;
import javax.servlet.ServletContext;
import javax.servlet.ServletException;
import javax.servlet.ServletRequest;
import javax.servlet.ServletResponse;
import javax.servlet.http.HttpServlet;
import javax.servlet.http.HttpServletRequest;
import javax.servlet.http.HttpServletResponse;
public class ClientInfoServlet extends HttpServlet{
    protected void doGet(HttpServletRequest req, HttpServletResponse resp)
            throws ServletException, IOException {
            this.doPost(req, resp);
    }
    protected void doPost(HttpServletRequest req, HttpServletResponse resp)
            throws ServletException, IOException {
        resp.setCharacterEncoding("GBK");              //设置响应的编码类型为 GBK
        PrintWriter out=resp.getWriter();              //获取输出对象
        out.println("<html>");
        out.println("<head>");
        out.println("<title>客户端信息</title>");
        out.println("</head>");
        out.println("<body>");
        out.println("<center><h2>客户端信息列表</h2></center>");
        out.println("<table border=1> ");
        out.println("<tr>");
        out.println("<td>客户端主机名</td>");
        out.println("<td>"+req.getRemoteHost()+"</td>");
        out.println("</tr>");
        out.println("<tr>");
        out.println("<td>客户端 IP 地址</td>");
        out.println("<td>"+req.getRemoteAddr()+"</td>");
        out.println("</tr>");
        out.println("<tr>");
        out.println("<td>客户端端口号</td>");
        out.println("<td>"+req.getRemotePort()+"</td>");
        out.println("</tr>");
        out.println("<tr>");
        out.println("<td>请求方式</td>");
        out.println("<td>"+req.getMethod()+"</td>");
        out.println("</tr>");
        out.println("<tr>");
        out.println("<td>请求协议</td>");
        out.println("<td>"+req.getProtocol()+"</td>");
        out.println("</tr>");
        out.println("<tr>");
        out.println("<td>编码格式</td>");
```

```
        out.println("<td>"+req.getCharacterEncoding()+"</td>");
        out.println("</tr>");
        out.println("<tr>");
        out.println("<td>请求的参数名与参数值</td>");
        out.println("<td>");
        Enumeration em=req.getParameterNames();                   //获取请求的所有参数名称
        while(em.hasMoreElements()){
            String praramName=(String)em.nextElement();           //获取每一个参数名称
            String praramValue=req.getParameter(praramName);//获取参数指
            out.println(praramName+"="+praramValue);
        }
        out.println("</td>");
        out.println("</tr>");
        out.println("</table>");
        out.println("</body>");
        out.println("</html>");
        out.close();                                              //关闭输出对象
    }
}
```

（2）在 web.xml 中配置类 ClientInfoServlet。配置的关键代码如下：

```
<!-- 配置 Servlet -->
    <servlet>
        <servlet-name>ClientInfoServlet</servlet-name>
        <servlet-class>sunyang.ClientInfoServlet</servlet-class>
    </servlet>
    <!-- 配置 Servlet 映射路径 -->
    <servlet-mapping>
        <servlet-name>ClientInfoServlet</servlet-name>
        <url-pattern>/clientInfo</url-pattern>
    </servlet-mapping>
```

（3）程序的运行结果如图 6-5 所示。

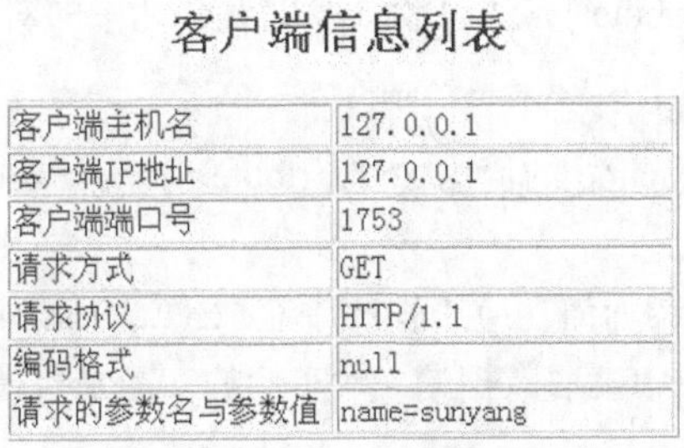
客户端信息列表

客户端主机名	127.0.0.1
客户端IP地址	127.0.0.1
客户端端口号	1753
请求方式	GET
请求协议	HTTP/1.1
编码格式	null
请求的参数名与参数值	name=sunyang

图 6-5　客户端信息列表

6.5　Servlet 中的会话设置

在 Web 服务器编程中，会话状态管理是一个很重要的方面。HTTP 本身是一种无状态（Stateless）的协议，因此它无法区分当前的一连串请求是来自相同的客户端还是不同的客户端，或者客户端是处于连接状态还是断开状态。由于 HTTP 协议的无状态特点，带来了一系列的问题，比如在某段时间内有许多用户登录网上银行账号，他们各自进行着买卖基金、转账、查询余额等不同的业务，如果服务器不能记住用户的身份，就有可能出现刚买的基金存进了其他人的账号、转账失误等许多未知的后果。

那么如何才能实现会话状态呢？Servlet API 内置了会话跟踪支持，那就是 HttpSession 对象。下面将介绍如何获取 HttpSession 对象。

6.5.1 获取 HttpSession 对象

当需要为客户端建立 session（这个 session 是用户身份的唯一标识）时，Servlet 容器会给每一个用户建立一个 HttpSession 对象。获取 HttpSession 对象的方式是通过调用 HttpServletRequest 接口提供的两种方法。

```
public HttpSession getSession()
public HttpSession getSession(Boolean create)
```

使用无参数的 getSession()方法会获取一个 HttpSession 对象，而对于带参数的 getSession()方法，如果当前请求不属于任何会话，而且参数 create 值为 true，则创建一个新会话，否则返回 null，此后所有来自同一个的请求都属于这个会话。

6.5.2 在 HttpSession 对象中保存数据

获取到 HttpSession 对象后，就可使用它来将数据保存到会话中。HttpSession 对象的 set Attribute()方法通过绑定一对名字/值数据，可将相关数据保存到当前会话中，如果会话中已经存在该名字则替换它，setAttribute()方法的语法格式如下：

```
public void setAttribute(String name,Object value)
```

在上述语法格式中，参数 name 是绑定到会话中的属性名称，参数 value 是属性的值。

6.5.3 在 HttpSession 对象中读取数据

HttpSession 提供的 getAttribute()方法可读取存储在会话中的对象，该方法的语法格式如下：

```
public Object getAttribute(String name)
```

在上述语法格式中，参数 name 的值为 setAttribute(String name，Object value)方法中设置的 name 的值。

下面将通过一个实例来介绍如何在应用程序中获取 HttpSession 对象、在 HttpSession 对象中保存数据和在 HttpSession 对象中读取数据的。本实例的功能是实现一个简单的购物车，具体步骤如下。

（1）创建名称为 itemList.jsp 的 JSP 页面，该 JSP 页面用来显示商品列表。关键代码如下：

```
<%@ page language="java" pageEncoding="GBk"%>
<html>
    <head>
        <title>商品页面</title>
    </head>
    <body>
        <center><h2>选购商品</h2></center>
        <form action="buyItem" method="post">
```

```
            <input type="checkbox" name="item" value="0">图书
            <input type="checkbox" name="item" value="1">化妆品
            <input type="checkbox" name="item" value="2">衣服
            <input type="submit" name="sumit" value="加入购物车">
        </form>
    </body>
</html>
```

（2）创建一个 Servlet 类 CartServlet.java，CartServlet 将用户选中的商品放入会话中，生成并输出一个显示用户购买商品清单的页面，即购物车。该类的具体代码如下：

```
import java.io.IOException;
import java.io.PrintWriter;
import javax.servlet.ServletException;
import javax.servlet.http.HttpServlet;
import javax.servlet.http.HttpServletRequest;
import javax.servlet.http.HttpServletResponse;
import javax.servlet.http.HttpSession;
public class CartServlet extends HttpServlet {
    protected void doGet(HttpServletRequest req, HttpServletResponse resp)
            throws ServletException, IOException {
        this.doPost(req, resp);
    }
    protected void doPost(HttpServletRequest req, HttpServletResponse resp)
            throws ServletException, IOException {
        String[] items = { "图书", "化妆品", "衣服" };           //商品
        HttpSession session = req.getSession();                //获取 HttpSession 对象
       //从 session 中获取选择的商品数目
        Integer itemCount = (Integer) session.getAttribute("itemCount");
        if (itemCount == null) { // 如果无商品则数目为 0
             itemCount = new Integer(0);
        }
        resp.setCharacterEncoding("GBK");                      //设置响应的编码类型为 GBK
        PrintWriter out = resp.getWriter();                    //获取输出对象
        String[] itemsSelected = req.getParameterValues("item");//取得表单上选中的商品
        if (itemsSelected != null) {                           //判断是否选中商品
            for (int i = 0; i < itemsSelected.length; i++) {
                itemCount = new Integer(itemCount.intValue() + 1);//选中的商品数量
                //将选中的商品放入会话中
                session.setAttribute("Item" + itemCount, itemsSelected[i]);
                session.setAttribute("itemCount", itemCount); //将商品数量放入会话中
            }
        }
        out.println("<html>");
        out.println("<head>");
        out.println("<title>购物车</title>");
        out.println("</head>");
        out.println("<body>");
        out.println("<center><h2>购物车</h2></center>");
        for (int i = 0; i < itemCount.intValue(); i++) {
            String item = (String) session.getAttribute("Item" + (i+1));
            out.println(items[Integer.parseInt(item)]);//输出购物车中的商品
```

```
            out.println("<br>");
        }
        out.println("您购物车中共有"+itemCount+"件商品");
        out.println("</body>");
        out.println("</html>");
        out.close();                                    //关闭输出对象
    }
}
```

（3）在 web.xml 文件中配置 CartServlet。配置的关键代码如下：

```
<!-- 配置 Servlet -->
 <servlet>
      <servlet-name>CartServlet</servlet-name>
      <servlet-class>sunyang.CartServlet</servlet-class>
 </servlet>
 <!-- 配置 Servlet 映射路径 -->
 <servlet-mapping>
      <servlet-name>CartServlet</servlet-name>
      <url-pattern>/buyItem</url-pattern>
 </servlet-mapping>
```

（4）程序的运行结果如图 6-6 和图 6-7 所示。

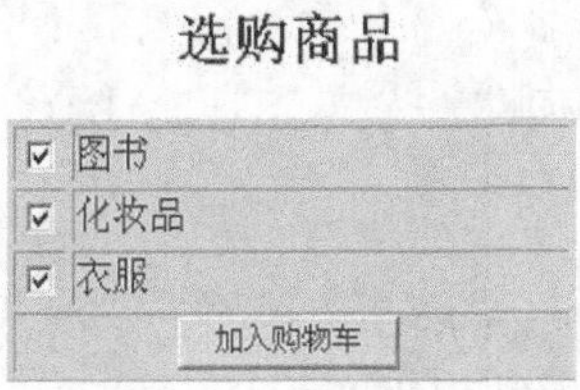

图 6-6　商品列表

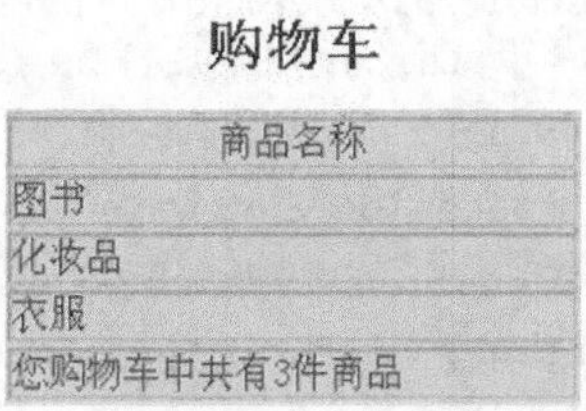

图 6-7　购物车

如图 6-6 所示，当用户选中商品时，单击“加入购物车”按钮，将进入到显示购物车商品信息的页面，如图 6-7 所示。

6.6　Servlet 中异常设置

在 Web 编程方面，异常处理是一个很常见的话题，不同类别的程序异常处理的方式会有所不同，而在 Servlet 中，可以使用两种处理异常的方式。

- 在 try/catch 语句的 catch 语句块中直接生成并输出异常信息的页面，或者将异常转发到异常处理的 Servlet 或 JSP 页面中。
- 在 web.xml 文件中通过<error-page>元素指定异常处理。

在上述处理异常的方式中，第 1 种方式和普通的 Java 类中处理异常的方式类似，第 2 种方式则是由 Servle 规范提出的，其优点是这种处理方式属于整个 Web 程序的异常处理，它使得 Web 程序以一种统一的方式在不同的服务器中显示异常信息。

通过一个例子来介绍在 web.xml 文件中通过<error-page>元素指定异常处理的方式，具体步骤如下。

（1）创建两个 JSP 页面，名称分别为 exception.jsp 和 notFind.jsp，其中 exception.jsp 用来处理数组下标越界的异常，notFind.jsp 用来处理 404 错误代码。exception.jsp 的代码如下：

```
<%@ page language="java" pageEncoding="GBk"%>
<html>
    <head>
        <title>数组下标越界异常页面</title>
    </head>
    <body >
        <center><h2>请求中出现数组下标越界异常</h2></center>
    </body>
</html>
```

notFind.jsp 的代码如下：

```
<%@ page language="java" pageEncoding="GBk"%>
<html>
    <head>
        <title>404 错误处理页面</title>
    </head>
    <body >
        <center><h2>当前请求的页面不存在</h2></center>
    </body>
</html>
```

（2）创建 Servlet 类 ExceptionServlet.java，该类可产生一个数组下标越界异常。具体代码如下：

```
import java.io.IOException;
import javax.servlet.ServletException;
import javax.servlet.http.HttpServlet;
import javax.servlet.http.HttpServletRequest;
import javax.servlet.http.HttpServletResponse;
public class ExceptionServlet extends HttpServlet{
    protected void doGet(HttpServletRequest req, HttpServletResponse resp)
            throws ServletException, IOException {
        this.doPost(req, resp);
    }
    protected void doPost(HttpServletRequest req, HttpServletResponse resp)
            throws ServletException, IOException {
            int num[]=new int[2];
            num[3]=0;               //数组下标越界
    }
}
```

（3）在 web.xml 中配置类 ExceptionServlet 和<error-page>元素。配置的关键代码如下：

```
<!-- 配置 Servlet -->
<servlet>
    <servlet-name>exceptionServlet</servlet-name>
    <servlet-class>sunyang.ExceptionServlet</servlet-class>
</servlet>
<!-- 配置 Servlet 映射路径 -->
<servlet-mapping>
    <servlet-name>exceptionServlet</servlet-name>
    <url-pattern>/error</url-pattern>
</servlet-mapping>
```

```
<!-- 配置数组下标越界异常的映射路径 -->
<error-page>
<exception-type>java.lang.ArrayIndexOutOfBoundsException</exception-type>
<location>/exception.jsp</location>
</error-page>
<!-- 配置 404 错误代码的映射路径 -->
<error-page>
<error-code>404</error-code>
<location>/notFind.jsp</location>
</error-page>
```

（4）当请求 ExceptionServlet 时，则出现如图 6-8 所示的页面。

当请求一个不存在的页面时，则出现如图 6-9 所示的页面。

请求中出现数组下标越界异常

图 6-8　处理数组下标越界异常的页面

当前请求的页面不存在

图 6-9　访问不存在的页面

注意

默认情况下使用 IE 浏览器访问程序时，得到的是 IE 的错误页面，要看到程序的异常处理页面，解决方式是将 IE 默认错误页面屏蔽掉。具体做法是，在 IE 浏览器的菜单栏中选择“工具”→“Internet 选项”命令，在“Internet 选项”对话框中选择“高级”选项卡，然后将“显示友好 HTTP 信息”前的对号去掉即可，如图 6-10 所示。

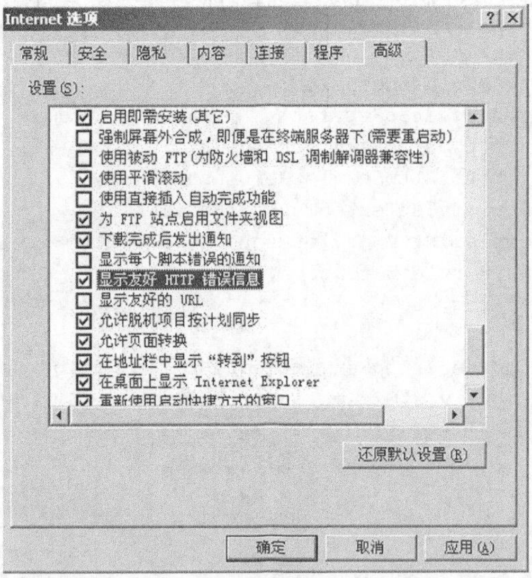

图 6-10　设置 IE 浏览器中默认的错误信息页面

6.7　Servlet 过滤器

过滤器是 Servlet 2.3 规范中开始引入的一项功能。Servlet 过滤器其实就是一种 Web 组件，它可以根据应用程序的需要来拦截特定的请求和响应。

Servlet 过滤器功能十分强大，可以用在 Web 环境中存在请求和响应的任何地方来拦截请求和响应，以查看、提取或操作客户端和服务器之间交互的数据。Servlet 过滤器的用途也十分广泛，如日志记录、访问控制、会话处理等方面。下面将介绍过滤器以及在 Web 应用程序中如何使用 Servlet 过滤器。

6.7.1 Servlet 过滤器工作原理

Servlet 过滤器是一种小型的、可插入的 Web 组件，它能够对 Servlet 容器的请求和响应进行拦截和处理。但是，Servlet 过滤器本身并不能生成请求和响应，它只负责过滤。

Servlet 过滤器介于与之相关的 Servlet 或 JSP 页面与客户端之间，其工作原理是：当某个资源与 Servlet 过滤器关联后，对该资源的所有请求都会经过 Servlet 过滤器，Servlet 过滤器在 Servlet 被调用之前会检查请求对象（Request 对象），并决定是将请求转发给过滤器链中的下一个资源还是中止该请求并响应用户。若请求被转发给过滤器链中的下一个资源（如一个 Servlet）处理后，Servlet 过滤器会检查响应对象（Response 对象），进行处理后返回给用户，其工作原理如图 6-11 所示。

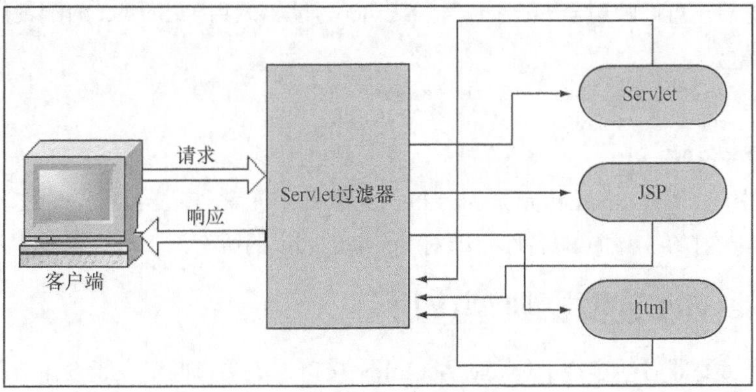

图 6-11 Servlet 工作原理图

6.7.2 Servlet 过滤器配置

作为 Web 应用的一个组件，Servlet 过滤器必须在 web.xml 文件中进行配置。配置 Servlet 过滤器包括下面两个步骤。

（1）命名 Servlet 过滤器和指定 Servlet 过滤器相应的实现类，并且可选择指定传递至 Servlet 过滤器的初始化参数。配置代码如下：

```
<filter>
    <filter-name>FilterName</filter-name>
    <filter-class>package.className </filter-class>
    <init-param>
     <param-name>ParamName1</param-name>
     <param-value>ParamValue1</param-value>
    </init-param>
   <init-param>
     <param-name>ParamName1</param-name>
     <param-value>ParamValue1</param-value>
</init-param>
</filter>
```

在上述代码中，<filter>元素用于配置 Servlet 过滤器，其子元素<filter-name>指定过滤器的名称，该名称在整个应用中都必须是惟一的。子元素<filter-class>指定过滤器实现类的完全限定名。子元素<init-param>为可选的元素，用来给过滤器提供初始化参数。<param-name>指定了参数的名称，<param-value>指定了参数的值，定义完参数可通过 FilterConfig 的 getInitParameter()方法获取该参数的初始值，而且单个过滤器元素可包含多个<init-param>子元素。

（2）将 Servlet 过滤器映射至 URL 或 Servlet，这是通过<filter-mapping>元素来实现的。将 Servlet 过滤器映射至 URL 的配置代码如下：

```
<filter-mapping>
   <filter-name>FilterName</filter-name>
   <url-pattern>/path</url-pattern>
</filter-mapping>
```

在上面代码中，<filter-name>元素和<filter>元素的子元素<filter-name>一致。<url-pattern>元素指定了过滤器的映射路径，当用户请求的 URL 和<url-pattern>元素指定的 URL（/path）相匹配时，就会触发过滤器。若要求 Servlet 过滤器过滤所有的 URL，可将<url-pattern>的值设为“/*”。

Servlet 过滤器还可以映射至 Servlet，将 Servlet 过滤器映射至 Servlet 的配置代码如下：

```
<filter-mapping>
  <filter-name>FilterName</filter-name>
  <servlet-name>ServletName</servlet-name>
</filter-mapping>
```

在上面代码中，<filter-name>元素和<filter>元素的子元素<filter-name>一致。<servlet-name>元素指定过滤器映射的 Servlet 的名称，即对 ServletName 的所有请求都会触发过滤器。

6.7.3 Servlet 过滤器典型应用

要创建一个过滤器必须实现 javax.servlet.Filter 接口，该接口内定义了 3 个方法。

- init(FilterConfig config)：用于初始化过滤器，并获取 web.xml 文件中配置的过滤器初始化参数。
- doFilter(ServletRequest reg，ServletResponse res，FilterChain chain)：用于进行过滤操作，该方法的第 1 个参数为 ServletRequest 对象，此对象给过滤器提供了对进入的信息（包括表单数据、Cookie 和 HTTP 请求头）的完全访问；第 2 个参数为 ServletResponse，用于响应使用 Servlet Request 对象访问的信息，通常在简单的过滤器中忽略此参数；最后一个参数为 FilterChain，该参数用来调用过滤器链中的下一个资源。
- destroy()：用于销毁过滤器。

通过一个实例来介绍如何实现一个过滤器，具体步骤如下。

（1）创建 Servlet 过滤器 IPFilter.java，它可以过滤用户的 IP 地址，以进行访问控制。该过滤器 IPFilter 的关键代码如下：

```
import java.io.IOException;
import javax.servlet.Filter;
import javax.servlet.FilterChain;
import javax.servlet.FilterConfig;
import javax.servlet.RequestDispatcher;
import javax.servlet.ServletException;
import javax.servlet.ServletRequest;
import javax.servlet.ServletResponse;
```

```java
public class IPFilter implements Filter{
   protected FilterConfig filterConfig;
   protected String filterIP;                                    //需要过滤的 IP 地址
   /*初始化过滤器*/
   public void init(FilterConfig config) throws ServletException {
       this.filterConfig=config;
       filterIP=config.getInitParameter("filterIP");     //获取被过滤的 IP 地址
       if(filterIP==null)filterIP="";
   }
   /*过滤操作*/
   public void doFilter(ServletRequest req, ServletResponse res,
           FilterChain chain) throws IOException, ServletException {
       RequestDispatcher reqDispatcher=req.getRequestDispatcher("error.jsp");
       String remoteIP=req.getRemoteAddr();                 //获取本地 IP 地址
       if(remoteIP.equals(filterIP)){                        //如果该 IP 地址被过滤，将转向错误页面
           reqDispatcher.forward(req, res);
       }else{                                                //否则将请求转发给过滤器链中的其他资源
           chain.doFilter(req, res);
       }
   }
   /*销毁过滤器*/
   public void destroy() {
       this.filterConfig=null;
   }
}
```

（2）在 web.xml 文件中配置 IPFilter 过滤器，在配置文件中定义了一个名为 filterIP 的参数，它的值为 192.168.70.82，表示 IP 地址为 192.168.70.82 的用户将被拒绝访问。在 web.xml 文件中配置过滤器的关键代码如下：

```xml
<!-- 配置过滤器 -->
<filter>
     <filter-name>IPFilter</filter-name>
     <filter-class>sunyang.IPFilter</filter-class>
     <init-param>
          <param-name>filterIP</param-name>
          <param-value>192.168.70.82</param-value>
     </init-param>
</filter>
<!-- 配置过滤器的映射路径 -->
<filter-mapping>
      <filter-name>IPFilter</filter-name>
      <url-pattern>/*</url-pattern>
</filter-mapping>
```

（3）建立测试 IPFilter 过滤器的 JSP 页面 success.jsp 和 error.jsp。当用户访问 success.jsp 时输出欢迎用户访问的信息，而对于 IP 地址为 192.168.70.82 的用户，当访问 success.jsp 时，则输出 error.jsp 上的拒绝访问信息。success.jsp 的代码如下：

```jsp
<%@ page language="java" pageEncoding="GBK"%>
<html>
  <head>
    <title>欢迎页面</title>
```

```
  </head>
  <body>
  <center><h2>欢迎访问吉林省三扬科技咨询有限公司！</h2></center>
  </body>
</html>
```

error.jsp 的代码如下：

```
<%@ page language="java" pageEncoding="GBK"%>
<html>
  <head>
    <title>拒绝访问</title>
  </head>
  <body>
  <center><h2>对不起，您的 IP 地址禁止访问该网站！</h2></center>
  </body>
</html>
```

（4）当用户访问 success.jsp 时，运行结果如图 6-12 所示。

当 IP 地址为 192.168.70.82 的用户访问 success.jsp 时，运行结果如图 6-13 所示。

欢迎访问吉林省三扬科技咨询有限公司！

图 6-12　访问 success.jsp 页面

对不起，您的IP地址禁止访问该网站！

图 6-13　被过滤 IP 地址的用户访问 success.jsp 页面

6.8　Servlet 监听器

监听器是 Servlet 2.3 规范中和 Filter 一起引入的另一项功能。Servlet 监听器用于监听一些重要事件的发生，如监听客户端的请求、Web 应用的上下文信息、会话信息等。灵活使用 Servlet 监听器，可以使一些很难实现的操作变得容易。

6.8.1　Servlet 监听器工作原理

Servlet 监听器是 Web 应用程序事件模型的一部分，当 Web 应用中的某些状态发生改变时，Servlet 容器就会产生相应的事件，如创建 ServletContext 对象时触发 ServletContextEvent 事件，创建 HttpSession 对象时触发 HttpSessionEvent，Servlet 监听器可接收这些事件，并可以在事件发生前、发生后可以作一些必要的处理。

6.8.2　Servlet 监听器类型

根据监听对象的不同，Servlet2.4 规范将 Servlet 监听器划分为以下 3 种。

- ServletContext 事件监听器：用于监听应用程序环境对象。
- HttpSession 事件监听器：用于监听用户会话对象。
- ServletRequest 事件监听器：用于监听请求消息对象。

1. ServletContext 事件监听器

对 ServletContext 对象进行监听的接口有 ServletContextAttributeListener 和 ServletContextListener，其中 ServletContextAttributeListener 用于监听 ServletContext 对象中属性的改变，包括增加属性、删

除属性和修改属性。ServletContextListener 用于监听 ServletContext 对象本身的改变，如 Servlet Context 对象的创建和销毁。ServletContext 事件监听器中的接口和方法如表 6-3 所示。

表 6-3 ServletContext 事件监听器的接口和方法

接口名称	方法名称	描 述
ServletContextAttributeListener	attributeAdded(ServletContextAttributeEvent scae)	增加属性时激发此方法
	attributeRemoved(ServletContextAttributeEve-nt scae)	删除属性时激发此方法
	attributeReplaced(ServletContextAttributeEven-t scae)	修改属性时激发此方法
ServletContextListener	contextDestroyed(ServletContextEvent sce)	销毁 ServletContext 时激发此方法
	contextInitialized(ServletContextEvent sce)	创建 ServletContext 时激发此方法

2. HttpSession 事件监听器

对会话对象进行监听的接口有 HttpSessionAttributeListener、HttpSessionListener、HttpSession ActivationListener 和 HttpSessionBindingListener。其中 HttpSessionAttributeListener 用于监听 HttpSession 对象中属性的改变，如属性的增加、删除和修改；HttpSessionListener 用于监听 HttpSession 对象的改变，如 HttpSession 对象的创建与销毁；HttpSessionActivationListener 用于监听 HttpSession 对象的状态，如 HttpSession 对象是被激活还是被钝化；HttpSessionBindingListener 用于监听 HttpSession 对象的绑定状态，如添加对象和移除对象。HttpSession 事件监听器中的接口和方法如表 6-4 所示。

表 6-4 HttpSession 事件监听器的接口和方法

接口名称	方法名称	描 述
HttpSessionAttributeListener	attributeAdded(HttpSessionBindingEvent hsbe)	增加属性时激发此方法
	attributeRemoved(HttpSessionBindingEvent hsbe)	删除属性时激发此方法
	attributeReplaced(HttpSessionBindingEvent hsbe)	修改属性时激发此方法
HttpSessionListener	sessionCreated(HttpSessionEvent hse)	创建 HttpSession 时激发此方法
	sessionDestroyed(HttpSessionEvent hse)	销毁 HttpSession 时激发此方法
HttpSessionActivationListener	sessionDidActivate(HttpSessionEvent se)	激活 HttpSession 时激发此方法
	sessionWillPassivate(HttpSessionEvent se)	钝化 HttpSession 时激发此方法
HttpSessionBindingListener	valueBound(HttpSessionBindingEvent hsbe)	调用 setAttribute()方法时激发此方法
	valueUnbound(HttpSessionBindingEvent hsbe)	调用 removeAttribute ()方法时激发此方法

3. ServletRequest 事件监听器

对请求消息对象进行监听的接口有 ServletRequestListener 和 ServletRequestAttributeListener，其中 ServletRequestListener 用于监听 ServletRequest 对象的变化，如 ServletRequest 对象的创建和销毁；ServletRequestAttributeListener 用于监听 ServletRequest 对象中属性的变化，如属性的增加、删除和修改。ServletRequest 事件监听器的接口和方法如表 6-5 所示。

表 6-5　　ServletRequest 事件监听器的接口和方法

接口名称	方法名称	描　述
ServletRequestAttributeListener	attributeAdded(ServletRequestAttributeEvent srae)	增加属性时激发此方法
	attributeRemoved(ServletRequestAttributeEvent srae)	删除属性时激发此方法
	attributeReplaced(ServletRequestAttributeEvent srae)	修改属性时激发此方法
ServletRequestListener	requestDestroyed(ServletRequestEvent sre)	销毁 ServletRequest 时激发此方法
	requestInitialized(ServletRequestEvent sre)	创建 ServletRequest 时激发此方法

6.8.3 Servlet 监听器典型应用

本节将通过一个具体的示例来介绍如何在 Web 应用中使用 Servlet 监听器，具体步骤如下。

（1）创建 Servlet 监听器 OnlineListener。OnlineListener 监听器用于监听网站的在线人数。它的代码如下：

```
import javax.servlet.http.HttpSessionEvent;
import javax.servlet.http.HttpSessionListener;
public class OnlineListener implements HttpSessionListener{
    private int onlineCount;              //定义一个代表在线人数的变量
    public OnlineListener(){
        onlineCount=0;
    }
    /*会话创建时的处理*/
    public void sessionCreated(HttpSessionEvent sessionEvent) {
        onlineCount++;
        sessionEvent.getSession().getServletContext()
                        .setAttribute("online",new Integer(onlineCount));
    }
    /*会话销毁时的处理*/
    public void sessionDestroyed(HttpSessionEvent sessionEvent) {
        onlineCount--;
        sessionEvent.getSession().getServletContext()
                        .setAttribute("online",new Integer(onlineCount));
            }
}
```

（2）在 web.xml 文件中配置 OnlineListener 监听器。监听器的配置非常简单，只需指定监听器的实现类即可。该文件的关键代码如下：

```
<listener>
  <listener-class>sunyang.OnlineListener</listener-class>
</listener>
```

（3）创建 JSP 页面 online.jsp。该 JSP 页面可用来测试 OnlineListener 监听器。它的代码如下：

```
<%@ page language="java" pageEncoding="GBK"%>
<html>
  <head>
```

```
    <title>使用监听器监听在线人数的例子</title>
  </head>
  <body>
    <center>
      <h2>当前的在线人数：<%=(Integer)application.getAttribute("online") %></h2>
    </center>
  </body>
</html>
```

（4）运行程序，如果你是第 5 个访问该网站的用户，则显示如图 6-14 所示的界面。

当前的在线人数：5

图 6-14 使用监听器的例子

6.9 Servlet 3.0 的新特性

目前 Servlet 的最新版本为 3.0，该版本是作为 Java EE 6 规范体系中的一员，随着 Java EE 6 规范一起发布的。和之前的版本相比，Servlet 3.0 版本提供了一些新特性，用于简化 Web 应用的开发和部署。下面我们介绍一下 Servlet 3.0 中 3 个比较重要的新特性。

6.9.1 注解功能

通过 6.3.1 小节的介绍我们已经知道，使用 Servlet 包含编写 Servlet 方法及在 web.xml 中配置 Servlet 两个步骤。在 Servlet 3.0 版本中，我们可以使用注解功能替代 web.xml 中的配置信息。例如，6.3.1 小节中的配置信息，我们可以在代码中添加注解，如下所示。

```
@WebServlet(name="ServletSample",urlPatterns={"/servlet"})
public class ServletSample extends GenericServlet{
    public void service(ServletRequest request, ServletResponse response)
            throws ServletException, IOException {
        response.setCharacterEncoding("GBK");    //设置响应的编码类型为 GBK
        PrintWriter out=response.getWriter();    //获取输出对象
        out.println("<html>");
        out.println("<head>");
        out.println("<title>Servlet 简单例子</title>");
        out.println("</head>");
        out.println("<body>");
        out.println("<center>");
        out.println("<h2>这是第一个 Servlet 的例子</h2>");
        out.println("</center>");
        out.println("</body>");
        out.println("</html>");
        out.close();    //关闭输出对象
    }
}
```

注意

注解即 Annotation，是以符号“@”加上特定的关键字加入到 Java 代码中的。不同类型的注解，不同的参数，起到的作用也各不相同。本例中的注解“@WebServlet”用于声明 Servlet 的名称及匹配模式，进而取代 web.xml 的配置。

当增加了注解以后，无需再在 web.xml 中进行额外的配置，便可直接发布并运行该 Servlet。

Servlet 3.0 不仅提供了普通 Servlet 的注解功能，还增加了过滤器、监听器的注解功能。

过滤器对应的注解格式为@WebFilter(filterName="",urlPattern={"/"})，其中 filterName 参数对应的是过滤器的名称，urlPattern 参数对应的是匹配模式。

监听器对应的注解为@WebListener，该注解不需提供任何参数。

6.9.2 异步处理的支持

通过前面小节的介绍，我们已经了解了 Servlet 的工作原理。对于 Servlet 3.0 之前的版本来说，如果 Servlet 的处理过程中包含复杂业务逻辑，例如大量的数据库操作，以及远程 Web 调用等，整个处理周期将会非常漫长。在此过程中，Servlet 线程将一直被阻塞，其所占用的资源，直到业务处理完毕后才会被释放。这在大型应用中，将会是一个非常大的瓶颈。

Servlet 3.0 提供了异步处理的机制，很好地解决了这个问题。在 Servlet 3.0 中，Servlet 接收请求并执行预处理后，可以通过调用异步线程的形式来执行业务逻辑，而 Servlet 线程本身返回至容器并等待异步线程。当异步线程处理完毕后，将异步线程响应的数据发送至页面或转交其他 Servlet 处理。

一个简单的异步处理例子代码如下：

```
import java.io.IOException;
import java.io.PrintWriter;
import javax.servlet.AsyncContext;
import javax.servlet.ServletException;
import javax.servlet.annotation.WebServlet;
import javax.servlet.http.HttpServlet;
import javax.servlet.http.HttpServletRequest;
import javax.servlet.http.HttpServletResponse;

@WebServlet(name="asyncSample",urlPatterns={"/async"},asyncSupported="true")
public class Async extends HttpServlet {
    public void doGet(HttpServletRequest req, HttpServletResponse resp)
            throws IOException, ServletException {
        resp.setContentType("text/html;charset=UTF-8");
        PrintWriter out = resp.getWriter();
        out.println("开启 Servlet 线程<br/>");
        out.flush();
        // 调用异步线程执行业务，主线结束并等待异步线程
        AsyncContext ctx = req.startAsync();
        new Thread(new doSomething(ctx)).start();
        out.println("结束 Servlet 线程，等待异步线程...<br/>");
        out.flush();
    }
}
```

```
class doSomething implements Runnable {
    private AsyncContext ctx = null;
    public doSomething(AsyncContext ctx) {
        this.ctx = ctx;
    }
    public void run() {
        Thread.sleep(5000);// 线程休眠 5 秒钟，模拟复杂业务的处理时间
        PrintWriter out = ctx.getResponse().getWriter();
        out.println("5 秒后异步线程处理完毕，输出响应");
        out.flush();
        ctx.complete();
    }
}
```

当执行上面代码时，会得到如图 6-15 所示的界面

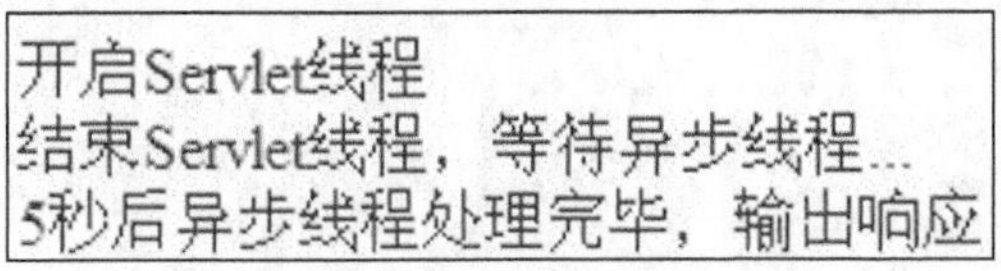

图 6-15 使用监听器的例子

其中，第一行和第二行输出，是在发出 Servlet 请求后，马上就得到的响应。第三行输出，是在 5 秒钟后得到的响应。

6.9.3 模块化开发

Servlet 3.0 之前，所有的 Servlet、监听器、过滤器都需要在 web.xml 中配置后才能正常工作。在一个大型的应用中，过多的配置信息会导致配置文件混乱不堪。Servlet 3.0 提供了模块化开发功能，允许开发人员将独立的功能模块，以 JAR 包插件的形式加入到应用中或从应用中去除。使得用户可以在不改变原有应用基础上，增加或减少相应的功能，从而大大提高了应用的灵活性。

要想使用 Servlet 3.0 的模块化特性，需要将功能模块对应的 JAR 包引入到当前应用中，通常放在 WEB-INF/lib 目录下。此外，还需要引入对应的部署描述文件 web-fragment.xml，并且该文件必须存放在 JAR 文件的 META-INF 目录下。原来在 web.xml 中配置的信息，都可以在此部署描述文件中进行配置。

关于模块化开发的例子，这里就不给出详细代码演示了，感兴趣的读者可以自己尝试开发。

小 结

本章介绍了 Servlet 的相关知识，包括 Servlet 的技术功能、Servlet 特征、Servlet 生命周期、使用 Servlet 获取运行环境信息、Servlet 会话设置和异常设置，在介绍使用 Servlet 时，通过两个具体的示例分别讲解了如何开发一个协议无关的 Servlet 和处理 HTTP 请求的 Servlet。最后介绍了 Servlet 的过滤器和监听器，并分别通过一个示例讲解了如何在 Web 应用中使用 Servlet 过滤器和监听器。

习　题

1. Servlet 都有哪些功能?

2. 使用哪种方法可获取用户提交的表单中的数据?

3. 使用哪种方法可将数据保存到会话中?

4. 如何在 Servlet 中进行异常处理?

5. 使用 Servlet 制作一个用户登录实例。当请求 Servlet 时，出现一个包含文本框、密码框和提交按钮的界面，当输入用户名和密码，单击【登录】按钮后，将用户的信息放入 HttpSession 中，并输出欢迎当前用户登录的信息。

第 7 章 JSP 操作数据库核心技术

Web 应用中最重要的数据仓库就是数据库，JSP 页面中可以通过 JDBC 技术连接数据库，存取数据。数据的读取方式及效率对应用项目的性能有着重要的影响。合理的应用连接池可以很大程度地减少数据的存取响应时间。通过本章的学习，读者可以掌握在页面中编写连接数据库的 JDBC 代码及配置数据库连接池等相关知识。

7.1 JDBC 技术概述

JDBC 是一套面向对象的应用程序接口，它制定了统一的访问各类关系数据库的标准接口，为各个数据库厂商提供了标准接口的实现。通过使用 JDBC 技术，开发人员可以用纯 Java 语言和标准的 SQL 语句编写完整的数据库应用程序，并且真正实现了软件的跨平台型。本节主要介绍 JDBC 技术的相关知识。

JDBC（Java DataBase Connectivity）是一组使用 Java 语言编写的，用于连接数据库的程序接口（API）。在应用项目开发过程中，程序员可以使用 JDBC 中的类与接口来连接多种关系型数据库、进行数据操作，避免了使用不同的数据库时，需要重新编写连接数据库程序的麻烦。

1. JDBC 执行步骤

JDBC 主要完成以下步骤。

（1）与数据库建立连接。

（2）向数据库发送 SQL 语句。

（3）处理发送的 SQL 语句。

（4）将处理的结果进行返回。

使用 JDBC 时不需要知道底层数据库的细节，JDBC 操作不同的数据库仅仅是链接方式的差异而已。使用 JDBC 的应用程序一旦与数据库建立连接，就可以使用 JDBC 提供的编写接口（API）操作数据库，使用 JDBC 操作数据库如图 7-1 所示。

图 7-1　使用 JDBC 操作数据库

2. JDBC 的优缺点

JDBC 的优点如下。

- JDBC 与 ODBC 十分相似，便于软件开发人员的理解。
- JDBC 使软件开发人员从复杂的驱动程序编写工作解脱出来，可以完全专著于业务逻辑的开发。
- JDBC 支持多种关系型数据库，这样可以增加软件的可移植性。
- JDBC 编写接口是面向对象的，开发人员可以将常用的方法进行二次封装，从而提高代码的重用性。

JDBC 的缺点如下。

- 通过 JDBC 访问数据库时，实际的操作速度会降低。
- 虽然 JDBC 编程接口是面向对象的，但通过 JDBC 访问数据库依然是面向关系的。
- JDBC 提供了对不同厂家的产品支持，这样对数据源的操作有所影响。

7.2 JDBC 的结构

JDBC 技术为数据库开发人员提供了一个标准的 API，能够用纯 Java API 来编写数据库的应用程序。

7.2.1 JDBC 类型

目前，比较常见的 JDBC 驱动程序有 4 种，如表 7-1 所示。

表 7-1 驱动程序类型

驱动类型名称	说明
JDBC-ODBC 桥	通过 JDBC 访问 ODBC 接口的驱动程序。在使用过程中，客户端上必须加载 ODBC 的二进制代码程序，必要时还需要加载数据库客户端代码。此驱动程序常常应用与企业网
本地 API	此驱动是将客户端上的 JDBC API 转换为数据库管理系统（DBMS）来调用，实现数据库连接。同 JDBC-ODBC 桥驱动类型相似的是客户端必须加载某些必须的二进制代码程序
网络 Java 驱动程序	此驱动程序通过网络协议进行数据库连接。首先将 JDBC 转换成一种网络协议，该网络协议不同与 DBMS 使用的交互协议。然后再将该网络协议转换为 DBMS 协议。网络纯 Java 驱动是最灵活适用的驱动程序，利用网络服务可以将 Java 客户端连接到多种数据库上。但是交互过程中使用的协议需要由网络服务器提供
本地协议纯 Java 驱动程序	此驱动程序将 JDBC 调用直接转换为 DBMS 使用的协议，客户端可以直接调用 DBMS 服务器，进行数据库操作。数据库制造商提供专用的 DBMS 使用协议

说明

在这 4 种驱动类型名称中，本地协议纯 Java 驱动程序访问和操作数据库的速度最快。

7.2.2 数据库驱动程序

使用 JDBC 操作数据库必须安装驱动程序，大多数数据库都有 JDBC 驱动程序，常见的驱动程序如表 7-2 所示。

表 7-2　　创建数据库驱动程序

数据库名称	类包名	驱动名称与 URL 地址
SQL Server 2000	msbase.jar、mssqlserver.jar、msutil.jar	com.microsoft.jdbc.sqlserver.SQLServerDriver jdbc:microsoft:sqlserver://localhost:1433;DatabaseName= 数据库名称
SQL Server 2005	sqljdbc.jar	com.microsoft.sqlserver.jdbc.SQLServerDriver jdbc:sqlserver://localhost:1433;databaseName=数据库名称
MYSQL	mysql-connector-java-3.0.16-ga-bin.jar	com.mysql.jdbc.Driver jdbc:mysql://localhost:3306/数据库名称
Oracle	class12.jar	oracle.jdbc.driver.OracleDriver jdbc:oracle:thin:@dssw2k01:1521:数据库名称
DB2	db2jcc.jar	com.ibm.db2.jdbc.net.DB2Driver jdbc:db2://localhost:6789/数据库名称
Derby	derby.jar	org.apache.derby.jdbc.EmbeddedDriver jdbc:derby://localhost:1527:数据库名称;create=false

说明　Derby 是一个用 Java 语言编写的开源的数据库，它作为一个嵌入式数据库嵌入在 JDK 安装程序中。

7.3　JDBC 核心编程接口

目前，JDBC 编程接口（API）已经发展到 3.0 版本，它包括 JDB 核心编程接口和 JDBC 可选包的编程接口。在 JDK1.6 中，核心 API 是指 java.sql 包中的所有类和接口，而可选包 API 则包括 javax.sql、javax.rowset、javax.rowset.serial 和 javax.rowset.spi 4 个包的内容。

JDBC 核心 API 可以实现与数据库的通信，本节将详细介绍一些常用的 JDBC 接口和类的功能。

7.3.1　驱动器接口：Driver

任何一种数据库驱动程序都提供一个 java.sql.Driver 接口的驱动类，在加载某个数据库驱动程序的驱动类时，都创建自己的实例对象并向 java.sql.DriverManage 类注册该实例对象。数据库驱动加载在 DriverManage 类的执行过程如图 7-2 所示。

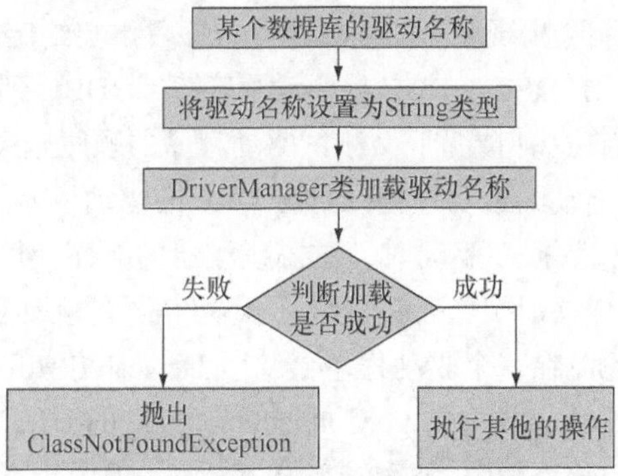

图 7-2　数据库驱动加载在驱动类

7.3.2 驱动管理类：DriverManager

java.sql.DriverManager 类是 JDBC 的管理层，它负责管理 JDBC 驱动程序的基本服务，作用于用户和驱动程序之间，负责追踪可用的驱动程序，并在数据库和相应驱动程序之间建立连接。另外，DriverManager 类也处理驱动程序登录时间限制，登录和跟踪消息的显示等事务。

1. 追踪有用的驱动程序

DriverManager 类包含一系列驱动类，它们通过调用 DriverManager 类中的 registerDriver()方法对自己实例进行了注册。所有驱动类都必须包含有一个静态部分，它创建该类的实例，然后在加载该实例时，DriverManager 类进行注册。这样，程序员将不用直接调用 DriverManager 类中的 registerDriver()方法；而是在加载驱动程序时，由驱动程序自动调用并加载驱动类，然后自动在 DriverManager 类中注册。DriverManager 注册的方式有以下两种。

（1）通过 Class 静态类中的 forName()方法进行调用。该方法通过 Java 反射技术加载驱动程序类。由于与外部设置无关，因此推荐使用这种加载驱动程序的方法。其中，通过 Class 静态类中的 forName()方法加载数据库驱动的代码如下：

```
Class.forName("db.Driver");
```

在上述代码中，db.Driver 为数据库的驱动名称。如果将该驱动名称编写为加载时创建的实例，并调用该实例参数的 DriverManager 类 registerDriver()方法，则它会出现在 DriverManager 类的驱动程序列表中，并可用于创建数据库连接。

（2）通过将数据库驱动名称添加到 java.lang.System 类中的 jdbc.drivers 属性中。该方式是一个由 DriverManager 类加载的驱动程序类名的列表，并用冒号（：）分隔。初始化 DriverManager 类时，它搜索 System 类中的 jdbc.drivers 属性，如果程序员已输入了一个或多个驱动程序，则 DriverManager 类试图将它们进行加载。

在上述两种方式中，新加载的驱动类都通过调用 DriverManager 类中的 registerDriver()方法进行自动注册。出于安全方面的因素，JDBC 管理层将跟踪哪个类加载器提供哪个驱动程序。这样，当 DriverManager 类打开连接时，它仅使用本地文件系统或与发出连接请求的代码相同的类加载器提供的驱动程序。

2. 建立连接

加载驱动类并在 DriverManager 类中注册后，即可用来与数据库建立连接。当调用 DriverManager 类中 getConnection()方法发出连接请求时，DriverManager 类将检查每个驱动程序，并查看该类是否可以建立连接。

在进行加载驱动时，可能会出现多个 JDBC 驱动程序可以与给定的 URL 连接。例如，与给定远程数据库连接时，可以使用 JDBC-ODBC 桥驱动程序；或 JDBC 到通用网络协议驱动程序或数据库厂商提供的驱动程序。在这种情况下，测试驱动程序的顺序至关重要，因为 DriverManager 类将使用它所找到的第 1 个驱动类成功连接到给定 URL 的驱动程序。

DriverManager 类在加载数据库驱动时，试图按注册的顺序使用每个驱动程序（jdbc.drivers 属性列表中的驱动程序总是先注册），它将跳过代码不可信任的驱动程序。

DriverManager 类通过轮流在每个驱动程序上调用 Driver 类中的 connect()方法，并向它们传递用户开始传递给 DriverManager 类中的 getConnection()方法的 URL 来对驱动程序进行测试，然后连接第 1 个认出该 URL 的驱动程序。这种方法效率不高，但由于不可能同时加载数多个驱动程序，因此每次连接实际只需几个过程调用和字符串比较。

下面的代码将通过 SQL Server 2000 数据库的驱动和 URL 获取数据库的连接。

```
Class.forName("com.microsoft.jdbc.sqlserver.SQLServerDriver ");  //加载驱动程序
String url = "jdbc:microsoft:sqlserver://localhost:1433;DatabaseName=wy_userInfo";
DriverManager.getConnection(url,"user","password");
```

在上述代码中，getConnection()方法的第 1 个参数表示数据库的 URL 地址、第 2 个参数表示连接数据库的用户名、第 3 个参数表示连接数据库的密码。DriverManager 类除了 getConnection()方法外，还存在其他的方法，如表 7-3 所示。

表 7-3　　DriverManager 类的其他方法

方法名称	功能描述
setLoginTimeout(int second)	该方法是静态方式，表示等待数据库建立连接的时间
setLogWriter(java.io.PrintWriter out)	该方法是静态方式，表示设置日志输出流对象
println(String messages)	该方法是静态方式，表示输出指定消息

7.3.3　数据库连接接口：Connection

java.sql.Connection 接口表示与特定数据库的连接，并在连接的上下文中可以执行 SQL 语句并返回结果。通过 Connection 对象可以获取一个数据库和表等数据库对象的详细信息。

Connection 接口中的常用方法如表 7-4 所示。

表 7-4　　Connection 接口的常用方法

方法名称	功能描述
setAutoCommit(boolean bln)	指定事务处理方式，参数设置为 true 时自动提交事务，false 为手动提交事务
getAutoCommit(boolean bln)	查看当前的 Connection 实例是否为自动事务提交模式，如果是返回 true，否则返回 false
createStatement()	创建 Statement 对象示例
prepareStatement(String sql)	获得 PreparedStatement 对象实例，参数为预编译的 SQL
prepareCall(String SQL)	获得 CallableStatement 对象实例，参数为存储过程名称
setReadOnly(boolean bln)	设置 Connection 实例的读取模式，默认为 false，关闭只读模式
commit()	提交事务
rollback()	回滚事务
sClosed()	判断当前的连接是否关闭，如果关闭返回 true，否则返回 false
close()	关闭当前数据库连接

注意　数据库的连接建立很耗费资源和时间，因此在没有进行对数据库操作时，通过 Connection 类对象的 close()方法将连接关闭，从而释放系统资源。

7.3.4　执行静态 SQL 语句接口：Statement

java.sql.Statement 接口用来执行静态的 SQL 语句，并返回执行结果。处理静态的 SQL 语句主要分为 3 种 Statement 对象：Statement、PreparedStatement、CallableStatement。它们作为在指定连接上执行 SQL 语句的容器。这 3 种 Statement 对象的关系如图 7-3 所示。

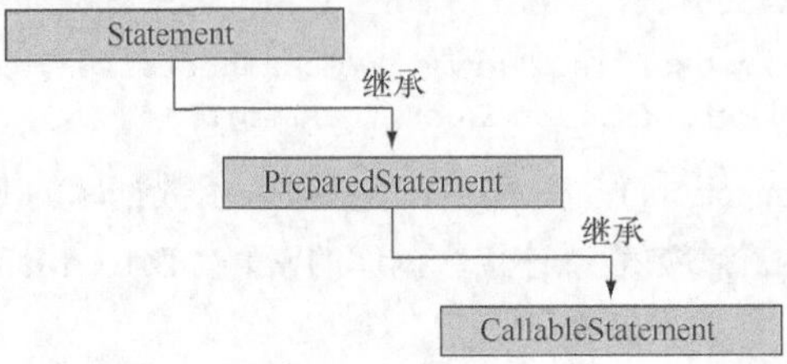

图 7-3 Statement、PreparedStatement 和 CallableStatement 的关系

下面将介绍 Statement 的相关知识。

1. 创建 Statement 对象

取得数据库连接对象后，就可以通过该连接发送 SQL 语句。Statement 对象可以通过 Connection 对象中的 createStatement()方法进行创建，具体代码如下：

```
Connection con = DriverManager.getConnection(url, "sa","");  //取得数据库连接
Statement stmt = con.createStatement();                       //获取 Statement 对象
```

为了执行 Statement 对象，被发送到数据库的 SQL 语句将被作为参数提供给 Statement 类中的指定方法。例如，通过 Statement 对象执行查询的 SQL 语句的代码如下：

```
ResultSet rs = stmt.executeQuery("select * from wy_user");
```

2. 使用 Statement 对象执行 SQL 语句

Statement 接口提供了 3 种执行语句的方法，如表 7-5 所示。

表 7-5　Statement 接口执行 SQL 语句的方法与说明

方法名称	功能描述
executeQuery(String sql)	用于产生单个结果集的语句，例如，执行 SELECT 查询语句
executeUpdate(String sql)	用于执行 INSERT、UPDATE 或 DELETE 语句以及 SQL DDL（数据定义语言）语句，例如，CREATE TABLE 和 DROP TABLE。INSERT、UPDATE 或 DELETE 语句的效果是修改表中零行或多行中的一列或多列。executeUpdate 的返回值是一个整数，指示受影响的行数（即更新计数）。对于 CREATE TABLE 或 DROP TABLE 等不操作行的语句，executeUpdate 的返回值总为零
execute(String sql)	用于执行返回多个结果集、多个更新计数或二者组合的语句

3. SQL 语句执行完成

当连接处于自动提交模式时，其中所执行的 SQL 语句在完成时将自动提交或还原。SQL 语句在已执行且所有结果返回时，即认为已完成。对于返回一个结果集的 executeQuery()方法，在检索完 ResultSet 对象的所有行时该语句完成。对于 executeUpdate()，当它执行时语句即完成。但在少数调用 execute()的情况中，在检索所有结果集或生成的更新计数之后语句才完成。

4. 关闭 Statement 对象

Statement 对象将由 Java 垃圾收集程序自动关闭。而作为一种好的编程风格，应在不需要 Statement 对象时关闭它们，这将立即释放资源，有助于避免潜在的内存占用问题。

7.3.5 执行预编译的 SQL 语句接口：PreparedStatement

PreparedStatement 接口继承并扩展了 Statement 接口，用来执行动态的 SQL 语句。Prepared Statement 接口包含已编译的 SQL 语句，并且包含于 PreparedStatement 对象中的 SQL 语句可具有一个或多个参数。参数的值在 SQL 语句创建时未被指定。相反，该语句为每个参数保留一个问号（？）作为占位符。每个问号的值必须在该语句执行之前，通过适当的 setXXX()方法来提供。由于 PreparedStatement 对象已预编译过，所以其执行速度要快于 Statement 对象。因此，多次执行的 SQL 语句经常创建为 PreparedStatement 对象，以提高效率。

作为 Statement 的子类，PreparedStatement 继承了 Statement 的所有功能。另外，它还添加了一些方法，用于设置发送给数据库以取代参数占位符的值。同时，execute()、executeQuery()和 executeUpdate()方法已被更改，从而不再需要参数。这些方法的 Statement 形式（接受 SQL 语句参数的形式）不应该用于 PreparedStatement 对象。

1．创建 PreparedStatement 对象

创建包含带两个参数占位符的 SQL 语句的 PreparedStatement 对象的代码如下：

```
PreparedStatement pstmt = con.prepareStatement("UPDATE wy_table SET m =? WHERE x= ?");
```

在上述代码中，pstmt 对象包含语句"UPDATE table4 SET m = ? WHERE x = ?"，它已发送给数据管理系统，并为执行作好了准备。

2．传递多参数

在执行 PreparedStatement 对象前，必须设置每个“？”参数的值。这可通过调用 setXXX()方法来完成。其中，XXX 是与该参数相应的类型。例如，如果参数具有 Java 类型 long，则使用的方法就是 setLong()。setXXX()方法的第 1 个参数是要设置的参数的序数位置，第 2 个参数是设置给该参数的值。例如，将第 1 个参数设为“王”，第 2 个参数设为“毅”的代码如下：

```
pstmt.setString(1,"王");
pstmt.setString(2, "毅");
```

PreparedStatement 类常用传递参数的方法如表 7-6 所示。

表 7-6　PreparedStatement 类常用传递参数的方法

方法名称	描　述
setBoolean(int, boolean)	设置一个 Java boolean 类型的参数值
setByte(int, byte)	设置一个 Java byte 类型的参数值
setBoolean(int, boolean)	设置一个 Java boolean 类型的参数值
setBytes(int, byte[])	设置一个 Java 字节数组
setBigDecimal(int, BigDecimal)	设置一个 java.lang.BigDecimal 类型的参数值
setDate(int, Date)	设置一个 java.sql.Date 类型的参数值
setDouble(int, double)	设置一个 Java double 类型的参数值
setFloat(int, float)	设置一个 Java float 类型的参数值
setInt(int, int)	设置一个 Java int 类型的参数值
setLong(int, long)	设置一个 Java long 类型的参数值
setNull(int, int)	设置一个 SQL 语句中的 NULL 值

续表

方法名称	描　述
setObject(int, Object)	使用一个对象设置参数值；对于整数值使用和 java.lang 等价的对象
setObject(int, Object, int)	该方法类似于 setObject 方法，但是假设小数位数为零
setObject(int, Object, int, int)	使用一个对象设置参数值；对于整数值使用与 java.lang 等价的对象
setShort(int, short)	设置一个 Java short 类型的参数值
setString(int, String)	设置一个 Java String 类型的参数值
setTime(int, Time)	设置一个 java.sql.Date 类型的参数值
setTimestamp(int, Timestamp)	设置一个 java.sql.Timestamp 类型的参数值
setUnicodeStream(int, InputStream, int)	将一个非常大的 UNICODE 值输入到 LONGVARCHAR 参数时可以通过 java.io.InputStream 类来完成
setAsciiStream(int, InputStream, int)	将一个非常大的 ASCII 值输入到 LONGVARCHAR 参数，它的参数类型是 Java 的输入流（java.io.InputStream）
setBinaryStream(int, InputStream, int)	将一个非常大的二进制值输入到 LONGVARBINARY 参数时可以通过 java.io.InputStream 类来完成

3. 执行预编译的 SQL 语句

当设置完成预编译的 SQL 语句后，就可以通过 PreparedStatemen 类中的方法执行该 SQL 语句。PreparedStatemen 类执行 SQL 语句的方法如表 7-7 所示。

表 7-7　　PreparedStatemen 类执行 SQL 语句的方法

方法名称	描　述
execute()	执行保存操作
executeUpdate()	执行更新或删除数据操作

4. 参数中数据类型的一致性

setXXX()方法中的 XXX 是 Java 类型。它是一种隐含的 JDBC 类型（一般 SQL 语句类型），因为驱动程序将把 Java 类型映射为相应的 JDBC 类型，并将该 JDBC 类型发送给数据库。例如，将 PreparedStatement 对象 pstmt 的第 2 个参数设置为 44，Java 类型为 short，具体代码如下：

```
pstmt.setShort(2,44);
```

在编写代码时要确保将每个参数的 Java 类型映射为与数据库所需的 JDBC 数据类型兼容的 JDBC 类型。

7.3.6　处理存储过程语句接口：CallableStatement

CallableStatement 对象为所有的关系型数据库提供了一种以标准形式调用已储存过程的方法。将储存过程储存在数据库中，对已储存过程的调用是 CallableStatement 对象所含的内容。该对象可以处理两种形式的存储过程：一种形式带结果参数，另一种形式不带结果参数。结果参数是一种输出参数，是已储存过程的返回值。两种形式都可带有数量可变的输入、输出或输入和输出的参数。问号用作参数的占位符。

在 JDBC 中，调用存储过程的语法如下：

```
{call 过程名[(?,?,...)]}
```

返回结果参数的过程的语法如下：

```
{? = call 过程名[(?, ?, ...)]}
```

1. 创建 CallableStatement 对象

CallableStatement 对象是用 Connection 类中的 prepareCall()方法创建。存在有两个变量，但不含结果参数代码设置如下：

```
CallableStatement cstmt = con.prepareCall("{call getTestData(?,?)}");
```

在上述代码中，?占位符是输入、输出还是输入和输出参数，取决于存储过程 getTestData。

2. 输入和输出参数

将输入参数传给 CallableStatement 对象是通过 setXXX()方法完成的。该方法继承自 PreparedStatement，所传入参数的类型决定了所用的 setXXX()方法。例如，用 setFloat()来传入 float 值等。

如果存储过程返回的是输出参数，则在执行 CallableStatement 对象前必须先注册每个输出参数的 JDBC 类型。注册 JDBC 类型是用 registerOutParameter()方法来完成的。语句执行完后，CallableStatement 的 getXXX()方法将取回参数值。

例如，首先注册输出参数，执行由 cstmt 所调用的存储过程，然后检索在输出参数中返回的值。getByte()方法从第 1 个输出参数中取出一个 Java 字节，而 getBigDecimal()从第 2 个输出参数中取出一个 BigDecimal 对象（小数点后面带 3 位数）。具体代码如下：

```
CallableStatement cstmt = con.prepareCall("{call getTestData(?,?)}"); //调用存储过程
cstmt.registerOutParameter(1,java.sql.Types.TINYINT);          //向问号传递参数
cstmt.registerOutParameter(2, java.sql.Types.DECIMAL,3);       //向问号传递参数
cstmt.executeQuery();                                          //执行存储过程
byte x = cstmt.getByte(1);
java.math.BigDecimal n = cstmt.getBigDecimal(2,3);
```

3. 执行存储过程

当设置完成存储过程的参数后，就可以通过 CallableStatement 类中的方法执行该存储过程。CallableStatement 类执行存储过程的方法如表 7-8 所示。

表 7-8　CallableStatement 类执行存储过程的方法

方法名称	描　述
execute()	执行保存操作
executeUpdate()	执行更新或删除数据操作

7.3.7　返回查询结果集接口：ResultSet

java.sql.ResultSet 接口类似于一个数据表，通过该接口的实例可以获得检索结果集以及对应的数据表相关信息。例如，数据表的字段名称和类型等。Result 实例通过执行查询数据库的语句生成。一个 Statement 对象在同一时刻只能打开一个 ResultSet 对象。通过 ResultSet 的 getXXX()方法来得到字段值。ResultSet 提供了 getString()、getFloat()、getInt()等方法。可以通过字段的序号或者字段的名字来制定获取某个字段的值。

ResultSet 对象的常用方法如表 7-9 所示。

表 7-9 ResultSet 对象的常用方法

方法名称	功能描述
next()	得到查询结果数实例。ResultSet 初始化时定位于它的第 1 行数据之前；使用 next 方法可以将第 1 行数据放到 ResultSet 对象当中，通过该实例对象的 getXXX()方法得到数据
close()	用来释放 ResultSet 占用的系统资源
getBigDecimal(int, int)	取得指定列值的 java.lang.BigDecimal 类型数据。第 1 个参数是列对应的位置，第 2 个参数是小数点后面的位数
getBigDecimal(String, int)	取得指定列值的 java.lang.BigDecimal 类型数据。第 1 个参数是字段的名称，第 2 个参数是小数点后面的位数
getBinaryStream(int)	获取列值为字节流的数据，参数是指定字段的位置
getBinaryStream(String)	获取列值为字节流的数据，参数是指定字段的名称
getBoolean(int)	获得一个 boolean 类型的数据，参数为指定字段的位置
getBoolean(String)	获得一个 boolean 类型的数据，参数为指定字段的名称
getByte(int)	获得 byte 类型的数据，参数是指定的字段位置
getByte(String)	获得 byte 类型的数据，参数是指定字段的名称
getBytes(int)	获得 byte 数组类型的数据，参数是指定字段的位置
getBytes(String)	获得 byte 数组类型的数据，参数是指定字段的名称
getCursorName()	获取 ResultSet 的 SQL 游标名
getDate(int)	获取 java.sql.Date 类型的数据，参数为指定字段的位置
getDate(String)	获取 java.sql.Date 类型的数据，参数为指定字段的名称
getDouble(int)	获得 double 类型的数据，参数是指定字段的位置
getDouble(String)	获得 double 类型的数据，参数是指定字段的名称
getFloat(int)	获得 float 类型的数据，参数是指定字段的位置
getFloat(String)	获得 Java float 类型的数据，参数是指定字段的名称
getInt(int)	获得 int 类型的数据，参数是指定字段的位置
getInt(String)	获得 int 类型的数据，参数是指定字段的名称
getLong(int)	获得 Java long 类型的数据，参数是指定字段的位置
getLong(String)	获得 Java long 类型的数据，参数是指定字段的名称
getMetaData()	获取 ResultSet 的列编号、类型和特性
getObject(int)	将指定的列值数据作为对象的形式获取，参数为指定的位置
getObject(String)	将指定的列值数据作为对象的形式获取，参数为指定的名称
getShort(int)	获取 short 类型的数据，参数是指定的字段位置
getShort(String)	获取 short 类型的数据，参数是指定的字段名称
getString(int)	获取 String 类型的数据，参数为指定的字段位置
getString(String)	获取 Java String 类型的数据，参数是指定的字段名称
getTime(int)	获取 java.sql.Time 类型的数据，参数为指定字段的位置
getTime(String)	获取 java.sql.Time 类型的数据，参数是指定字段的名称
getTimestamp(int)	获取 java.sql. Timestamp 类型的数据，参数为指定字段的位置

续表

方法名称	功能描述
getTimestamp(String)	获取 java.sql. Timestamp 类型的数据，参数是指定字段的名称
getUnicodeStream(int)	以一个 Unicode 字符流来获取指定字段数据，参数为指定字段的位置
getUnicodeStream(String)	以一个 Unicode 字符流来获取指定字段数据，参数是指定字段的名称
findColumn(String)	映射一个 Resultset 列名到 ResultSet 列索引号，参数是字段的名称
getAsciiStream(int)	以一个 ASCII 字符流的形式获取字段数据，然后成批的从流中读出，参数为指定字段的位置
getAsciiStream(String)	以一个 ASCII 字符流的形式获取字段数据，然后成批的从流中读出，参数为指定字段的名称

7.4　JDBC 操作数据库的步骤

JDBC 提供的编程接口通过将纯 Java 驱动程序转换为数据库管理系统所使用的专用协议来实现和特定的数据库管理系统交互信息，简单地说，JDBC 可以调用本地的纯 Java 驱动程序和相应的数据库建立连接，如图 7-4 所示。

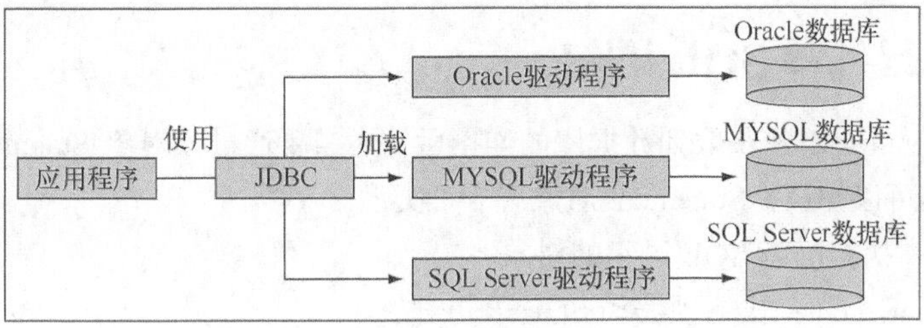

图 7-4　使用 Java 驱动程序

下面将对每一步数据操作进行详细的介绍。

7.4.1　加载 JDBC 驱动程序

在连接数据库前，要加载连接数据库的驱动到 Java 虚拟机，通过 java.lang.Class 类的静态方法 forName(String className)实现。例如，通过构造方法加载 SQL Server 2000 驱动程序的代码如下：

```
public class DBConnection {
    private final String dbDriver = "com.microsoft.jdbc.sqlserver.SQLServerDriver";
    public DBConnection() {
        try {
            Class.forName(dbDriver).newInstance();
        } catch (ClassNotFoundExceptione) {
        }
    }
    …                                              //省略其他代码
}
```

加载 JDBC 驱动程序后，会将加载的驱动类注册给 DriverManager 类，如果加载失败，将抛出 ClassNotFoundException 异常，即未找到指定的驱动类，所以需要在加载数据库驱动类时捕捉可能抛出的异常。

7.4.2 取得数据库连接

java.sql.DriverManager 驱动程序管理器是 JDBC 管理层，主要是建立和管理数据库连接。通过该管理器的静态方法 getConnection(String url, String user, String password)可以建立数据库连接。其中，第 1 个参数是连接数据库 URL 地址，第 2 个参数是连接数据库的名称，第 3 个参数是连接数据库的登录密码，getConnection()方法的返回值的类型是 java.sql.Connection，具体代码如下：

```
public Connection creatConnection() {
    Connection con=null;
    String url = "jdbc:microsoft:sqlserver://localhost:1433;DatabaseName=db_user"
      try {
          con = DriverManager.getConnection(url,"sa","sa");
          con.setAutoCommit(true);
      } catch (SQLException e) {
      }
      return con;
    }
```

7.4.3 执行各种 SQL 语句

当通过 Connection 对象获取到数据库的连接后，还需要通过该对象 Statement 类的对象，通过阅读 7.3 节内容可以知道，Statement 对象有 3 种类型。

- Statement：执行静态 SQL 语句的对象。
- PreparedStatement：执行预编译 SQL 语句对象。
- CallableStatement：执行数据库存储过程。

1. 执行静态的 SQL 语句对象

Statement 接口的 executeUpdate(String sql)方法将执行添加（insert）、修改（update）和删除（delete）的 SQL 语句，执行成功后，将返回一个 int 型数值，该数值为影响数据库记录的行数。

Statement 接口的 executeQuery(String sql)方法将执行查询（select）语句，执行成功后，将返回一个 ResultSet 类型的结果集对象，该对象将存储所有满足查询条件的数据库记录。

通过 Statement 对象执行 insert 语句的代码如下：

```
int num=statement.executeUpdate("insert into wy_table values (33,'添加')");
```

通过 Statement 对象执行 update 语句的代码如下：

```
int num=statement.executeUpdate("update wy_table set name='修改' where id=33");
```

通过 Statement 对象执行 delete 语句的代码如下：

```
int num=statement.executeUpdate("delete form wy_table where id=6");
```

通过 Statement 对象执行 select 语句的代码如下：

```
ResultSet rs= statement. executeQuery("select * from wy_table");
```

注意 执行 executeUpdate()方法或 executeQuery(String sql)时，会抛出 SQLException 类型的异常，所以需要通过 try-catch 进行捕捉。

2. 执行预编译 SQL 语句对象

PreparedStatement 接口的 executeUpdate(String sql)方法将执行添加（insert）、修改（update）和删除（delete）的 SQL 语句，执行成功后，将返回一个 int 型数值，该数值为影响数据库记录的行数。

PreparedStatement 接口的 executeQuery(String sql)方法将执行查询（select）语句，执行成功后，将返回一个 ResultSet 类型的结果集对象，该对象将存储所有满足查询条件的数据库记录。

通过 PreparedStatement 对象执行 insert 语句的代码如下：

```
PreparedStatement ps=connection.prepareStatement("insert into wy_table values (?,?)");
ps.setInt(1,6);
ps.setString(2,"添加");
int num=ps.executeUpdate();
```

通过 PreparedStatement 对象执行 update 语句的代码如下：

```
PreparedStatement ps=connection.prepareStatement("update wy_table set name=? where id=?");
ps.setString(1,"修改");
ps.setInt(2,6);
int num=ps.executeUpdate();
```

通过 PreparedStatement 对象执行 delete 语句的代码如下：

```
PreparedStatement ps=connection.prepareStatement("delete form wy_table where id=?");
ps.setInt(1,6);
int num=ps.executeUpdate();
```

通过 Statement 对象执行 select 语句的代码如下：

```
PreparedStatement ps=connection.prepareStatement("select * from wy_table where id=?");
ps.setInt(1,6);
ResultSet rs=ps.executeQuery();
```

注意 执行 executeUpdate()方法或 executeQuery(String sql)时，会抛出 SQLException 类型的异常，所以需要通过 try-catch 进行捕捉。

使用 PreparedStatement 的优点如下。

- 依赖于服务器对预编译查询的支持，以及驱动程序处理原始查询的效率，预备语句在性能上的优势可能有很大的不同。
- 安全是预备语句的另外一个特点，通过 HTML 表单接受用户输入，然后对数据库进行更新时，一定要使用预备语句或存储过程。
- 预备语句还能够正确地处理嵌入在字符串中的引号以及处理非字符数据，如向数据库发送序列化后的对象。

3. 执行数据库存储过程

CallableStatement 接口的 executeUpdate(String sql)方法将执行添加（insert）、修改（update）和删除（delete）的数据库的存储过程，执行成功后，将返回一个 int 型数值，该数值为影响数据库记录的行数。

CallableStatement 接口的 executeQuery(String sql)方法将执行查询数据库的存储过程，执行成功后，将返回一个 ResultSet 类型的结果集对象，该对象将存储所有满足查询条件的数据库记录。

在 SQL Server 2000 数据库中，向数据表添加数据的存储过程的代码如下：

```
CREATE PROCEDURE p_insert (@name varchar(20),@sex char(4),@tel varchar(30),@address varchar(50),@birthday varchar(50))AS
    insert into users(name,sex,tel,address,birthday)values(@name,  @sex,@tel,@address,@birthday)
    GO
```

通过 CallableStatement 对象执行数据库中添加的存储过程的代码如下：

```
CallableStatement cs=connection.prepareCall();
CallableStatement cs=connection.prepareCall("{call p_insert(?,?,?,?,?)}");
cs.setString(1,"城中狼");
cs.setString(2,"男");
cs.setString(3,"13180808073");
cs.setString(4,"长春市和平大街");
cs.setString(4,"1981-01-01");
int num=cs.executeUpdate();
```

在 SQL Server 2000 数据库中，查询数据表的存储过程的代码如下：

```
CREATE PROCEDURE p_select AS
select * from users;
GO
```

通过 CallableStatement 对象执行数据库中查询的存储过程的代码如下：

```
CallableStatement cs=connection.prepareCall();
CallableStatement cs=connection.prepareCall("{call p_ select()}");
ResultSet rs=cs.executeQuery();
```

注意　与其他接口一样，CallableStatement 对象执行 executeUpdate()方法或 execute Query (String sql)时，会抛出 SQLException 类型的异常，所以需要通过 try-catch 进行捕捉。

使用 CallableStatement 处理存储过程的优缺点如下。

- 优点：语法错误可以在编译时找出来，而非在运行期间；数据库存储过程的运行比常规，SQL 查询快得多；程序员只需知道输入和输出参数，不需了解表的结构。另外，由于数据库语言能够访问数据库本地的功能（序列、触发器、多重游标等操作），因此，用它来编写存储过程可能要比使用 Java 编程语言要简易一些。
- 缺点：存储过程的商业逻辑在数据库服务器上运行，而非客户端或 Web 服务器。而行业的发展趋势是尽可能多地将商业逻辑移出数据库，将它们放在 JavaBean 组件（或者在大型的系统中，EnterPrise JavaBean 组件）中。在 Web 构架上采用这种方式的主要动机是：数据库访问和网络 I/O 常常是性能的瓶颈。

7.4.4　获取查询结果

通过各种 Statemn 接口的 executeUpdate()或 executeQuery()方法，将执行传入的 SQL 语句，并

返回执行结果。如果执行的 executeUpdate()方法，将返回一个 int 型数值，该数值表示影响数据库记录的行数；如果是执行 executeQuery()方法，将返回一个 ResultSet 类型的结果集，为所有满足查询条件的数据库记录，但是通过 ResultSet 对象并不只是可以获取满足查询条件的记录，还可以获得数据表的相关信息，例如，每列的名称、列的数量等。

7.4.5　关闭数据库连接

在操作完成数据库后，都要及时关闭数据库连接，释放连接占用的数据库和 JDBC 资源，以免影响软件的运行速度。

ResultSet、Statement 和 Connection 接口均提供了关闭各自实例的 close()方法，释放各自占用数据库和 JDBC 资源，每次操作数据库结束后，都要关闭相应的接口。ResultSet、Statement 和 Connection 接口关闭次序如图 7-5 所示。

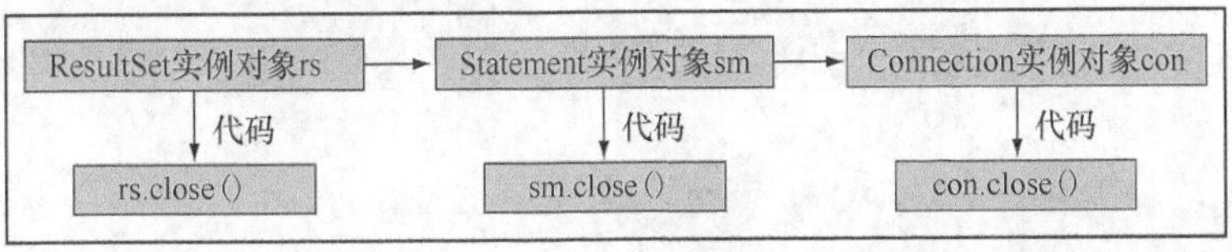

图 7-5　ResultSet、Statement 和 Connection 接口关闭次序

虽然 Java 的垃圾回收机制会定时清理缓存、关闭长时间不用的数据库连接，但是如果不及时关闭，数据库连接达到一定数量，将严重影响数据库和计算机运行速度，甚至瘫痪。

7.5　JDBC 对事务的操作

事务（Transaction）是访问数据库时，影响到各种数据项的一个程序执行单元。在关系型数据库（如 SQL Server，MySQL）中，事务就是一条或者一组保存、更新数据库记录的 SQL 语句。事务可以保证数据库中数据完整，避免错误更改。合理使用事务才能保证程序的可运行性，所以任何应用系统都要使用事务。

7.5.1　数据库事务的特性

数据库事务的每一个执行单元都需要满足以下 4 个特性。

- 原子性（atomicity）：指事务执行单元是一个不可分割的单元，这些单元要么都执行，要么都不执行。例如，当我们使用银行的 ATM 提款机取钱时，如果出现机器卡死或者断电，那么即使已经执行了取钱操作，但是数据库中的数据不会发生改变。
- 一致性（consistency）：指无论执行了什么操作，都应保证数据的完整性和业务逻辑的一致性。例如，银行系统中的取钱操作，当取钱成功时，得到的钱款数目要和数据库中个人账号钱款减少的数目相同。
- 隔离性（isolation）：隔离性是在事务执行过程中，每一个执行单元操作的数据都是其他单元没有操作或者操作结束后的数据，保证执行单元操作的数据都有完整的数据空间。事务的执行过程中不存在当前所处理数据正被另一个事务处理的情况。隔离性也称为事务的串行化。
- 持久性（durability）：持久性针对的是事务结束后，执行单元操纵的数据被保存在数据库中，这些数据的保存状态是永久性的，即使数据库系统崩溃，数据也不会消失。

7.5.2 JDBC 事务的流程

关系型数据库管理系统（RDBMS）包含了事务处理，它是采用锁的机制来管理事务，当多个事务同时修改同一数据时，只允许持有锁的事务修改该数据库，其实事务只能“排队等待”，直到前一个事务释放其拥有的锁。

JDBC 中的事务处理有两种方式：通过 Connection 接口中的 setAutoCommit()方法设置手动提交或者自动提交事务。自动提交事务时，每当执行一条 SQL 时就会提交事务；手动提交事务时，必须调用 Connection 接口的 commit()方法才会提交事务。JDBC 事务的执行流程如图 7-6 所示。

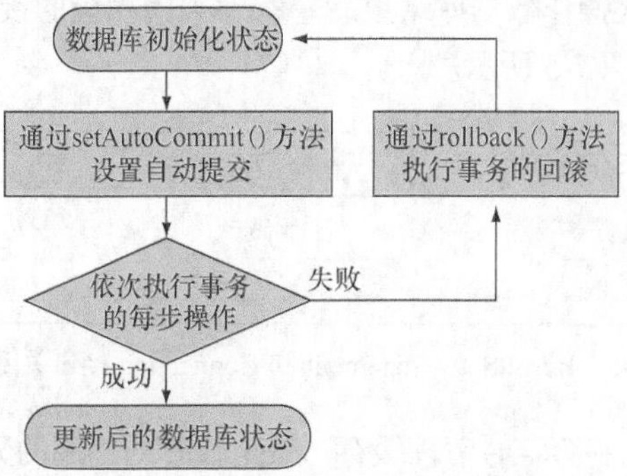

图 7-6　JDBC 数据库事务执行流程图

7.5.3 JDBC 对事务的管理级别

为了解决这些由于多个用户请求相同数据而引起的并发问题，事务之间必须用锁来相互隔开。多数数据库支持不同类型的锁，但 JDBC 编程接口支持不同类型的事务，它们由 Connection 对象的 setTransactionLevel()方法指定。

在 JDBC 编程接口中获得事务级别如表 7-10 所示。

表 7-10　JDBC 编程接口中获得事务级别说明

名　称	说　明
TRANSACTION_NONE	不支持事务
TRANSACTION_READ_UNCOMMITTED	事务在提交前其变化对于其他事务来说是可见的。这样脏读（读还没有提交到数据库中的数据）、不可重复的读和虚读都是允许的
TRANSACTION_READ_COMMITTED	读取未提交的数据是不允许的。这个级别仍然允许不可重复的读和虚读产生
TRANSACTION_REPEATABLE_READ	事务保证能够再次读取相同的数据而不会失败，但虚读仍然会出现
TRANSACTION_SERIALIZABLE	最高的事务级别，它防止脏读、不可重复的读和虚读

通过 Connection 对象 con，设置事务的级别的代码如下：

```
con.setTransactionLevel(TRANSACTION_SERIALIZABLE) ;
```

另外，也可以通过 Connection 对象的 getTransactionLevel()方法来获取当前事务的级别，具体代码如下：

```
con.getTransactionLevel();
```

7.5.4　JDBC 对事务的设置

在默认情况下，JDBC 驱动程序运行在“自动提交”模式下，即发送到数据库的所有命令，运行在它们自己的事务中。这样做虽然方便，但付出的代价是程序运行时的开销比较大。我们可以利用批处理操作减小这种开销，因为在一次批处理操作中可以执行多个数据库更新操作。但批处理操作要求事务不能处于自动提交模式下。因此，首先要禁用自动提交模式，具体代码如下：

```
con.setAutoCommit(false);
```

下面的代码为实现批处理操作：

```
Statement stmt = connection.createStatement();
stmt.addBatch("insert into tbl_User values('城中狼1',5000,40);
stmt.addBatch("insert into tbl_User values ('城中狼2',1500,24);
stmt.addBatch("insert into tbl_User values ('城中狼3',6400,18);
int[] updateCounts = stmt.executeBatch();
con.commit();
```

在上述代码中，executeBatch()方法返回一个更新计数的数组，每个值对应于批处理操作中的一个命令。批处理操作可能会抛出一个类型为 BatchUpdateException 的异常，这个异常表明批处理操作中至少有一条命令失败。

7.6　JDBC 对数据库的操作实例

通过前面各小节的介绍，读者对 JDBC 技术的常用接口已经有所了解，其中包括 ResultSet、Statement、Preparedstatement 和 CallableStatement 等；对于添加、删除、查询和修改数据等操作也十分熟练。下面通过对用户信息进行插入和查询等经典实例来巩固前面的知识点。

7.6.1　执行静态 SQL 语句的实例

本实例是使用 Statement 接口实现对用户信息表实现插入和查询操作，具体步骤如下。

（1）创建名称为 Users.java 的文件，该文件主要用于实现对用户数据的存取操作。其代码如下：

```
public class Users {
    private String name;                    //定义私有变量 name，表示用户的姓名
    private String address;                 //定义私有变量 address，表示用户的籍贯
    private String sex;                     //定义私有变量 sex，表示用户的性别
    private String birthday;                //定义私有变量 birthday，表示用户的生日
    private String tel;                     //定义私有变量 tel，表示用户的电话
    public String getName() {
        return name;
    }
    public void setName(String name) {
        this.name = name;
    }
    …                                       //省略其他属性的 getXXX()和 setXXX()方法
```

```
}
```

（2）创建名称为 JDBConnection.java 的文件，该文件使用 Statement 接口实现对数据库的操作。其代码如下：

```
import java.sql.*;
public class JDBConnection {
    private final String dbDrive="com.microsoft.jdbc.sqlserver.SQLServerDriver";
    private final String url = "jdbc:microsoft:sqlserver://localhost:1433;Database
Name=sy_users";
    private final String userName = "sa";
    private final String password = "";
    private Connection con = null;
    public JDBConnection() {                          //通过构造方法加载数据库驱动
        try {
            Class.forName(dbDrive).newInstance();
        } catch (Exception ex) {
            System.out.println("数据库加载失败");
        }
    }
    public boolean creatConnection() {                //创建数据库连接
        try {
            con = DriverManager.getConnection(url, userName, password);
            con.setAutoCommit(true);
        } catch (SQLException e) {
        }
        return true;
    }
    public boolean executeUpdate(String sql) {        //对数据表的增加、修改和删除的操作
         if (con == null) {
           creatConnection();
        }
        try {
            Statement stmt = con.createStatement();
            int iCount = stmt.executeUpdate(sql);
            System.out.println("操作成功，所影响的记录数为" + String.valueOf(iCount));
            return true;
        } catch (SQLException e) {
            return false;
        }
    }
    public ResultSet executeQuery(String sql) {       //对数据库的查询操作
        ResultSet rs;
        try {
            if (con == null) {
                creatConnection();
            }
            Statement stmt = con.createStatement();
                rs = stmt.executeQuery(sql);
                return null;
        } catch (Exception e) {
            return null;
        }
        return rs;
    }
```

```
    }
    public void closeConnection(){                    //关闭数据库连接
        if(con==null){
            try {
                con.close();
                } catch (SQLException e) {
                }
            }
        }
    }
```

（3）创建名称为 index.jsp 的页面文件，该页面文件用来显示查询所有用户信息的结果和增加用户的表单。其关键代码如下：

```
<jsp:directive.page import="util.JDBConnection"/>
<%
JDBConnection connection= new JDBConnection();
String sql="select * from users";
ResultSet rs=connection.executeQuery(sql);
%>
<body>
<table>
<!--以下代码显示用户的信息-->
  <%
        try{
        while(rs.next()){
  %>
  <tr >
    <td><%=rs.getInt(1)%></td>    <td><%=rs.getString(2)%></td>
    <td ><%=rs.getString(3)%></td>    <td><%=rs.getString(4)%></td>
    <td "><%=rs.getString(5)%></td>    <td ><%=rs.getString(6)%></td>
  </tr>
<%
}} catch (Exception e) {}
finally {
connection.closeConnection();
}
%>
</table>
<!--以下代码设置用户信息的 form 表单-->
<form id="form1" name="form1" method="post" action="addUsers.jsp">
  <table >
    <tr>
      <td>姓名：</td>
      <td> <input name="name" type="text" id="name" size="20" /></td>
      <td >生日：</td>
      <td ><input name="birthday" type="text" id="birthday" size="11" /></td>
    </tr>
    <tr>
      <td >性别： </td>
      <td><input name="sex" type="radio" value="男" checked="checked" />
          男<input name="sex" type="radio" value="女" />女</td>
      <td >电话：</td>
      <td ><input name="tel" type="text" id="tel" size="11" /></td>
```

```
      </tr>
      <tr>
        <td>籍贯：</td>
        <td ><input name="address" type="text" id="address" /></td>
        <td > </td>
      </tr>
    </table>
        <input type="submit" name="Submit" value="增加" />
        <input type="reset" name="Submit2" value="重置" />
  </form>
  </body>
```

（4）创建名称为 addUsers.jsp 的页面文件，该页面文件用来处理增加用户信息的数据库操作。其关键代码如下：

```
    <jsp:useBean id="dbBean" scope="page" class="util.JDBConnection" />
    <%
    String birthday = new String(request.getParameter("birthday").getBytes("ISO8859-1"),
"gbk");
    String name = new String(request.getParameter("name").getBytes("ISO8859-1"),"gbk");
    String address = new String(request.getParameter("address").getBytes("ISO8859-1"),
"gbk");
    String tel = new String(request.getParameter("tel").getBytes("ISO8859-1"),"gbk");
    String sex= new String(request.getParameter("sex").getBytes("ISO8859-1"),"gbk");
    String sqlAdd="insert into users values('"+name+"','"+address+"','"+tel+"','"+sex+"',
'"+birthday+"')";
    dbBean.executeUpdate(sqlAdd);
    dbBean.closeConnection();
    response.sendRedirect("index.jsp");
    %>
```

（5）程序运行结果如图 7-7 所示。

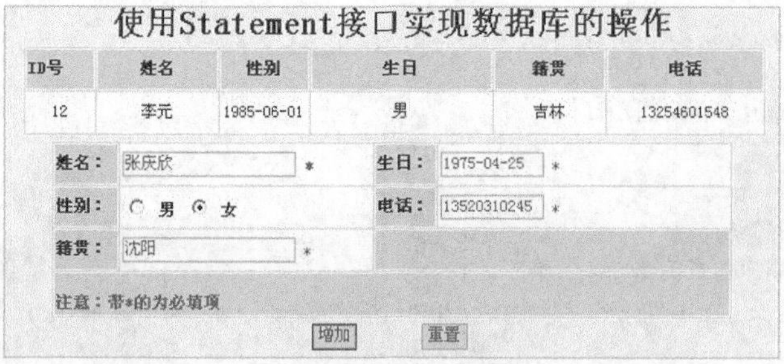

图 7-7　使用 Statement 接口实现对数据库的操作

7.6.2　执行预处理 SQL 语句的实例

本实例是使用 PerparedStatement 接口实现对用户信息的数据库插入和查询操作，由于该操作与 7.7.1 小节中的部分内容相同，因此这里只介绍执行 SQL 语句的关键的代码。具体步骤如下。

（1）创建名称为 JDBConnection.java 的文件，该文件执行对数据表的添加、修改和删除操作的方法如下：

```
    public boolean executeUpdate(String name,String sex, String tel, String address, String
birthday) {
            try {
```

```
        String sql="insert into users values (?,?,?,?,?)";
        PreparedStatement pstmt = con.prepareStatement(sql);
        pstmt.setString(1,name);                          //对用户名的赋值
        pstmt.setString(2,sex);                           //对用户性别的赋值
        pstmt.setString(3,tel);                           //对用户联系电话的赋值
        pstmt.setString(4,address);                       //对用户地址的赋值
        pstmt.setString(5,birthday);                      //对用户出生日期的赋值
        pstmt.executeUpdate();                            //执行添加的 SQL 语句
        return true;
    } catch (Exception e) {
            return false;
    }
}
```

对数据库的查询操作代码如下：

```
    public ResultSet executeQuery(String sql) {
        ResultSet rs;
        try {
            PreparedStatement pstmt = con.prepareStatement(sql);
            rs = pstmt.executeQuery();
        } catch (Exception e) {
    }
        return rs;
    }
```

（2）程序运行结果如图 7-8 所示。

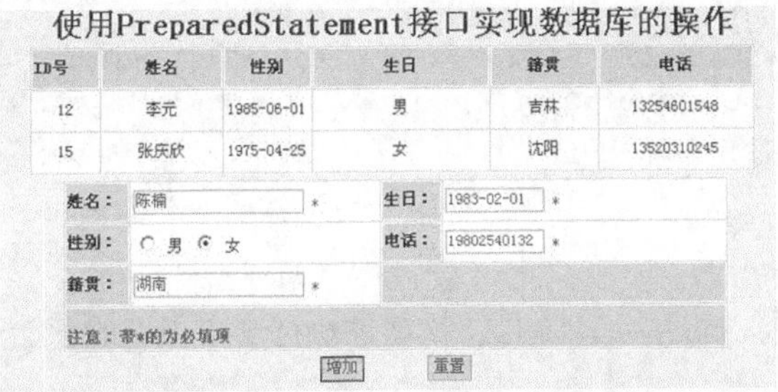

图 7-8　使用 PreparedStatement 接口实现对数据库的操作

7.6.3　执行存储过程的实例

本实例是使用 CallableStatement 接口实现对用户信息的数据库插入和查询操作，由于该操作与 7.7.1 小节中的部分内容相同，因此这里只介绍执行 SQL 语句的关键代码。具体步骤如下。

（1）在 SQL Server 2000 数据库中创建名称为 p_insert 的存储过程，功能是实现对用户信息表数据的插入操作。其代码如下：

```
    CREATE PROCEDURE p_insert (@name varchar(20), @sex char(4),@tel varchar(30),@address
varchar(50),@birthday varchar(50))AS
    insert into users(name,sex,tel,address,birthday)values(@name,  @sex,@tel,@address,
@birthday)
    GO
```

（2）在 SQL Server 2000 数据库中创建名称为 p_select 的存储过程，功能是实现对用户信息表数据的查询操作。其代码如下：

```
CREATE  PROCEDURE  p_select  AS
select * from users;
GO
```

（3）创建名称为 JDBConnection.java 的文件，该文件执行数据表的添加、修改和删除的存储过程的代码如下：

```
    public boolean executeUpdate(String name,String sex, String tel, String address, String
birthday) {
        try {
         String sql = "{call p_insert(?,?,?,?,?)}";
              CallableStatement cstmt = con.prepareCall(sql);
              cstmt.setString(1, name);
              cstmt.setString(2, sex);
              cstmt.setString(3, tel);
              cstmt.setString(4, address);
              cstmt.setString(5, birthday);
              cstmt.executeUpdate();
              return true;
        } catch (SQLException e) {
              return false;
        }
    }
```

对存储过程的查询操作代码如下：

```
public ResultSet executeQuery(String sql) {
         ResultSet rs;
         try {
         String sql="{call p_insert(?,?,?,?,?)}";
         CallableStatement cstmt = con.prepareCall(sql);
         rs = cstmt.executeQuery();
         } catch (Exception e) {
     }
     return null;
}
```

（4）创建名称为 index.jsp 的页面文件，该文件执行用户查询的存储过程的的关键代码如下：

```
<%
    JDBConnection connection= new JDBConnection();
    String sql="{call p_select}";
    ResultSet rs=connection.executeQuery(sql);
%>
```

（5）程序运行结果如图 7-9 所示。

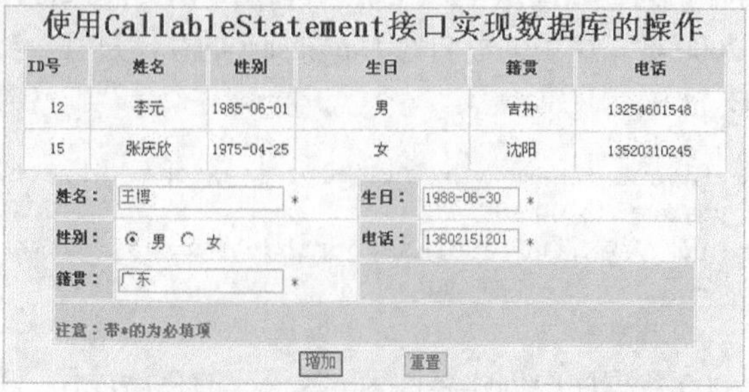

图 7-9　使用 CallableStatement 接口实现对数据库的操作

7.6.4　获取数据表信息

本实例通过 ResultSet 接口获得数据表信息，将查询数据表的结果显示在 JSP 页面中，在该页面中显示获取的数据表的列名及数据。通过 ResultSet 接口获得数据表信息实现步骤如下。

（1）创建名称为 index.jsp 页面，该页面将实例化 JDBC 类获取到数据库的连接后，将对 users 数据表的内容全部查询，将查询结果 Resulet 对象中分别显示数据表的字段和数据表的内容。该页面的关键代码如下：

```
<%@ page contentType="text/html; charset=gb2312" import="java.sql.*" errorPage="" %>
<%@page import="util.JDBConnection"%>
<%
JDBConnection connection=new JDBConnection();      //实例化 JDBC 类获取数据库连接
String sql="select * from users";                  //设置对 users 数据表全部查询的 SQL 语句
ResultSet rs=connection.executeQuery(sql);         //执行查询的 SQL 语句
%>
<h3>获取数据表字段名称和内容</h3>
<table width="496" border="1" align="center">
<%try{ %>
  <tr align="center">
   <%
          ResultSetMetaData rsmd = rs.getMetaData();        //获取数据表每个字段信息
          for(int i=1;i<=rsmd.getColumnCount();i++){        //循环显示数据表字段信息
    %>
    <td height="30"><%=rsmd.getColumnName(i) %></td>
    <%}%>
  </tr>
 <% while(rs.next()){ %>                                    //循环显示数据表的信息
  <tr align="center">
    <td height="30" bgcolor="#FFFFFF"><%=rs.getString(1)%></td>
    <td bgcolor="#FFFFFF"><%=rs.getString(2)%></td>
    <td bgcolor="#FFFFFF"><%=rs.getString(3)%></td>
    <td bgcolor="#FFFFFF"><%=rs.getString(4)%></td>
    <td bgcolor="#FFFFFF"><%=rs.getString(5)%></td>
    <td bgcolor="#FFFFFF"><%=rs.getString(6)%></td>
  </tr>
  <%}}catch(Exception e){} %>
</table>
```

（2）程序运行结果如图 7-10 所示。

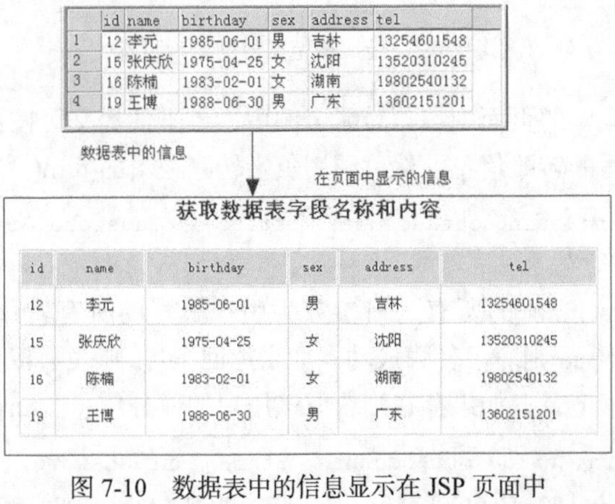

	id	name	birthday	sex	address	tel
1	12	李元	1985-06-01	男	吉林	13254601548
2	15	张庆欣	1975-04-25	女	沈阳	13520310245
3	16	陈楠	1983-02-01	女	湖南	19802540132
4	19	王博	1988-06-30	男	广东	13602151201

id	name	birthday	sex	address	tel
12	李元	1985-06-01	男	吉林	13254601548
15	张庆欣	1975-04-25	女	沈阳	13520310245
16	陈楠	1983-02-01	女	湖南	19802540132
19	王博	1988-06-30	男	广东	13602151201

图 7-10　数据表中的信息显示在 JSP 页面中

7.6.5　JDBC 事务的应用

下面将介绍通过数据库事务保证数据完整性的实例，该实例是银行转账系统，要求用户输入的账户的总金额必须大于 0。具体实现步骤如下。

（1）在 SQL Server 2000 数据库中创建名称 tb_money 数据表，该数据表的表结构如图 7-11 所示。

（2）在 tb_money 数据表中的 operate_money 字段用来存储用户存取的金额，该金额不能为 0。在该数据表中 operate_money 字段建立的约束如图 7-12 所示。

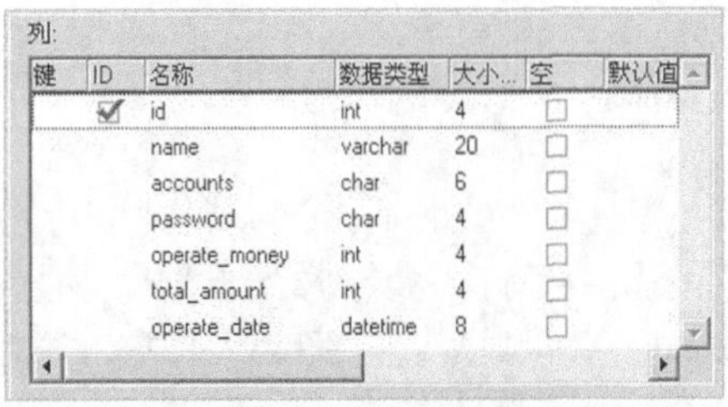

图 7-11　在 SQL Server 2000 数据库中创建名称 tb_money 数据表

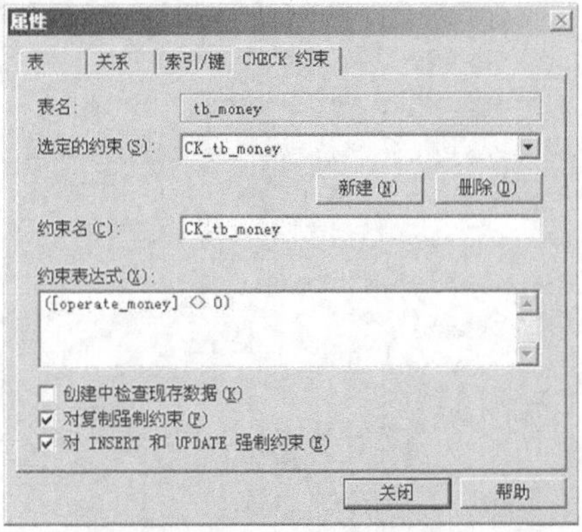

图 7-12　operate_money 字段建立约束

（3）用户在转账时需要添加的转账申请表。转账失败后，在 clue_on.jsp 页面中提示“转账失败，请确认转账信息是否正确!”，转账成功后，在 clue_on.jsp 页面中提示“转账成功，成功转入账户 123456 人民币 600 元!”字样信息，程序执行过程如图 7-13 所示。

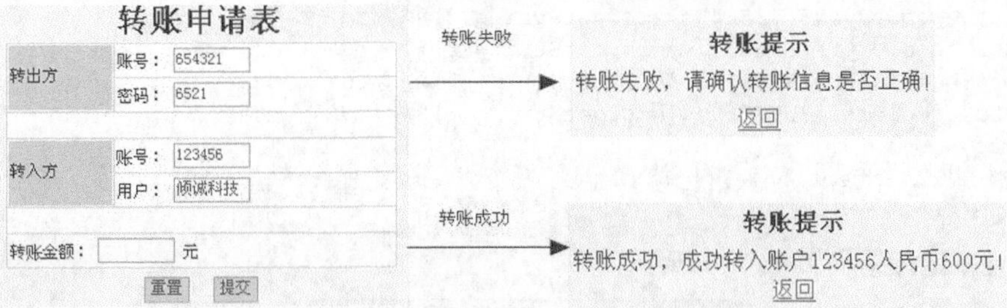

图 7-13　转入指定账号的实现过程

（4）在“转账申请表”的页面中填写转账金额后，单击“提交”按钮，将请求 clue_on.jsp，该页面首先获取用户填写的转账信息，然后调用负责转账逻辑的 turn()方法，该方法的代码如下：

```
public boolean turn(String outAccounts, String outPassword,String inAccounts, String
inName, int operate_money)
```

在上述代码中，turn()方法的所有入口参数为用户填写的所有转账信息，该方法返回一个 boolean 类型，如果返回 true 则表示转账成功，如果返回 false 则表示转账失败。在该方法中根据用户填写的转账信息检索记录，如果存在则获取该用户的部分信息。turn()方法具体代码如下：

```
public boolean turn(String outAccounts, String outPassword,
                    String inAccounts, String inName, int operate_money) {
```

```
        boolean isTurn = true;
        String out_name = "";
        int out_total_amount = 0;
        String in_password = "";
        int in_total_amount = 0;
        this.openConn(true);                    //获取数据库连接
        try {
            stmt = conn.createStatement();
            rs = stmt.executeQuery("select * from tb_money where id = (select
max(id) from tb_money where accounts = '"+ outAccounts+ "' and password = '"+ outPassword
+ "')");
            if (rs.next()) {                    //如果转出方信息填写正确，获得其部分信息
                out_name = rs.getString(2);             //获取转出方的账户名称
                out_total_amount = rs.getInt(6);        //获取转出方的账户余额
            }
            rs = stmt.executeQuery("select * from tb_money where id = (select
max(id) from tb_money where accounts = '"+ inAccounts + "' and name = '" + inName + "')");
            if (rs.next()) {                    //如果转入方信息填写正确，获得其部分信息
                in_password = rs.getString(4);          //获取转入方的账户名称
                in_total_amount = rs.getInt(6);         //获取转入方的账户余额
            }
        } catch (SQLException e) {
            System.out.println("----- 在获取转账条件时抛出异常，内容如下：");
            e.printStackTrace();
        }
        this.closeConn();                                        //关闭数据库连接
        if (out_total_amount != 0 && in_total_amount != 0) {
            Calendar now = Calendar.getInstance();               //获得转账的当前时间
            int year = now.get(Calendar.YEAR);
            int month = now.get(Calendar.MONTH) + 1;
            int day = now.get(Calendar.DAY_OF_MONTH);
            int hour = now.get(Calendar.HOUR_OF_DAY);
            int minute = now.get(Calendar.MINUTE);
            String date = year + "-" + month + "-" + day + " " + hour + ":" + minute
+ ":00";
            this.openConn(false);       //获得 Connection，在这里不能采用自动提交模式
            try {
                prpdStmt = conn.prepareStatement("insert into tb_money
values(?,?,?,?,?,?)");
                prpdStmt.setString(1, inName);
                                        ……//省略其他属性的设置
                prpdStmt.setString(6, date);
                prpdStmt.executeUpdate();
            } catch (SQLException e) {
                isTurn = false;         //在捕捉到异常的情况下将 isTurn 改为 false
                System.out.println("------ 在转账时抛出异常，内容如下：");
                e.printStackTrace();
                try {
                    conn.rollback();
                } catch (SQLException e1) {
                System.out.println("------ 在回滚数据库事务时抛出异常，内容如下：");
```

```
                    e1.printStackTrace();
                }
                }
                this.closeConn();
            } else {
                isTurn = false;
            }
            return isTurn;
        }
```

如果插入记录时将 operate_money 列值设为 0，将抛出如下异常信息：

```
java.sql.SQLException: [Microsoft][SQLServer 2000 Driver for JDBC][SQLServer]INSERT
语句与 COLUMN CHECK 约束 'CK_tb_money' 冲突。该冲突发生于数据库 'sy_users',表 'tb_money', column
'operate_money'。
```

7.7 数据库连接池

数据库应用在许多软件系统中经常用到，是开发中大型系统不可缺少的辅助工具。但如果对数据库资源没有很好地管理（如：没有及时回收数据库的结果集 ResultSet、Statement、连接 Connection 等资源），往往会直接导致系统的不稳定。这类不稳定因素，不仅由数据库或系统本身一方引起，只有系统正式使用后，随着流量、用户的增加，才会逐步显露。

本节主要介绍数据库连接池的概述及几种常用的数据库连接池的配置方式与使用方法。

7.7.1 数据库连接池概述

数据库连接池指定是在应用服务器启动时，预先建立一定数量的数据库连接，然后将它们放置到池中进行统一管理。一旦客户端请求数据连接时，服务器立即给它分配一个连接，而不需要为它重新创建数据库连接。下面介绍连接池的优缺点。

- 数据库连接池的优点

服务器为客户端请求数据而与数据库建立连接时，会耗费一定的系统资源，例如电子商务平台在交易过程中，每秒的交易量可能在几万甚至几十万次之上，如果服务器为每一次交易都建立独立的连接将加重服务器的负担，严重时会导致服务器崩溃。而采用连接池技术，将预先建立的连接分配给客户端的请求，一方面缩短了服务器响应时间，另一方面通过池化管理减轻了服务器负担。

- 数据库连接池的缺点

服务器启动时就会创建一定数量的数据库连接，事实上，这些连接都在等待服务器为其分配客户端的请求，当请求数目远远少于连接数目时，就会导致许多空连接，它们消耗了一定的系统资源。

因此，在设计数据库连接时，必须考虑到服务器性能、数据库的吞吐量、访问量等方面合理的指定连接数，发挥连接池的优点，减少连接池消耗的系统资源。

7.7.2 连接池的实现原理

服务器在启动时创建连接池，同时建立一定数量的数据库连接。当客户端请求数据库时，服务器立即为其分配连接。当客户端请求数量超出了已经创建的连接数目时，服务器将为其创建新的连接。当请求数目少于连接数时，将关闭不必要的空连接。连接池的实现原理如图 7-14 所示。

如图 7-14 所示，下面根据数据库连接池的原理分别介绍连接池的相关知识。

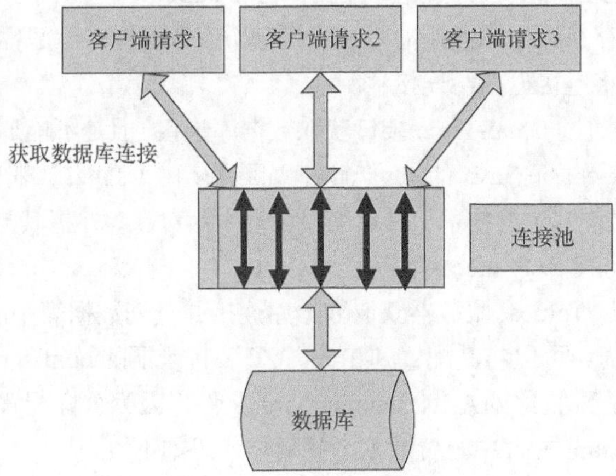

图 7-14　连接池的实现原理

1. 连接池的分配与释放

连接池的分配与释放，对系统的性能有很大的影响。合理的分配与释放，可以提高连接的复用度，从而降低建立新连接的开销，同时还可以加快用户的访问速度。

对于连接的管理可使用空闲池，即把已经创建但尚未分配出去的连接按创建时间存放到一个空闲池中。每当用户请求一个连接时，系统首先检查空闲池内有没有空闲连接。如果有就把建立时间最长（通过容器的顺序存放实现）的那个连接分配给它（实际是先做连接是否有效的判断，如果可用就分配给用户，如不可用就把这个连接从空闲池删掉，重新检测空闲池是否还有连接）。如果没有则检查当前所在连接池是否达到连接池所允许的最大连接数（maxConn），如果没有达到，就新建一个连接，如果已经达到，就等待一定的时间（timeout）。如果在等待的时间内有连接被释放出来就可以把这个连接分配给等待的用户，如果等待时间超过预定时间，则返回空值（null）。系统对已经分配出去正在使用的连接只做计数，当使用完后再返还给空闲池。对于空闲连接的状态，可开辟专门的线程定时检测，这样会耗费一定的系统资源，但可以保证较快的响应速度。也可采取不开辟专门线程，只是在分配前检测的方法。

2. 连接池的配置与维护

连接池中到底应该放置多少连接，才能使系统的性能处于最佳状态。系统可采取设置最小连接数（minConn）和最大连接数（maxConn）来控制连接池中的连接。最小连接数是系统启动时连接池所创建的连接数。如果创建过多，则系统启动就慢，但创建后系统的响应速度会很快；如果创建过少，则系统启动的很快，响应速度却很慢。这样，可以在开发时，设置较小的最小连接数，开发起来会快些，而在系统实际使用时设置较大的，这样对访问客户来说速度会快些。最大连接数是连接池中允许连接的最大数目，具体设置多少，要看系统的访问量，通过反复测试，可以找到最佳点。

技巧　确保连接池中的最小连接数可以有动态和静态两种策略，动态即每隔一定时间就对连接池进行检测，如果发现连接数量小于最小连接数，则补充相应数量的新连接，以保证连接池的正常运转；静态是发现空闲连接不够时再去检查。

7.7.3 Tomcat 连接池的实现

JDBC 2.0 提供了 javax.sql.DataSource 接口，负责与数据库建立，在应用时不需要编写连接数据库代码，可以直接从数据源中获得数据库连接。在 DataSource 接口中预先建立了多个数据库连接，这些数据库连接保存在数据库连接池中，当程序访问数据库时，只需从连接池中取出空闲的连接，访问结束后，在将连接返回给连接池。

Tomcat 服务器正是通过 DataSource 接口获取数据库连接，但是不能通过创建实例的方法来获得 DataSource 对象，需要通过 Java 的 Java 命名和目录接口（JDNI）来获取 DataSource 对象。JNDI 是一种将对象和名称绑定的技术，对象工厂负责生产对象，并将其与唯一的名称绑定，在程序中可以通过名称来获得 DataSource 对象。

下面将介绍如何通过 Tomcat 服务器获取数据库连接并查询数据表中的数据。

（1）在配置数据源时，可以将其配置到 Tomcat 安装目录下的 conf\server.xml 文件中，也可以将其配置到在 Web 工程下在 META-INF\context.xml 文件，因为这样配置的数据源更有针对性并且便于管理。在 context.xml 文件中配置数据源的具体代码如下：

```
<Context>
    <Resource name="sunyangPool" type="javax.sql.DataSource" auth="Container"
            driverClassName="com.microsoft.jdbc.sqlserver.SQLServerDriver"
            url="jdbc:microsoft:sqlserver://localhost;databaseName=sunyang"
            username="sa"
            password=" "
            maxActive="40"
            maxIdle="2"
            maxWait="600000"/>
</Context>
```

在上述代码中，配置数据源时需要配置的<Resource>元素的属性及描述如表 7-11 所示。

表 7-11　<Resource>元素的属性以及描述

属性名称	描　述
name	数据源的 JNDI 名称
type	数据源类型
auth	数据源的管理者，可以选择容器 Container 和应用服务 Application
driverClassName	JDBC 驱动
url	连接数据库的 URL
username	登录数据库用户名称
password	登录数据库用户密码
maxActive	连接池中最多的连接数目，0 表示不限制
maxIdle	连接池空闲时的连接数目，0 表示不限制
maxWait	当没有空闲连接时，允许请求的等待时间，-1 表示不限制

说明　上面配置的数据源是连接的 SQL Server 2000 数据库，因此还需要将该数据库的 3 个驱动包（msbase.jar、mssqlserver.jar、msutil.jar）复制到 Tomcat 安装目录下的 lib 文件夹下。

（2）创建名称 JDBConnection.java 类文件，该文件通过 DataSource 实例，并将其放在构造方法中完成，当该类实例化后自动加载时初始化 DataSource 实例，并且在该方法中存在对 SQL 语句的查询功能。JDBConnection.java 类文件的代码如下：

```
import java.sql.*;
import javax.naming.*;
import javax.sql.DataSource;
public class JDBConnection {
    private Connection con = null;
    private DataSource ds;
    public JDBConnection() {                              //通过构造方法加载数据库驱动
        try {
            Context ctx = new InitialContext();
            ctx = (Context) ctx.lookup("java:comp/env");
            ds = (DataSource) ctx.lookup("TestJNDI");    //获取 JNDI 的名称
            con = ds.getConnection();
        } catch (Exception e) {
            e.printStackTrace();
        }
    }
    public ResultSet executeQuery(String sql) {           //对数据库的查询操作
        ResultSet rs;
        try {
            Statement stmt = con.createStatement();
            rs = stmt.executeQuery(sql);
        } catch (SQLException e) {
            return null;
        }
        return rs;
    }
    …                                                     //省略其他对数据库的操作
}
```

（3）从上述代码中可以知道，实例化 JDBConnection 类后，将通过构造方法获取的连接对象 con 后，可以直接调用 executeQuery()方法，执行对数据表的查询操作。其中，通过 Tomcat 连接池的配置，对用户信息的表查询并将查询结果显示在 JSP 页面的运行结果如图 7-15 所示。

在Tomcat服务器上配置连接并获取查询的结果

自动编号	用户名	出生日期	性别	家庭住址	电话
12	李元	1985-06-01	男	吉林	13254601548
15	张庆欣	1975-04-25	女	沈阳	13520310245
16	陈楠	1983-02-01	女	湖南	19802540132
19	王博	1988-06-30	男	广东	13602151201

图 7-15　用户信息的表查询并显示在网页上

本实例介绍配置连接池的方式采用 Tomcat 的版本是 5.5 以上的版本，如果使用该版本之前的 Tomcat 服务器，配置连接池的代码不同相同。因为 Tomcat 5.5 及更早的版本需要配置数据库工厂，指定 org.apache.commons.dbcp.BasicDataSourceFactory 来创建连接池和数据库连接。还需要在 Tomcat 安装文件中的 server.xml 配置连接池。

根据前面介绍的 context.xml 文件的信息，在 server.xml 文件中加入的代码如下：

```
<Context path="/sanyang" docBase="sanyang" debug="0" reloadable="true"
    crossContext="true">
    <Resource name="sunyangPool" auth="Container"
        type="javax.sql.DataSource" />
    <ResourceParams name="jdbc/bn">
        <parameter>
            <name>factory</name>
            <value>org.apache.commons.dbcp.BasicDataSourceFactory</value>
        </parameter>
        <parameter><name>maxActive</name>
                <value>20</value></parameter>
        <parameter><name>maxIdle</name>
                <value>10</value></parameter>
        <parameter><name>maxWait</name>
                <value>-1</value></parameter>
        <parameter><name>username</name>
                <value>sa</value></parameter>
        <parameter><name>password</name>
                <value></value>  </parameter>
        <parameter><name>driverClassName</name>
            <value>com.microsoft.jdbc.sqlserver.SQLServerDriver</value>
    </parameter>
    <parameter><name>url</name>
        <value>jdbc:microsoft:sqlserver://127.0.0.1:1433;DatabaseName=sy_users
            </value>
        </parameter>
    </ResourceParams>
</Context>
```

说明：Tomcat 5.0 及更早的版本数据库连接池的配置要比 Tomcate 5.5、6.0 复杂很多，尤其需要指定连接池的工厂类型。此外，Tomcat 早期版本还需要在 Tomcat 的 web.xml 文件中引用连接池，才可以在项目中使用。

7.7.4 Proxool 连接池的实现

Proxool 是一个 Java SQL Driver 驱动程序，它提供了对其他类型的驱动程序的连接池封装，可以透明的为现存的 JDBC 驱动程序增加连接池功能。Proxool 同时也是一个开源的连接池，它的性能优异，可实时监控连接池状态。例如，可自动监控各个连接状态的时间间隔，监控到空闲的连接就马上回收，对超时的连接立即销毁。

1. Proxool 连接池类库下载

Proxool 连接池类库的下载是地址 http://proxool.sourceforge.ne”，根据页面中的提示就可以下载到该连接池的最新类库版本：proxool-0.9.0RC2。下载后的文件是一个 proxool-0.9.0RC2.zip 压缩文件，将解压后的文件中的 proxool-0.9.0RC2.jar 复制到当前 Web 工程下的 WEB-INF/lib 文件夹即可。

2. Proxool 连接池

Proxool 连接池与其他大多数连接池一样，可以通过配置文件显式的指定各个配置选项。该配置文件在 WEB-INF 文件创建名称 proxool.xml。该文件的代码如下：

```
<?xml version="1.0" encoding="UTF-8"?>
<something-else-entirely>
<proxool>
      <alias>proxoolConnectionProvider</alias>
      <driver-url>jdbc:microsoft:sqlserver://localhost;databaseName=bookdb</driver-url>
      <driver-class>com.microsoft.jdbc.sqlserver.SQLServerDriver</driver-class>
      <driver-properties>
        <property name="user" value="sa"/>
        <property name="password" value=""/>
      </driver-properties>
      <house-keeping-sleep-time>25</house-keeping-sleep-time>
      <house-keeping-test-sql>select CURRENT_DATE</house-keeping-test-sql>
      <maximum-active-time>300000</maximum-active-time>
      <minimum-connection-count>5</minimum-connection-count>
      <maximum-connection-count>10</maximum-connection-count>
      <maximum-connection-lifetime>3600000</maximum-connection-lifetime>
      <prototype-count>4</prototype-count>
      <maximum-new-connections>20</maximum-new-connections>
</proxool>
</something-else-entirely>
```

对上面 Proxool 连接池配置文件中各个配置选项的描述如表 7-12 所示。

表 7-12　　Proxool 连接池配置选项

配置选项	描　述
<alias>	连接池的别名
<driver-url>	连接数据库的 URL
<driver-class>	用于驱动数据库的工具类
<driver-properties>	驱动的属性，可以设置连接数据库的用户名和密码
<house-keeping-sleep-time>	线程处于睡眠状态的最长时间，默认值是 30 毫秒
<house-keeping-test-sql>	测试连接的 SQL 语句，若未指定，测试过程将会被忽略
<maximum-active-time>	线程最大存活时间，超过此时间的线程将被守护线程清除掉，单位为毫秒
<minimum-connection-count>	最小的数据库连接数
<maximum-connection-count>	最大的数据库连接数
<maximum-connection-lifetime>	一个线程的最大寿命，单位为毫秒
<prototype-count>	连接池中可用的连接数量，如果当前连接池中的连接数少于此值，新的连接将被建立
<maximum-new-connections>	因为有空闲连接可以分配而在队列中等候的最大请求数，超过这个请求数的连接将会被拒绝

3. Proxool 连接池实例

通过一个实例来介绍在 Web 应用程序中使用 Proxool 连接池，具体步骤如下。

（1）创建名为 JDBConnection.java 的类文件，该类文件用于从连接池中获得数据库连接。JDBConnection.java 类文件的代码如下：

```
import java.sql.*;
public class JDBConnection {
```

```
    private Connection conn = null;
    public JDBConnection() {
        try {
                                                    //从连接池中获得数据库连接对象
            conn=DriverManager.getConnection("proxool.proxoolConnectionProvider");
        } catch (Exception e) {
            e.printStackTrace();
        }
    }
                                                ......//省略其他的操作
}
```

在上面代码中，DriverManager.getConnection("proxool.proxoolConnectionProvider")用于从连接池中获取数据库连接对象，其参数 proxoolConnectionProvider 是连接池的别名。

（2）在 WEB-INF 下创建名为 proxool.xml 的 XML 文件，该 XML 文件是 Proxool 连接池的配置文件。proxool.xml 文件的关键代码如下：

```
<?xml version="1.0" encoding="UTF-8"?>
<something-else-entirely>
    <proxool>
        <!-- 连接池别名 -->
        <alias>proxoolConnectionProvider</alias><driver-url>jdbc:microsoft:sqlserver:
//localhost:1433;databaseName=sy_users</driver-url>
        <driver-class>com.microsoft.jdbc.sqlserver.SQLServerDriver</driver-class>
        <driver-properties>
            <property name="user" value="sa" />
            <property name="password" value="" />
        </driver-properties>
        <!-- 测试连接的 SQL 语句 -->
        <house-keeping-test-sql>
            select CURRENT_DATE
        </house-keeping-test-sql>
        <!-- 设置数据库最大连接数为 10 -->
        <maximum-connection-count>10</maximum-connection-count>
    </proxool>
</something-else-entirely>
```

（3）在 web.xml 文件中配置 org.logicalcobwebs.proxool.configuration.ServletConfigurator 类，ServletConfigurator 是用于初始化 Proxool 连接池配置的一个 Servlet 类。配置的关键代码如下：

```
<!-- 配置 ServletConfigurator -->
<servlet>
    <servlet-name>ServletConfigurator</servlet-name>
    <servlet-class>org.logicalcobwebs.proxool.configuration.ServletConfigurator
</servlet-class>
    <init-param>
        <param-name>xmlFile</param-name>
        <param-value>WEB-INF/proxool.xml</param-value>
    </init-param>
    <load-on-startup>1</load-on-startup>
</servlet>
<!-- Proxool 提供的管理监控工具，用于查看当前数据库连接情况-->
```

```
    <servlet>
        <servlet-name>admin</servlet-name>
        <servlet-class>org.logicalcobwebs.proxool.admin.servlet.AdminServlet</servlet-
class>
    </servlet>
    <servlet-mapping>
        <servlet-name>admin</servlet-name>
        <url-pattern>/admin</url-pattern>
    </servlet-mapping>
```

（4）从上述代码中可以知道，实例化 JDBConnection 类后，将通过构造方法获取的连接对象 con 后，可以直接调用 executeQuery()方法，执行对数据表的查询操作。其中，通过 Proxool 连接池的配置，对用户信息的表查询并将查询结果显示在 JSP 页面的运行结果如图 7-16 所示。

Proxool连接池的配置并获取查询的结果

自动编号	用户名	出生日期	性别	家庭住址	电话
12	李元	1985-06-01	男	吉林	13254601548
15	张庆欣	1975-04-25	女	沈阳	13520310245
16	陈楠	1983-02-01	女	湖南	19802540132

图 7-16　通过 Proxool 连接池用户信息的表查询并显示在网页上

注意

Proxool 已成为一个非常成熟的连接池，它的持久层框架 Hibernate 提供了对 Proxool 的支持，而且 Hibernate 开发组织优先推荐的就是 Proxool 连接池。

7.7.5　其他连接池

Java 中连接池的配置方式很多，可以在 Tomcat 中配置或者使用一些 JSP 框架，如 Struts、Spring 和 Hibernate 都有提供连接池的管理。作者收集了一些开放源代码的 Java 连接池组件，并对这些组件进行简单介绍，供读者参考。Java 常用连接池组件如表 7-13 所示。

表 7-13　Java 其他连接池

连接池名称	描　述
C3P0	是一个开放源代码的 JDBC 连接池，它在 lib 目录中与 Hibernate 一起发布，包括了实现 JDBC3.0 和 JDBC2.0 扩展规范说明的 Connection 和 Statement 池的 DataSources 对象
Jakarta DBCP	是一个依赖 Jakarta commons-pool 对象池机制的数据库连接池，DBCP 可以直接在应用程序中使用
DDconnectionBroker	是一个简单，轻量级的数据库连接池
XAPool	是一个 XA 数据库连接池。它实现了 javax.sql.XADataSource 并提供了连接池工具
Primrose	是一个 Java 开发的数据库连接池。当前支持的容器包括 Tomcat4&5、Resin3 与 JBoss3，它同样也有一个独立的版本可以在应用程序中使用而不必运行在容器中。Primrose 通过一个 Web 接口来控制 SQL 处理的追踪、配置、动态池管理

续表

连接池名称	描　述
smartpool	是一个连接池组件，它模仿应用服务器对象池的特性。SmartPool 能够解决一些临界问题，如连接泄漏（connection leaks），连接阻塞，打开的 JDBC 对象如 Statements，PreparedStatements 等。SmartPool 的特性包括支持多个 pools，自动关闭相关联的 JDBC 对象，在所设定 time-outs 之后察觉连接泄漏，追踪连接使用情况，强制启用最近最少用到的连接，把 SmartPool“包装”成现存的一个 pool 等
MiniConnectionPoolManager	是一个轻量级 JDBC 数据库连接池。它只需要 Java 1.5（或更高）并且不依赖第 3 方包

小　结

本章首先介绍了 JDBC 技术的常用接口，包括 Statement、PreparedStatement、CallableStatement 和 Result 接口；接着介绍利用 JDBC 技术操作数据库的主要步骤；然后分别介绍了如何利用 Statement、PrepareStatement 和 CallableStatement 接口的操作各种 SQL 语句的实现过程以及如何应用 JDBC 事务；最后介绍了如何利用数据库连接池技术访问数据库。在实际的开发过程中，数据库的应用比较频繁，因此，JDBC 技术操作数据库是读者重点学习的内容。

习　题

1. 简述 JDBC 的工作原理，并列举常用的对象。
2. 简述 JDBC 事务概念，如果在 JDBC 中实现事务。
3. Statement 对象可以处理哪些类型的 SQL 语句，处理这些 SQL 语句的主要方法是什么？
4. PreparedStatement 对象可以处理哪些类型的 SQL 语句，处理这些 SQL 语句的主要方法是什么？
5. CallableStatement 对象可以处理哪些类型的 SQL 语句，处理这些 SQL 语句的主要方法是什么？
6. 在 MYSQL 数据库，创建一个数据库，并且在该数据库下创建学生信息表，含有学生的基本信息，并通过 JDBC 实现对该数据表内容实现添加、修改、删除和查询等操作。

第 8 章 JSP 核心表达式与标签

JSP 核心表达式（EL）与标准标签库（JSTL）在 JSP 动态网页设计当中起着举足轻重的作用，因为它们在一定程度上提高了网页设计师的工作效率，同时也减少了程序的代码量。本章将介绍 EL 表达式与标签的有关知识。

8.1 JSP 表达式

JSP 的核心表达式又可称为 EL 表达式，EL 表达式在实际开发中应用非常广泛，因为该表达式能实现对 pageContext、session 和 request 等内置对象的简化访问、请求参数、Cookie 和其他请求数据的简单访问。

本节主要介绍 EL 表达式的使用、访问作用域变量和 JSP 表达式隐藏对象等内容。

8.1.1 JSP 表达式概述

表达式语言（EL）是 JSP 2.0 版本之后引入的新功能，是一种简单，容易使用的语言，并且可以使用标签快速的访问 JSP 的隐含对象和 JavaBean 组件。通过它可以非常方便地操作各种算术、关系、逻辑或空值测试运算符，从而提高了运算效率。

8.1.2 JSP 表达式使用

读者了解了什么是 JSP 表达式后，更关注的应该是如何使用 JSP 表达式。因此，下面将详细地讲解 JSP 表达式的使用方法。

调用 El 表达式的一般格式如下：

```
${expression}
```

在上述代码中，expression 代表一个合法的 EL 表达式。

注意　$和{}不要漏写，它是组成 EL 表达式不可缺少的一部分。

通过具体的示例来说明如何使用 EL 表达式，具体代码如下：

```
<body bgcolor="#FFFFCC">
```

```
    <center>EL表达式实现数学表达式</center>
    <table width="241" height="96">
  <tr>
    <td align="center" bgcolor="#FFFFFF">6-2=${6-2}</td>
  </tr>
  <tr>
    <td align="center" bgcolor="#FFFFFF">4*6=${4*6}</td>
  </tr>
</table>
</body>
```

程序运行结果如图 8-1 所示。

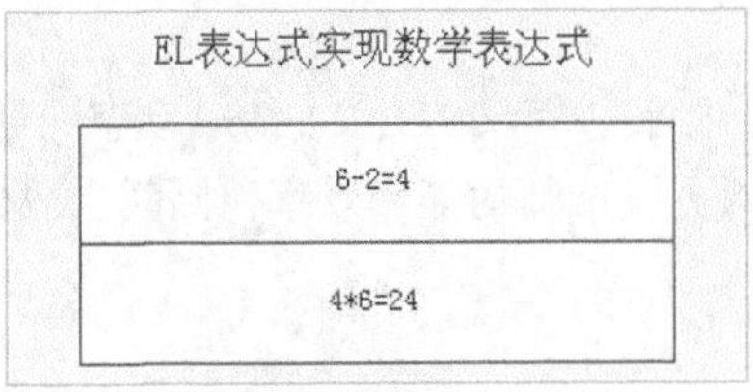

图 8-1　EL 表达式的使用

在上述代码中，EL 表达式可以在静态文本中使用，也可以在动态文件中使用。例如，JSP 标准动作元素具体使用代码如下：

```
<html>
    name:${name}<br>
    password:${password}<br>
</html>
```

技巧　*在 JSP 标准动作元素中使用 EL 表达式的方法并不是唯一的，下面介绍最常用的 4 种方法。*

（1）标准动作元素的属性中只包含一个表达式时，该表达式结果将会自动转换成属性所对应的数据类型，其语法格式如下：

```
<jsp:tag value="${expression}"/>
```

（2）标准动作元素的属性中包含多个表达式时，按照规则从左到右计算表达式的结果，然后该表达式结果将自动转换成属性所对应的数据类型。其语法格式如下：

```
<jsp:tag value="${expression}${expression}${expression}……"/>
```

（3）标准动作元素的属性中包含一个或多个表达式并且该表达式与文本相结合时，按照规则从左到右，并且将文本和表达式相连接，从而计算出以字符串形式输出的表达式结果，然后该字符串将自动转换成属性所对应的数据类型。其语法格式如下：

```
<jsp:tag value="text ${expression} text ${expression} text${expression}"/>
```

（4）根据实际的需要，标准动作元素的属性中有时只包含文本，此时，该文本可以当成 EL 表达式的字符串常量来处理。因此，可以把字符串常量作为表达式结果自动转换成属性所对应的数据类型。其语法格式如下：

```
<jsp:tag value="text"/>
```

注意　JSP 2.0 版本之后才引入 EL 表达式。因此，应用服务器的使用环境也要有所提高，在一般情况下建议使用 Tomcat 5.5 或者是 Tomcat 6.0 版本。

8.1.3　访问作用域变量

EL 表达式可以访问作用域，这就是 EL 表达式功能强大的体现之一。下面将详细地介绍如何使用 EL 表达式访问作用域变量。

使用 EL 表达式访问作用域变量的一般格式如下：

```
${attrname}
```

该语句将按照 page→request→session→application 的顺序查找并输出该属性所对应的数据，该语句也可以被改写成如下代码：

```
${attrname}
<%=pageContext.findAttribute(attrname)%>
<jsp:useBean id="attrname" type="class" scope="page/request/session/application">
<%=attrname%>
```

通过简单的示例来说明如何使用 page、request、session 和 application 来访问作用域变量，具体实现步骤如下。

（1）创建名称为 ClassScope.java 类文件，该类将指定数据保存在 request、session 和 application 内置对象作用范围内。具体代码如下：

```
import java.io.IOException;
import java.io.*;
import javax.servlet.*;
import javax.servlet.http.*;
import javax.servlet.http.HttpSession;
public class ClassScope extends HttpServlet{
    public void doGet(HttpServletRequest request, HttpServletResponse response)
            throws ServletException, IOException    {
        response.setContentType("text/html;charset=gb2312");      //编码转换
        request.setAttribute("sx1", "长春");                      //request 作用域
        HttpSession session=request.getSession();
        session.setAttribute("sx2", "吉林省");                    //session 作用域
        ServletContext application=getServletContext();
        application.setAttribute("time", new java.util.Date());   //application 作用域
        RequestDispatcher rd =request.getRequestDispatcher("temp.jsp"); //转发到 temp.jsp
        rd.forward(request, response);
    }
}
```

（2）创建名称为 temp.jsp 页面文件，该页面文件获取到不同作用域的数据。该页面的关键代码如下：

```
<%@ page language="java" import="java.util.*" pageEncoding="gb2312"%>
<html>
<body>
<h2><font color="red" face="黑体">访问作用域变量</font><br><hr>
<table width="474" border="1">
  <tr>
   <td width="208" height="30">requestScope 作用域</td>
```

```
      <td width="253">${sx1}</td>
    </tr>
    <tr>
      <td height="30">sessionScope 作用域</td>
      <td>${sx2}</td>
    </tr>
    <tr>
      <td height="30">applicationScope 作用域</td>
      <td>${time}</td>
    </tr>
  </table>
  </body>
  </html>
```

（3）程序运行结果如图 8-2 所示。

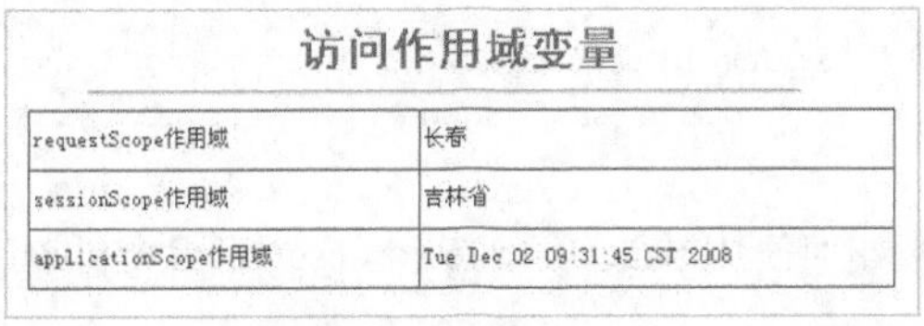

图 8-2　访问作用域变量

注意　代码量比较多时，尽量多使用注释，可以增加程序的可读性。

8.1.4　JSP 表达式隐藏对象

在实际的开发过程中，JSP 表达式的隐藏对象非常重要，该表达式的隐藏对象按其访问环境的不同可分为 3 大类，具体说明如下。

（1）通过 pageContext 对象访问 JSP 其他内置隐藏对象如表 8-1 所示。

表 8-1　pageContext 对象访问 JSP 其他内置对象

隐藏对象	类　型	含　义
pageContext	javax.servletContext	使用 pageContext 访问其它内置隐藏对象，例如，request、session、out、config 等

（2）用于访问环境信息的对象如表 8-2 所示。

表 8-2　访问环境信息的对象

隐藏对象	类　型	含　义
cookie	Java.util.Map	把单个的 cookie 对象映射到 cookie 名当中
initParam	Java.util.Map	把单个值映射到上下文初始化参数的名称当中
header	Java.util.Map	映射请求头名到单个字符串数组
param	Java.util.Map	把单个字符串参数值映射到请求参数名当中
headerValues	Java.util.Map	把字符串数组映射到请求头名称当中
paramValues	Java.util.Map	把字符串数组映射到请求参数名当中

（3）访问作用域范围的隐藏对象如表 8-3 所示。

表 8-3　访问作用域范围的隐藏对象

隐藏对象	类　型	作　用
applicationScope	Java.util.Map	整个应用程序范围内有效
sessionScope	Java.util.Map	会话范围内有效
requestScope	Java.util.Map	请求的范围内有效
pageScope	Java.util.Map	整个页面范围内有效

为了更深一步的理解该 3 种类型的隐藏对象，下面将通过简单的示例来说明如何访问隐藏对象。

（1）创建名称为 index.jsp 页面，该页面主要包括提交信息的 form 表单。该页面的代码如下：

```
<form name="form1" method="post" action="temp.jsp">
<table width="235" >
  <tr align="center">
    <td width="168" height="35" ><input type="text" name="information"></td>
    <td width="51"><input type="submit" name="Submit" value="提交"></td>
  </tr>
</table>
</form>
```

（2）创建名称为 temp.jsp 页面，该页面将通过 EL 表达式的内置对象获取页面请求参数、上下文初始化参数及 Web 服务器相关信息。该页面的关键代码如下：

```
<%@ page language="java" import="java.util.*" pageEncoding="gb2312"%>
<html>
  <body>
  <center> <h2><B>访问隐藏对象</B></h2></center>
    <hr>
    页面请求参数：
    ${param.argc}<br>
    上下文初始化参数：
    ${pageContext.request.contextPath }<br>
    Web 服务器相关信息：
    ${pageContext.servletContext.serverInfo }
  </body>
</html>
```

（3）程序执行过程如图 8-3 所示。

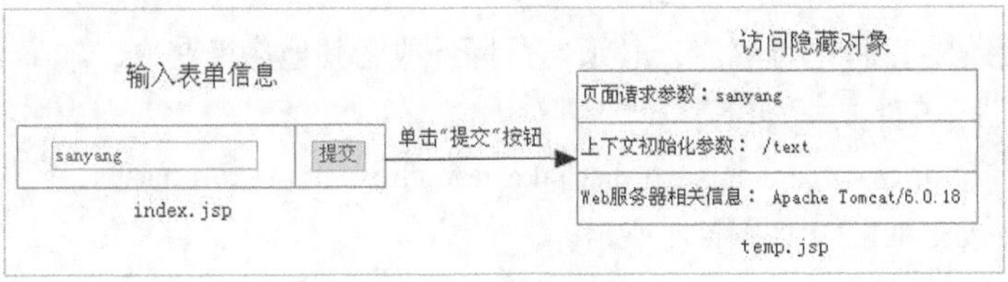

图 8-3　访问隐藏对象

注意　所有的隐藏对象在书写时首字母都应该为小写。

8.2 JSTL 标准标签库

JSTL 实现了服务器 Java 应用程序的大量功能，程序员可以使用 JSTL 标签来代替一部分代码，从而提高编程效率并且在一定程度上增强程序的可读性。

本节将介绍 JSTL 标签简介、获取、安装与配置的相关知识。

8.2.1 JSTL 标签

JSP 标准标签库（JSP Standard Tag Library）简称 JSTL，它实现了 Web 应用程序的常用功能并定制了标记库集，包括基本输入输出、流程控制、XML 文件、数据库查询、国际化和文字格式化的应用等。该标签是 Sun 公司定义的规范并经过许多公司共同开发的一种开放源代码的标准标签库。本小节所要介绍的 JSTL 是在 JSTL 1.0 的基础上加入一个函数库而实现的 JSTL 1.1，JSTL 1.1 需要运行在支持 JSP 2.0 规范的容器上，如 Tomcat 5.5。JSTL 标准标签受到了广大程序员的喜爱，因为 JSTL 标准标签库在很大程度上提高了代码的复用性，同时也节省了程序员编写代码的时间。

JSTL 标准标签库有很多种，下面将列举几种重用度很高的标准标签库，如表 8-4 所示。

表 8-4　　常用标签库

标签名	说　明	前　缀
Core	Core 是核心标签库，提供了用来生成及操作 URL 的标签	c
XML	提供了用来操作以 XML 表示的数据标签	x
Internationalization（国际化）	简称 ii18n，定义了格式化数据的操作标签	fmt
Function	主要用于处理字符串	fn
SQL 数据库	查询关系型数据库操作的标签	sql

说明　如果读者需要更多关于 JSTL 标准标签库的信息，可以登录 http://jakarta.apache.org/taglibs/index.html。

8.2.2 JSTL 获取

如果要想使用 JSTL 标准标签库，必须通过网址或者其他途径获取，本小节将介绍如何通过网址获取 JSTL，具体获取方式如下。

读者可登录 http://www.apache.org/dist/jakarta/taglibs/standard/binaries 下载 JSTL。版本为 jakarta- taglibs-standard-1.1.2，如图 8-4 所示。

说明　本小节介绍了如何从网址中下载 jstl，但它并不是唯一的途径，还可以通过 MyEclipse 的 IDE 引入 JSTL。该方法简单方便，读者可以自己尝试引入。

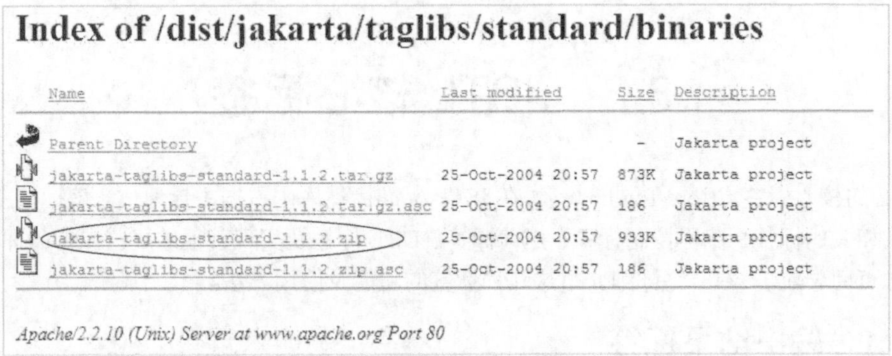

图 8-4　下载 JSTL 截图

8.2.3　JSTL 安装与配置

想要使用 JSTL 标准标签库，必须知道 JSTL 是如何安装及如何配置的，下面将详细介绍该标签库的安装及配置方法。

（1）下载 JSTL 并将 jakarta-taglibs-standard-current.zip 解压缩，把 lib 目录下的两个文件 jstl.jar 和 standard.jar 复制到/WEB-INF/lib/目录下（如 D:\Tomcat6.0\webapps\项目名称\WEB-INF\lib），然后重新启动 Tomcat。

（2）测试 JSTL 是否配置成功。下面通过一个简单的页面来测试 JSTL 是否配置成功，如果成功将显示图 8-5 所示的界面，否则将重新配置 JSTL。具体代码如下：

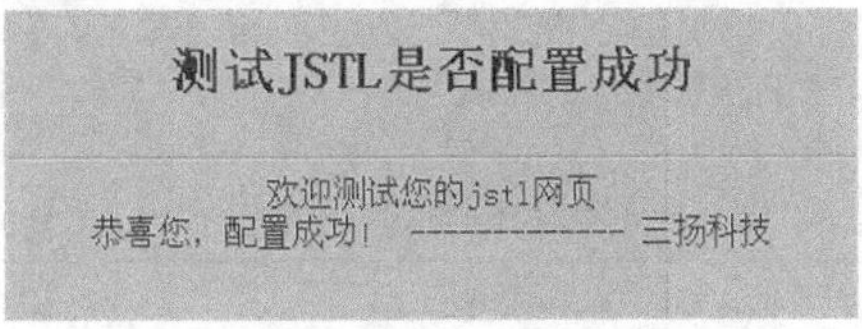

图 8-5　测试 JSTL 是否配置成功

```
<%@ page language="java" import="java.util.*" pageEncoding="gb2312"%>
<%@ taglib prefix="c" uri="http://java.sun.com/jsp/jstl/core"%>
<html>
<body bgcolor="cyan">
<h2>测试 JSTL 是否配置成功</h2>
<hr>
    <c:out value="欢迎测试您的 jstl 网页" /><br>            <!--<c:out>为输出标签-->
    恭喜您，配置成功!
    <c:out value="-------------"/>
    <c:out value="三扬科技"/>
</body>
</html>
```

（3）程序运行结果如图 8-5 所示。

说明　本书所涉及的 JSTL 都是最新版本的 JSTL 1.1，在使用它时首先应安装一个支持 JSP 2.0 的容器（Container）。例如，Tomcat 6.0 服务器。

8.3 JSTL 核心标签

JSTL 的核心标签（Core Tag library）在 JSTL 标准标签库中占据主导地位。该标签主要包括：与表达式相关的标签、流程控制标签、迭代标签、URL 标签及实现其他的一些操作的标签（网页重定向和页面导航）。本节将详细介绍这几种标签的功能及使用方法。

8.3.1 输出结果标签

<c:out>是用来输出数据或表达式的结果到 JspWriter 对象中，（out 是 JspWriter 的实例）。该标签有如下两种语法格式。

（1）不包含 body 内容的情况。

```
<c:out value="value" [escapeXml={true|false}"] [default="default"]/>
```

（2）包含 body 内容的情况。

```
<c:out value="value" [escapeXml={true|false}"]/>
default
</c:out>
```

注意　[...]表示该属性不是必须存在的。在程序中可有可无。由于篇幅有限，以下的各节中将不再赘述。

<c:out>标签的属性如表 8-5 所示。

表 8-5　<c:out>标签的属性

属性名称	类　型	说　明
value	Object	表示在 JSP 页面显示的值。
escapeXML	boolean	表示是否转换特殊字符，默认值为 true
default	Object	Default 是默认值，如果 value 为 null，则显示 default 的值

注意　escapeXML 为 true 时，特殊字符是区别大小写的。

8.3.2 对象属性设置标签

<c:set>标签主要用于在一个范围中（request、session）设置某个值或者设置某个对象的属性，该标签有以下 4 种形式。

（1）使用 value 属性的值设定某个范围内变量的值，具体语法格式如下：

```
<c:set value="var" var="var" [scope="{page|request|session|application}"]/>
```

（2）使用 body 内容设定某个范围内变量的值，具体语法格式如下：

```
<c:set var="var" [scope="{page|request|session|application}"]>
//body 内容
```

```
</c:set>
```

（3）使用 value 属性的值设定某个对象的属性值，语法格式如下：

```
<c:set value="value" target="target" property="property"/>
```

（4）使用 body 内容设定某个对象的属性值，具体语法格式如下：

```
<c:set value="value" target="target" property="property">
//body 内容
</c:set>
```

该标签中的属性如表 8-6 所示。

表 8-6　<c:set>标签的属性

属性名称	类　型	说　明
value	Object	将要设定的变量或对象的属性值
var	String	将要设定的变量名
scope	String	Var 的有效范围，其默认值为 page
target	Object	表示一个 javabean 或 java.util.Map 对象
property	String	表示指定 target 对象的属性名

注意

（1）target 对象必须为 javabean 或 java.util.Map 中的对象。
（2）value 的值既可以是常量又可以是 EL 表达式。
（3）target 和 property 属性必须同时出现。

8.3.3　对象值删除设置标签

<c:remove>标签的主要用于删除某个变量或者属性。该标签的语法格式如下：

```
<c:remove var="var" [scope="{page|request|session|application}"]/>
```

<c:remove>标签的属性描述如下。

- var：表示将要删除的参数名，类型为 String。
- scope：表示 var 的有效范围，类型为 String。

注意

如果没有指定 var 的范围 scope 时，那么将会执行 pageContext.removeAttribute(var) 的操作。

8.3.4　捕捉异常标签

<c:catch>为捕捉异常标签，该标签主要用于处理产生错误的异常情况，并且将错误信息进行存储，该标签语法格式如下：

```
<c:catch [var="var"]>
…        //省略
</c:catch>
```

该标签属性描述如下。

var：用于标记异常的名字，类型为 String，该属性的作用域必须是 page。

> **注意** <c:catch>标签捕获的异常都应该属于java.lang.Throwable类型并且var类型与捕获到的异常类型要相同。

上述 4 个标签都是与表达式相关的标签，下面通过简单的示例来说明如何使用这几个标签。

```
<%@ page language="java" import="java.util.*" pageEncoding="gb2312"%>
<%@ taglib prefix="c" uri="http://java.sun.com/jsp/jstl/core"%>
<html>
  <body>
  <center>
    <h2><c:out value="<c:out> <c:set> <c:remove>"/>标签的使用</h2> <br>
    <hr>
    <c:set scope="page" var="number">
    <c:out value="${4}"/>
    </c:set>
    <br>
     <c:set scope="request" var="number">
    <c:out value="${4}"/>
    </c:set>
    <br>
     <c:set scope="session" var="number">
    <c:out value="${4}"/>
    </c:set>
    各范围 number 变量的初始值</p>
    <pre>
          pageScope.number=<c:out value="${pageScope.number}" default="No data"/>
          requestScope.number=<c:out value="${requestScope.number}" default="No data"/>
          sessionScope.number=<c:out value="${sessionScope.number}" default="No data"/>
   <p><c:out value='执行<c:remove var="number"/>之后'/></p>
   <c:remove var="number"/>
   pageScope.number=<c:out value="${pageScope.number}" default="No data"/>
   requestScope.number=<c:out value="${requestScope.number}" default="No data"/>
   sessionScope.number=<c:out value="${sessionScope.number}" default="No data"/>
   </pre>
   </center>
   </body>
</html>
```

程序运行结果如图 8-6 所示。

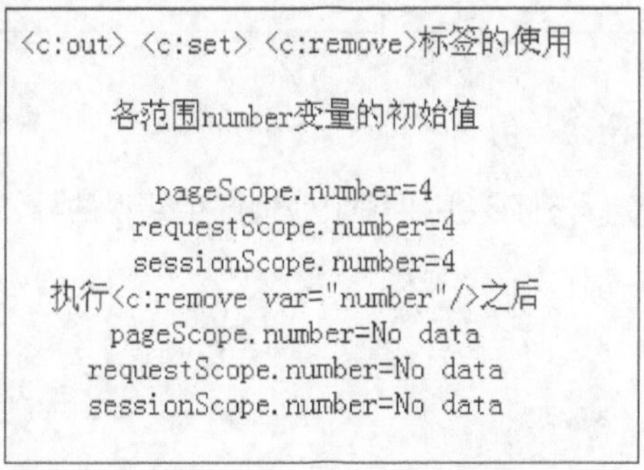

<c:out> <c:set> <c:remove>标签的使用
各范围number变量的初始值
pageScope.number=4
requestScope.number=4
sessionScope.number=4
执行<c:remove var="number"/>之后
pageScope.number=No data
requestScope.number=No data
sessionScope.number=No data

图 8-6　<c:out><c:set><c:remove>标签的使用

注意：在使用 JSTL 核心标签库时，在 JSP 页面中必须引入<taglib prefix="c" uri="http://java.sun.com/jsp/jstl/core">，否则将会出现异常。

8.3.5　if 条件判断标签

<c:if>是条件判断标签，是流程控制标签之一。该标签主要用于进行条件判断并且只有当条件成立时才会处理 body 内容。其具体的语法格式有如下两种。

（1）不包含 body 内容。

```
<c:if test="condition" var="var" [scope="{page|request|session|application}"]/>
```

（2）包含 body 内容。

```
<c:if test="condition" var="var" [scope="{page|request|session|application}"]>
body 内容
</c:if>
```

<c:if>标签的相关属性如表 8-7 所示。

表 8-7　<c:if>标签的属性

属性名称	类　型	说　明
test	Boolean	判断条件，当结果为 true 时执行 body 内容
var	Strng	记录判断条件返回结果的范围变量名
scope	String	表示 var 的范围，默认值为 page

注意：属性 test 必须是 true 或 false。

8.3.6　choose 条件判断标签

<c:choose>标签是流程控制标签之一，其主要用于条件选择，作为<c:when>与<c:otherwise>的父标签（<c:when>和<c:otherwise>在后两节中进行介绍）并且该标签不含任何属性。具体的语法格式如下：

```
<c:choose>
<c:when test="condition1">
    body content1
</c:when>
    …   //省略
<c:otherwise>
    body content
</c:otherwise>
</c:choose>
```

注意：<c:choose>标签的 body 内容只能是空格、一个或多个<c:when>子标签及零个或一个<c:otherwise>子标签。

8.3.7 条件分支标签

<c:when>为条件分支标签，是<c:choose>标签的子标签，也是流程控制标签之一。该标签的用途类似于<c:if>标签，且只有在 test 所指定的条件成立时，才会执行 body 内容。该标签的具体语法格式如下：

```
<c:when test="condition">
body content
</c:when>
```

该标签属性描述如下。

test：说明表达式的条件，类型为 boolean。

> 注意　<c:when>标签必须和<c:otherwise>标签同时出现，并且<c:when>子标签必须先于<c:otherwise>子标签出现，否则会产生异常。

8.3.8 其他条件分支标签

<c:otherwise>为其他条件分支标签，是流程控制标签之一。该标签与<c:when>子标签相互匹配。如果<c:choose>父标签内所有的<c:when>子标签的 test 条件都不成立，那么，将会执行<c:otherwise>子标签。<c:otherwise>子标签的具体语法格式如下：

```
<c:otherwise>
        body content
</c:otherwise>
```

> 注意　<c:otherwise>子标签和<c:choose>父标签一样都没有任何属性。

通过一个简单的示例来说明如何使用这几个标签，具体代码如下：

```
<%@ taglib prefix="c" uri="http://java.sun.com/jsp/jstl/core"%>
  <body>
    <h2><c:out value="<c:if><c:otherwise><c:when><c:otherwise> "/>标签的使用</h2> <br>
    <hr>
    <c:set value="2.6" var="weight"/>
    <c:if test="${weight>2.9}" var="result"/>
    <c:out value="${result}"/><br>
    <c:if test="${weight<2.9}" var="result">
            宽度不要超过 2.9
    </c:if>
    <c:set var="weekday" value="Monday"/>
    <c:choose>
    <c:when test="${weekday=='Monday'}">
        今天是星期一!
    </c:when>
    <c:when test="${weekday=='Tuesday'}">
        今天是星期二!
    </c:when>
```

```
  <c:when test="${weekday=='Wednesday'}">
     今天是星期三!
  </c:when>
  <c:when test="${weekday=='Thesday'}">
     今天是星期四!
  </c:when>
  <c:when test="${weekday=='Friday'}">
     今天是星期五!
  </c:when>
  <c:when test="${weekday=='s'}">
     今天是星期六!
  </c:when>
  <c:otherwise>
     今天是星期日，休息!
  </c:otherwise>
  </c:choose>
</body>
```

程序运行结果如图 8-7 所示。

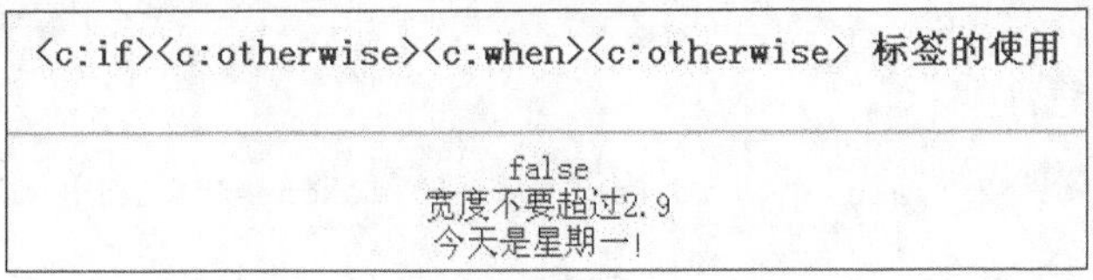
<c:if><c:otherwise><c:when><c:otherwise> 标签的使用
false
宽度不要超过2.9
今天是星期一!

图 8-7　流程控制标签的使用

> 注意　所有标签都必须以小写的形式出现，否则会产生异常。

8.3.9　迭代标签

迭代标签有<c:forEach>、<c:forTokens>两种。<c:forEach>标签的主要功能是用于循环控制并且可以将集合中的成员循环浏览一遍。<c:forTokens>标签的主要功能是用于浏览字符串中的所有成员并且可以指定一个或多个分隔符。

<c:forEach>标签的具体语法格式如下：

```
<c:forEach [var="varName"] items="collection" [varStaus="varStatusName"][begin="begin"]
[end="end"][step="step"]>
          标签体
</c:forEach>
```

<c:forTokens>标签的具体语法格式如下：

```
<c:forTokens items="stringofTokens" [var="varName"] [varStatus="varStatusName"]
[begin="begin"] [end="end"][step="step"]>
    标签体
</c:forTokens>
```

<c:forEach>和<c:forTokens>标签的属性如表 8-8 所示。

表 8-8　　迭代标签的属性

属性名称	类　型	说　明
var	String	表示迭代参数的名称
items	支持多种类型，如：Arrays、Collection、Map、String 等	表示被迭代的集合对象及字符串
varStatus	String	表示当前迭代的状态，可以访问迭代本身的信息
begin	int	迭代的起始位置
end	int	迭代的结束位置
step	int	表示每次循环的步长

注意　属性 end 的取值必须大于 begin 属性的取值。

通过一个简单的示例来说明如何使用迭代标签，具体代码如下。

```
<%@ page language="java" import="java.util.*" pageEncoding="gb2312"%>
<%@ taglib prefix="c" uri="http://java.sun.com/jsp/jstl/core"%>
<html>
  <body bgcolor="cyan">
  <center>
   <h2> 迭代标签<c:out value="<c:forEach> <c:forTokens>"/>的使用 <br>
   <hr>
   <%String arrays[]=new String[2];
   arrays[0]="你好，三杨！";
   arrays[1]="你已经成功使用了 c:forEach 标签！";
   request.setAttribute("arrays",arrays);
    %>
    <c:forEach items="${arrays}" var="item1">
    ${item1 }<br>
    </c:forEach>
      你已经成功使用了<c:out value="<c:forTokens>"/>标签!<br>
    <%
    String address="123:456:789";
    request.setAttribute("address",address);
     %>
     <c:forTokens items="${address}" delims=":"var="item1">
     ${item1 }
     </c:forTokens>
   </center>
  </body>
</html>
```

程序运行结果如图 8-8 所示。

迭代标签<c:forEach> <c:forTokens>的使用
你好，三杨！
你已经成功使用了c:forEach标签！
你已经成功使用了<c:forTokens>标签！
123 456 789

图 8-8　迭代标签的使用

说明

（1）<c:forTokens>标签的分隔符是用来隔开字符串的并且该分隔符可以是一种，也可以是多种。

（2）<c:forTokens>标签属性只是比<c:forEach>标签属性多了一个 delims 属性，其他属性均相同。

注意

在代码量比较多时，尽量加入注释，以此增加程序的可读性。

8.3.10　导入 URL 资源标签

URL 资源标签在 JSP 网页中的应用十分广泛，因为该标签在处理 URL 指定的内容时，其方法既简洁又高效。

<c:import>是导入 URL 资源标签。该标签主要是用于将其他静态或动态文件引入到当前的 JSP 页面中。该标签的两种语法格式如下。

（1）被引入的文件内容（URL 属性指定的网页内容）以 String 对象的形式输出。其具体语法格式如下：

```
<c:import  url="url"  [context="context"][var="var"][scope="{page|request|session|application}"]
[charEncoding="charencoding"]>
…  //省略
</c:import>
```

（2）被引入的文件内容（URL 属性指定的网页内容）以 Reader 对象的形式输出。其具体语法格式如下：

```
<c:import url="url" [context="context"]
varReader="varreader"
[charEncoding="charencoding"]
…  //省略
</c:import>
```

<c:import>标签的所有属性如表 8-9 所示。

表 8-9　<c:import>标签的属性

属性名称	类　型	说　明
url	String	表示导入的网页 URL
context	String	表示当使用相对路径访问其他 context 时，context 指定了此资源的名称
var	String	表示要存储导入文件内容的变量
scope	String	表示变量 var 的作用范围
charEncoding	String	导入文件的字符集
varReader	String	读取 Reader 对象

说明

<c:import>标签的 URL 属性允许使用 java.net.URL 类所支持的任何协议。例如，http（超文本传输协议），ftp（断点传输）等。

注意　<c:import>标签的功能与<%@include%>命令的功能相同。

8.3.11　构造 URL 标签

<c:url>是构造 URL 标签，他是 URL 资源标签之一。该标签主要用来为 J2EE Web 应用程序构造 URL（生成一个 URL）。即当前网页的路径名，其语法格式有如下两种。

（1）不包含 body 内容代码如下：

```
<c:url value="value"[context="context"][var="var"][scope="{page|request|session|qpplication}"]/>
```

（2）包含 body 内容代码如下：

```
<c:url value="value" [context="context"][var="var"][scope="{page|request|session|qpplication}"]>
<c:param name="name" value="value"/>
</c:url>
```

<c:url>标签的所有属性如表 8-10 所示。

表 8-10　<c:url>标签的属性

属性名称	类　型	说　明
value	String	需要构造的 URL
context	String	表示当使用相对路径访问其他 context 时，context 指定了此资源的名称
var	String	存储构造后的 URL 的变量
scope	String	表示变量 var 的作用范围，其默认值为 page

注意　如果没有指定 var 属性。那么，重写后的 URL 将直接输出在浏览器中。

8.3.12　重定向 URL 标签

<c:redirect>是重定向 URL 标签，也是 URL 资源标签之一。该标签是用来将客户端的请求从一个 JSP 页面导入到其他的页面并且该标签主要用于 HTTP（超文本传输协议）重定向。

<c:redirect>标签的语法格式有如下两种。

（1）不包含 body 内容。

```
<c:redirect  url="url" [context="context"] />
```

（2）包含 body 内容。

```
<c:redirect  url="url" [context="context"] >
    <c:param name="name" value="value"/>
</c:redirect>
```

<c:redirect>标签的所有属性描述如下。

- url：需要重定向到某个网页的 URL 位置，其类型为 String。
- context：表示当使用相对路径访问其他 context 时，context 指定了此资源的名称，其类型为 String。

注意

在有 body 内容时，<c:param name="name" value="value"/>不允许省略。

8.3.13　URL 参数传递标签

<c:param>是 URL 参数传递标签，该标签主要用于将参数传递给所包含的网页或重定向之后的网页。其语法格式有如下两种。

（1）使用 value 属性的值来设定参数的值。

```
<c:param name="name" value="value"/>
```

（2）使用 body 内容来设定参数的值。

```
<c:param name="name">
…         //省略
</c:param>
```

<c:param>标签的所有属性描述如下。

- name：设定的 request 参数名，其类型为 String。
- value：设定的 request 参数值，其类型为 String。

在上面的几节中已经详细地介绍了<c:import>、<c:url>、<c:redirect>和<c:param>4 个标签的有关知识，其中包括属性，语法等。下面将通过具体的示例来说明如何使用这 4 个标签。

首先，介绍如何使用<c:redirect>标签将页面进行重定向，具体步骤如下。

（1）创建名称为 index.jsp 页面，该页面通过<c:redirect>标签将页面进行重定向，具体代码如下：

```
<%@ page language="java" import="java.util.*" pageEncoding="gb2312"%>
<%@ taglib prefix="c" uri="http://java.sun.com/jsp/jstl/core"%>
<html>
  <body>
    <h2><c:out value="<c:redirect>"/>的使用<br>
    <hr>
    <c:redirect url="hello.jsp"/>          //重定向到 hello.jsp 页面中
  </body>
</html>
```

（2）创建名称 hello.jsp 页面，该页面输出转向成功的页面，并给予提示信息，具体代码如下：

```
<%@ page language="java" import="java.util.*" pageEncoding="gb2312"%>
<%@ taglib prefix="c" uri="http://java.sun.com/jsp/jstl/core"%>
<html>
  <body bgcolor="cyan">
  <h2><font color="blue" face="幼圆"><B><u>恭喜你！已经成功使用了<c:out
  value="<c:redirect>"/>标签</u></B></font> <br>
  </body>
</html>
```

（3）程序运行结果如图 8-9 所示。

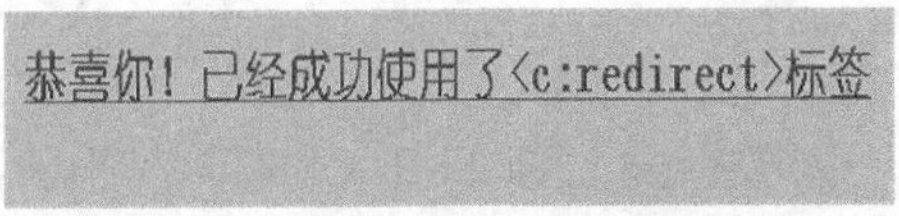

图 8-9　重定向标签的使用

其次，介绍如何在页面中使用<c:import>、<c:param>和<c:url>，具体步骤如下。

（1）创建名称为 index.jsp 页面，该页面通过<c:import>标签引入一个页面、<c:param>设置传递参数及使用<c:url>标签定位 URL 地址，该页面的具体代码如下：

```
<%@ page language="java" import="java.util.*" pageEncoding="gb2312"%>
<%@ taglib prefix="c" uri="http://java.sun.com/jsp/jstl/core"%>
<html>
  <body>
    <h2><c:out value="<c:import>,<c:url>,<c:param>"/>标签的使用 <br>
    <hr>
    <c:import url="welcome.jsp" charEncoding="GB2312">    //welcome.jsp 是被引入的页面
    <c:param name="name" value="hello,world"/>            //<c:param>标签的使用
    </c:import>
  </body>
</html>
```

（2）创建名称为 welcome.jsp 页面，该页面将设置标签的显示结果，具体代码如下：

```
<%@ page language="java" import="java.util.*" pageEncoding="gb2312"%>
<%@ taglib prefix="c" uri="http://java.sun.com/jsp/jstl/core"%>
<html>
   <body bgcolor="cyan">
   <h4>使用<c:out value="<c:import>,<c:param>"/>标签显示的结果</h4>
   <br>
   <h3>name is:<c:out value="${param.name}"/><br>          //输出 param 中的值
   <hr>
  <h4> 使用<c:out value="<c:url>"/>标签显示的结果</h4><br>
   <c:url value="hello.jsp" var="redirect_url"/><br>       //<c:url>标签的使用
   ${ redirect_url}
  </body>
</html>
```

（3）程序运行结果如图 8-10 所示。

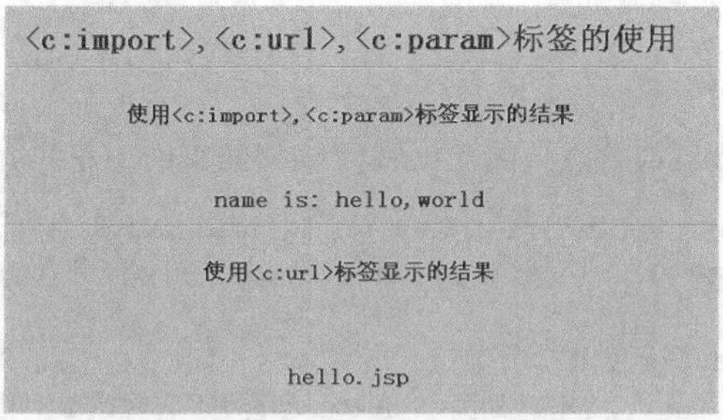

图 8-10　与资源相关的标签的使用

8.4　JSTL 的 XML 标签

JSTL 标准标签库提供了一些功能强大的 XML（可扩展标识语言）操作标签，XML 标签是 W3C 组织为实现自定义标签所创建的一组规范。XML 标签大致可以分为 3 类，分别是：XML 核

心标签、XML 转换标签及 XML 流程控制标签。本节主要讲述 XML 核心标签和 XML 转换标签。

1. XML 核心标签

XML 的核心标签有 3 个：<x:out>、<x:set>、<x:parse>。下面将具体介绍这 3 个标签的有关知识。

（1）<x:out>的主要功能是提取 XML 中的字符串。该标签的语法格式如下：

```
<x:out select="XPathExpression'[escapeXml="{true|false}"]/>
```

<x:out>标签属性描述如下。

select：表示将要计算的 Xpath，其类型为 String。

说明

Xpath 表示一种目录（类似于 Unix 下的目录），它可以通过 Xpath 来检索 XML 中元素或者元素集合。该内容在本节中不再赘述。

（2）<x:set>标签主要用于将从 XML 文件中取得的内容存储到 scope 所指定的范围中。其语法格式如下：

```
<c:set select="XPathExpression"var="var" [scope="{page|request|session|application}"]/>
```

<x:set>标签的属性如表 8-11 所示。

表 8-11 <x:set>标签的属性

属性名称	类　型	说　明
select	String	表示 XPath 语句
scope	String	表示 var 变量的作用范围
var	String	表示从 XML 文件中取得的内容存储到 varName 中

（3）<x:parse>标签主要用于解析 XML 文件。其语法格式有如下两种。

语法 1：

```
<x:parse doc="XMLDocument"{var="var" [scope="scope']
|varDom="var"scopeDom="scope"
[systemId="systemId"][filter="filter"]/>
```

语法 2：

```
<x:parse
{var="var" [scope="scope"]|varDom="var" [scopeDom="scope"]}
[systemId="systemId"][filter="filter"]>
XML Document to parse
</x:parse>
```

<x:parse>的属性如表 8-12 所示。

表 8-12 <x:parse>标签的属性

属性名称	类　型	说　明
doc	String/Reader	表示 XML 文件
systemId	String	表示 XML 文件的 URL
filter	Org.xml.sax.XMLFilter	表示 filter 过滤器

续表

属性名称	类　型	说　明
varDom	String	用来存储解析后的 XML 文件
scopeDom	String	表示 varDom 的范围
var	String	用来存储解析后的 XMl 文件
scope	String	表示 var 变量的范围

通过一个简单的示例来说明如何使用这 3 个标签，具体代码如下：

```
<%@ page language="java" import="java.util.*" pageEncoding="gb2312"%>
<%@ taglib prefix="c" uri="http://java.sun.com/jsp/jstl/core"%>
<html>
<body bgcolor="cyan">
<h2 ><c:out value="<x:out> <x:set> <x:parse>"/>标签的输出结果：</h2>
<x:parse var="xmlFile">
    <stu>
        姓名：<stuName>Jack</stuName><br>
        性别：<stuSex>M</stuSex><br>
        学号：<stuNo>123456</stuNo>
    </stu>
</x:parse>
<x:out select="$xmlFile/stu/stuName"/> <x:out select="$xmlFile/stu/stuSex"/>
<x:set var="stuNo" select="$xmlFile/stu/stuNo"/>
</body>
</html>
```

程序运行结果如图 8-11 所示。

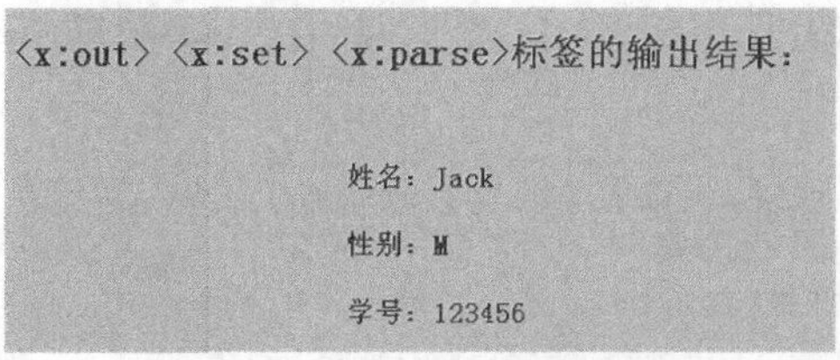

图 8-11　XML 核心标签的使用

2. XML 的转换标签

在实际开发过程中，XML 转换标签经常被使用到。<x:transform>是 XML 转换标签，该标签主要通过 XSL 样式表对 XML 文件进行转换。其语法格式有如下 3 种。

语法 1：不包含 body 内容。

```
<x:transform
doc="xmldocument"
xslt="xslt"
[docSystemId="docSystemId']
[xsltSystemId="SystemId"]
[{var="var" scope="page|trequest|session|application"}|result="result" ]]/>
```

语法 2：包含 body 内容并且指定参数。

```
<x:transform
doc="xmldocument"
```

```
xslt="xslt"
[docSystemId="docSystemId']
[xsltSystemId="SystemId"]
[{var="var" scope="page|trequest|session|application"}|result="result" ]] >
<x:param> …
</x:transform>
```

语法 3：包含 body 内容并且指定了需要解析的 XML 文件和可选的参数。

```
<x:transform
[doc="xmldocument"]
xslt="xslt"
xsltSystemId="SystemId"
[{var="var" scope="page|trequest|session|application"}|result="result" ]]>
…     //省略
</x:transform>
```

<x:transform>标签的所有属性如表 8-13 所示。

表 8-13　<x:transform>标签的属性

属性名称	类　型	说　明
doc	String/Reader	需要进行转换的 XML 文件
xsltSystemId	String	主要是用来解析 XSLT 属性规定的路径
xslt	String/Reader	用来执行转换的 XSL 样式表
docSystemId	String	用来解析 doc 属性所设定的 XML 文件的路径
result	Javax.xml.transform.Result 类的实例	用来保存转换后的 XML 文件的对象
var	String	用来存储解析后的 XML 文件
scope	String	表示 var 变量的范围，默认值为 page

说明　<x:param>和<c:param>标签的功能相同。

8.5　JSTL 的格式化标签

JSTL 1.1 支持格式化标签并且格式化标签是 JSTL 的重要功能之一。格式化标签有 2 个，分别是：<fmt:formatDate>和<fmt:formatNumber>。下面将详细介绍这两个标签的有关知识。

（1）<fmt:formatDate>是格式化日期/时间标签，该标签主要用来设定日期和时间的格式并按照设定的格式输出相关信息。其语法格式如下：

```
<fmt:formatDate value="date/time"
[type="type"][dateStyle="dateStyle"]
[timeStyle="timeStyle"][pattern="patternexpression']
[timeZone="timeZone"][var="varname']
[scope="{page|request|session|application}"]/>
```

<fmt:formatDate>标签的所有属性如表 8-14 所示。

表 8-14　<fmt:formatDate>标签的属性

属性名称	类　型	说　明
value	Java.util.Date 类	指定要进行格式化的时间和日期
type	String	指定需要设定格式的 Date 实例部分，例如，time/date/both
dateStyle	String/Reader	说明使用哪种语言环境格式化日期，可为 default/shor/long/full
timeStyle	String	说明使用哪种语言环境格式化时间，可为 default/shor/long/full
pattern	String	自定义日期、时间格式
timeZone	String	需格式化的时间所在时区
scope	String	表示 var 变量的范围，默认值为 page
var	String	用来存储格式化后的结果的范围变量名

说明　如果未指定 type，dateStyle，timeStyle 属性，那么，它们的默认值依次是 date，default，default。

（2）<fmt:formatNumber>是格式化数值标签，该标签主要用于设置特定语言环境下的数值输出方式。其语法格式如下：

```
<fmt:formatNumber value="number"
[type="type'] [pattern="patternexpression"]
[currencyCode="currencycode']
[currencySymbol="currencysymbol']
[maxintegerDigits="maxintegerdigits']
[minintegerDigits="minintegerdigits"]
[maxFractionDigits="maxfractiondigits']
[maxFractionDigits="minfractiondigits"]
[groupingUsed="groupinUsed"]
[var="var"] [scope="scope"]/>
```

<fmt:formatNumber>标签的所有属性如表 8-15 所示。

表 8-15　<fmt:formatNumber>标签的属性

属性名称	类　型	说　明
value	String 或为 Number	指定要进行格式化的数值
type	String	指定需要格式化的方式，其取值是 number，currency，percent
currencyCode	String	设置所要显示的货币单位
currencySymbol	String	设置所要显示的货币符号
pattern	String	自定义格式化方式
maxintegerDigits	int	设置最大整数范围
minintegerDigits	int	设置最小整数范围
maxFractionDigits	int	设置最大小数位置
minFractionDigits	Int	设置最小小数位置
groupingUsed	boolean	指定格式化后是否要对小数点前面的数字分组
scope	String	表示 var 变量的范围，默认值为 page
var	String	用来存储格式化后的结果的范围变量名

> **说明**　只有当 type 属性设置为 currency 时，才允许设置 currencyCode、currencySymbol 的值。

通过一个简单的示例来说明如何使用该标签，具体代码如下：

```
<%@ page language="java" import="java.util.*" pageEncoding="gb2312"%>
<%@ taglib prefix="c" uri="http://java.sun.com/jsp/jstl/core"%> <!--引入jstl核心标签-->
<%@ taglib prefix="fmt" uri="http://java.sun.com/jsp/jstl/fmt" %> <!--引入jstl格式化标签-->
<html>
  <body bgcolor="cyan">
  <h2><c:out value="<fmt:formatNumber>"/>的示例</h2>
  <fmt:formatNumber value="15.28" type="number" var="fn"/>        <!--<fmt:formatNumber>的使用-->
  number: <c:out value="${fn}"/>                                  <!--number 为数字类型-->
  <p>
  <fmt:formatNumber value="89.45" type="currency" var="fn"/>  <!--指定格式化方式为currency-->
  currency: <c:out value="${fn}"/>                                <!--currency 为货币类型-->
  <p>
  <fmt:formatNumber value="89.45" type="percent" var="fn"/>  <!--指定格式换方式为percent-->
 percent: <c:out value="${fn}"/>                                  <!--percent 为百分比类型-->
  <br>
  </body>
</html>
```

程序运行结果如图 8-12 所示。

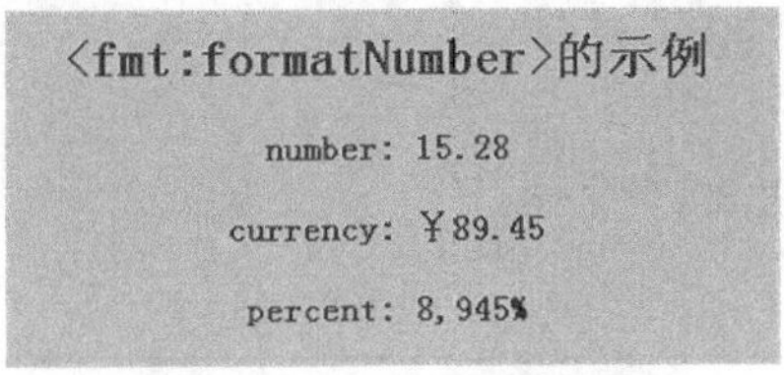

图 8-12　格式化标签的使用

8.6　JSTL 的其他标签

在上述几节中已经详细地介绍了格式化标签、XML 标签、表达式相关的标签、流程控制标签等。然而 JSTL 标准标签库还提供了一些其他的标签，例如，JSTL 的数据库标签、JSTL 的函数标签等。本节介绍 JSTL 的数据库标签及 JSTL 的函数标签。

8.6.1　数据库标签

使用 JSTL 的数据库标签可以很容易地查询和修改数据库中的数据。数据库标签包括<sql:setDateSource>、<sql:query>、<sql:dateParam>、<sql:transaction>、<sql:update>和<sql:param>，下面将详细介绍这 6 个标签。

（1）<sql:setDateSource>标签。该标签主要用来设置数据来源。其语法格式如下：

```
<sql:setDataSource url="jdbcUrl" driver="driverClassName"
```

```
user="username" password="password"
[var="varName"] [scope="scope"]/>
```

<sql:setDataSource>标签的属性如表 8-16 所示。

表 8-16 <sql:setDataSource>标签的属性

属性名称	类　型	说　明
driver	String	表示驱动程序的类名称
url	String	表示数据库的 URL 地址
user	String	表示数据库的用户名
password	String	表示数据库的密码
var	String	用来存储查询的结果
scope	String	表示 var 的有效范围

说明

user 和 password 可以自定义。

（2）<sql:query>标签。该标签主要用来查询数据库。其语法格式如下：

```
<sql:query var="varName"
[scope="scope"][dataSource="dataSource"]
[maxRows="maxrows"]
[startRow="startRow"]>
query
optional<sql:param>actions
</sql:query>
```

<sql:query>标签的属性如表 8-17 所示。

表 8-17 <sql:query>标签的属性

属性名称	类　型	说　明
dataSource	String	表示数据来源
sql	String	表示要查询的语句
maxRows	String	表示可以存储的最大数据数
startRow	String	表示查询数据时从第几行开始
var	String	用来存储查询的结果
scope	String	表示 var 的有效范围

（3）<sql:dateParam>标签。该标签主要用于动态设置变量。其语法格式如下：

```
<sql:dateparam value="value" [type="type"]/>
```

该标签的属性描述如下。

- value：表示 Date 类型的参数，类型为 java.util.Date。
- type：表示 Date 的种类，类型为 String。

（4）<sql:transaction>标签。该标签主要是用于提供存取数据库时的一种安全机制。其语法格式如下：

```
<sql:transaction [dataSource="dataSource"]
[isolation="read_committed/r ead_uncommitted/repeatable/serializable"]>
<sql:query>or<sql:update>
</sql:transaction>
```

该标签的属性描述如下。

- dataSource：表示数据来源，类型是 String 或 javax.sql.DataSource。
- isolation：表示事务隔离的级别。类型为 String。

（5）<sql:update>标签。该标签主要用于修改数据库中的数据。其语法格式如下：

```
<sql:update sql="sqlUpdate'
[dataSource="dataSource"]
[var="varName'][scope="scope"]/>
```

该标签的属性与<sql:query>标签的属性基本相同，在这里不再赘述。

（6）<sql:param>标签。该标签主要用来动态设置变量。其语法格式如下：

```
<sql:param>
value
</sql:param>
```

该标签的属性描述如下。

value：表示 Object 类型的参数，类型为 Object。

通过一个简单的示例来说明如何使用数据库标签，具体代码如下：

```
<sql:setDataSourc driver="com.microsoft.jdbc.SQLServerDriver"
user="sa" password="sa"
url="jdbc:microsoft:sqlserver://localhost:8080" ,dataName="zm"/>
<sql:query var="query" dataSource="${example}">
select * from zm
</sql:query>
<sql:update>
insert int zm(id,name)
values(123,'jack')
</sql:update>
```

说明　使用 JSTL 的数据库标签不适合开发大型项目，因为在 JSP 页面中直接访问数据库会大大降低重用性，也会增加表示层与数据层之间的耦合度。所以在使用 JSTL 数据库标签时要谨慎。

8.6.2　函数标签

本小节主要介绍几种常用的函数标签，具体内容如下。

（1）<fn:contains>标签。该标签主要是用于判断一个字符串是否包含另一个字符串。其语法格式如下：

```
${fn:contains(string,substring)}
```

该标签的属性描述如下。

- string：表示原字符串，类型为 String。
- Substring：表示被测字符串，类型为 boolean。

（2）<fn:startsWith>标签。该标签用来判断字符串是否以另一个字符串开头。其语法格式如下：

```
${fn:startsWith(string,prefix)}
```

该标签的属性描述如下。

- string：表示原字符串，类型为 String。
- prefix：表示被测字符串，类型为 String。

（3）<fn:join>标签。该标签主要用于连接字符串。其语法格式如下：

```
${fn:join(array,separator)}
```

该标签的属性描述如下。

- array：用于结合的数组，类型为 String[]。
- separator：用于连接数组的元素，类型为 String。

通过一个简单的示例来说明如何使用函数标签，具体代码如下：

```
<%@ page language="java" import="java.util.*" pageEncoding="gb2312"%>
<%@ taglib prefix="c" uri="http://java.sun.com/jsp/jstl/core"%>
<%@ taglib prefix="fn" uri="http://java.sun.com/jsp/jstl/functions" %>      <!--引入函数标签-->
<html>
  <body bgcolor="cyan">
  <h2>JSTL 函数标签的使用</h2>
  <hr>
  <h3>\${fn:contains(string,substring)} </h3>
  <pre>
  <h4>
  substring=hello,world Result=${fn:contains(s1,"Hello,World")} <br>  <!--fn:contains 的使用-->
  substring=Hello,world Result=${fn:contains(s1,"hello,world") }<br>
  </h4>
  </pre>
  <h3>\${fn:startsWith(string,prefix) }</h3>                        <!--startsWith 的使用-->
  <pre>
  <h4>
  Substring=welcome Result=${fn:startsWith(s1,"Welcome")}<br>       <!--输出结果是否为真-->
  Substring=hello  Result=${fn:startsWith(s1,"hello") }<br>
  </h4>
  </pre>                                                            <!--预格式化-->
  </body>
</html>
```

程序运行结果如图 8-13 所示。

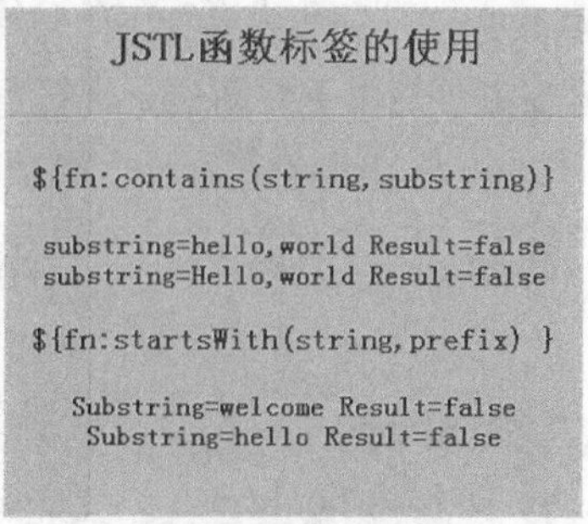

图 8-13　JSTL 函数标签的使用

8.7　自定义标签

自定义标签在实际的开发过程中应用非常广泛，因为它可以使用和 HTML（超文本标记语言）类似的标记来显示动态内容，从而大大简化了程序的代码量，并且节省了编写代码的时间。本节将介绍有关自定义标签的相关知识。

8.7.1　自定义标签的格式

在 JSP 页面中，自定义标签可以通过 XML 语法格式进行调用，它由一个开始标签与一个结束标签组成。自定义标签的格式主要分为 3 种情况，下面将分别进行介绍。

（1）无标签体。无标签体的标签格式如下：

```
<sy:showDate/>
```

从上述代码可以知道，无标签体的标签实际上就是标签本身不含有任何属性。

（2）带标签体。带标签体的标签格式如下：

```
<sy:showDate>sanyang</sy:showDate>
```

（3）嵌套标签。嵌套标签是指自定义标签体中又使用了其他自定义标签，具体格式如下：

```
<sy:showDate>
        <zy:sanyang id="wangyi" cd="cd"/>
    <zy:sanyang id="wangyi" cd="vd"/>
</sy:showDate>
```

8.7.2　自定义标签的构成

自定义标签一般由 JavaBean、标签库描述、标签处理器、配置 web.xml 文件、标签库声明 5 部分构成，具体说明如下。

- 标签库描述：一般使用 tld 文件对标签进行描述，也就是使用一个 XML 配置文件，其中记录了自定义标签的属性、信息及位置。并且由服务器来确定通过该文件应该调用哪一个标签。
- 标签处理器：自定义标签的核心元素就是标签处理器。它是用来处理标签的定义、属性、标签体的内容、信息及位置等。
- 标签库声明：开发完自定义标签并且需要在 JSP 页面上进行声明，此时便可以使用自定义标签了。

自定义标签文件的完整代码如下：

```
<?xml version="1.0" encoding="UTF-8"?>
<!-- 标签库的版本和 JSP 版本 -->
<taglib>
<tlib-version>1.0</tlib-version>
<jsp-version>2.0</jsp-version>
<short-name>tagTest</short-name>
<!-- JSP 页面中 taglib 指令所用的 uri -->
<uri>sunyang.myTag</uri>
<info>自定义标签测试</info>
```

```
<!-- 定义标签库中所包含的标签 -->
<tag>
    <name>helloName</name>
    <tag-class>sunyang.MyTag</tag-class>
    <body-content>empty</body-content>
    <info>自定义标签测试</info>
   <!-- 标签中的属性 -->
    <attribute>
     <name>hello</name>
     <required>true</required>
    </attribute>
    <attribute>
     <name>name</name>
     <required>true</required>
    </attribute>
</tag>
</taglib>
```

8.7.3 自定义标签的实例

通过具体的示例来说明如何使用自定义标签及使用该标签，具体步骤如下。

（1）创建名称 Hello.java 类文件，该类将通过 Tag 接口的方式来开发自定义标签。具体代码如下：

```
import java.io.IOException;
import javax.servlet.jsp.JspException;
import javax.servlet.jsp.PageContext;
import javax.servlet.jsp.tagext.Tag;
public class WyTag implements Tag {
    private PageContext pageContext;
    private Tag tag;
    public WyTag() {
        super();
    }
    /* 设置标签的页面上下文 */
    public void setPageContext(PageContext arg0) {
        this.pageContext = arg0;
    }
    /* 设置上一级标签 */
    public void setParent(Tag arg0) {
        this.tag = arg0;
    }
    public Tag getParent() {
        return tag;
    }
    /* 开发标签时的操作 */
    public int doStartTag() throws JspException {
        return this.SKIP_BODY; // 跳过标签体
    }
    public int doEndTag() throws JspException {
        try {
            pageContext.getOut().write("您好，钟毅");
```

```
        } catch (IOException e) {
            e.printStackTrace();
        }
        return this.EVAL_PAGE;
    }
    /* 释放标签程序占用的资源 */
    public void release() {
    }
}
```

（2）在 WEB-INF 文件夹下，创建名称为 mytag.tld 文件，该文件作为标签库描述。代码如下。

```
<?xml version="1.0" encoding="ISO-8859-1" ?>
<!DOCTYPE taglib
  PUBLIC "-//Sun Microsystems, Inc.//DTD JSP Tag Library 1.2//EN"
  "http://java.sun.com/dtd/web-jsptaglibrary_1_2.dtd">
<taglib>
    <tlib-version>1.0</tlib-version>
    <jsp-version>1.2</jsp-version>
    <short-name>myTag</short-name>
    <tag>
        <name>tag</name>
        <tag-class>com.WyTag</tag-class>
    </tag>
</taglib>
```

（3）创建名称为 index.jsp 页面文件，该文件使用自定义标签。具体代码如下：

```
<%@ page language="java"  pageEncoding="gb2312"%>
<%@ taglib uri="/WEB-INF/mytag.tld" prefix="myTag" %>
<html>
  <head>
    <title>自定义标签的实现</title>
  </head>
  <body>
  自定义标签的实现<hr><br>
  <myTag:tag></myTag:tag>
  </body>
</html>
```

在上述代码中，首先声明要使用标签和标签的前缀名称。因为在一个页面中可以允许多个标签同时使用，标签的前缀用于标识不同的标签。例如，<%@ taglib uri = "/WEB-INF/mytag.tld" prefix = "myTag" %>，该标签的前缀名称是 myTag。通过<myTag:tag>使用这个标签，这里的 tag 是在 mytag.tld 中指定的名称，通过这个名称使用这个标签。

（4）程序运行结果如图 8-14 所示。

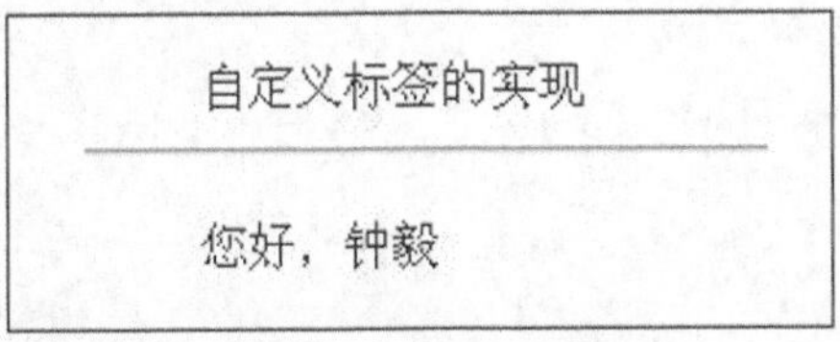

图 8-14　自定义标签的使用

小　结

本章详细地介绍了 EL 表达式、JSTL 标准标签库、XML 标签、格式化标签、其他标签、自定义标签。这些标签都是在实际的开发过程中经常被使用到的。使用这些标签会大大提高开发人员的工作效率。例如，EL 表达式可以使用标签快速访问 JSP 的隐含对象与 JavaBean 组件等。通过本章内容的学习，可以掌握各种标签的功能及应用。

习　题

1. 如何访问作用域变量。
2. JSTL 的核心标签包括哪些？请列举 3 个。
3. JSTL 的 XML 标签包括哪几个？请列举并说出其功能。
4. 常用的格式化标签有哪两个？请列举。
5. 自定义标签与 JavaBean 有什么区别？
6. 编写一个小程序，要求在程序中使用 JSTL 的核心标签（至少使用 3 个）。

第 9 章 Web 网页模板技术

近年来，模板技术逐渐成为 Web 开发中的一个热点，模板语言凭借其简单性和强大的功能受到越来越多软件开发人员的重视。在众多模板语言中，Velocity 和 FreeMarker 是佼佼者，两者凭借自身的优势成为目前非常流行的模板语言。

通过本章的学习，相信读者可以对模板技术有一定的了解，并掌握 Velocity 和 FreeMarker 的相关用法。

9.1 Web 模板概述

通常情况下，开发一个应用程序过程中大量的成本将被花费在维护上面。因此，人们希望应用程序易于修改，而程序开发人员则迫切希望使用应用框架来实现这些改变。模板技术提供了一种简洁的方式来生成动态的页面，并将程序逻辑和视图之间分离开来，从而使程序开发人员只专注于编写底层代码，页面设计人员只专注于视图方面的设计，这种方式不仅提高了开发效率，还使得应用程序在长时间运行后依然具有很好的维护性。

模板语言在现代的软件开发中占据着重要的地位，它的功能强大，而且学习起来又非常简单，即使不熟悉编程的人也能很快地掌握它。

模板语言不仅可以生成动态的页面，简化 Web 开发，还可以生成 SQL、E-mail、XML 或者程序源代码，甚至作为其他系统的一个集成组件。

Velocity 和 FreeMarker 是目前流行的两种模板语言，其中 Velocity 是 Apache Jakarta 的一个开源产品，也是一个基于 Java 的模板引擎，可以方便的对模板进行解析和处理。FreeMarker 是另一个优秀的模板语言，它的功能非常强大，适合于 MVC 模式的 Web 应用中。下面将分别介绍这两种语言具体应用。

9.2 Velocity 模板

Velocity 模板语言简称 VTL，是一个基于 Java 的模板引擎。在一个应用程序中，可以预先使用 Velocity 模板语言设计好模板，开发人员将页面显示的数据放入上下文中，Velocity 引擎将模板和上下文结合起来，然后就可生成动态的网页。使用 Velocity 具有以下 5 个优点。

- Velocity 是 Apache 软件组织提供的一项开源项目，可以免费下载。
- Velocity 简单，掌握 Velocity 是一件容易的事情。
- Velocity 模版中不包含任何 Java 代码，它将 HTML 技术和复杂的业务逻辑划分出来，能简化 Web 开发。
- Velocity 不仅可以生成 Web 页面，还可以从模板中生成 SQL、PostScript 和 XML，功能强大。
- Velocity 支持模板的国际化编码转换。

9.2.1 Velocity 的下载与安装

Velocity 的下载网站是 http://velocity.apache.org/，在此网站上下载完 Velocity 以后将其解压缩，会得到两个 jar 文件：velocity-1.5.jar 和 velocity-dep-1.5.jar，其中 velocity-1.5.jar 包含了 Velocity 的核心类，但是它没有 Velocity 必需的库文件，velocity-dep-1.5.jar 不仅包含了构建完整的 Velocity 库文件，还有 Velocity 所有依赖的库文件。将这两个 jar 文件放入应用程序的 classpath 下，就完成了 Velocity 的安装。

9.2.2 初识 Velocity

在掌握 Velocity 之前，本节将通过一个简单实例来初步认识 Velocity。具体步骤如下。

（1）在 ecplise 中新建一个 Java 工程，在工程的根目录下建立 Velocity 模板文件，Velocity 的模板文件以.vm 结尾，在这里建立的模板文件的名称为 hello.vm。具体代码如下：

```
hello,$name
```

其中，$name 被称为 Velocity 的变量引用，它的值由 Java 程序来提供。

技巧

当需要建立多个模板文件时，可将它们统一放在一个文件夹中或者按模板功能的不同分别放在不同的文件夹中，这样做方便工程的管理和维护。但是在调用模板时候需注意路径是否正确。

（2）建立给 Velocity 变量引用提供值的 Java 类，类名为 HelloVelocity.java。详细代码如下：

```
import java.io.StringWriter;
import org.apache.velocity.VelocityContext;
import org.apache.velocity.app.Velocity;
public class HelloVelocity {
    public static void main(String[] args) {
        try {
            Velocity.init();                                    //初始化 Velocity 引擎
        } catch (Exception e) {
            e.printStackTrace();
        }
        VelocityContext context = new VelocityContext();//初始化 Velocity 上下文
        context.put("name", "Velocity");                        //把数据填入上下文
        StringWriter writer = new StringWriter();
        try {
            //把模板和上下文结合起来
            Velocity.mergeTemplate("hello.vm", "ISO-8859-1", context, writer);
       } catch (Exception e) {
            e.printStackTrace();
```

```
        }
        System.out.println(writer.toString());          //控制台上输出
    }
}
```

在上述代码中，通过 context.put("name", "Velocity")将数据放入上下文中，其中 name 是 Velocity 模板中变量引用的名称，Velocity 是变量引用的值。

Velocity.mergeTemplate("hello.vm", "ISO-8859-1", context, writer)是将模板和上下文结合起来，其中 hello.vm 是第 1 步中建立的模板文件的名称。

说明　本工程需引入的 jar 文件是 velocity-dep-1.5.jar。

（3）运行类 HelloVelocity，程序的运行结果如图 9-1 所示。

图 9-1　类 HelloVelocity 的输出结果

9.2.3　Velocity 的注释

在 Velocity 模板中包括以下两种注释。

- 单行注释：以“##”开头。
- 多行注释：以“#*”开始，以“*#”结束。

下面是使用注释的例子：

```
##这是单行注释
#*
这是多行注释
这是多行注释
*#
```

9.2.4　Velocity 的引用

Velocity 引用的作用是在模板中显示动态的内容。在 Velocity 中，引用分为变量引用、属性引用和方法引用，下面将分别介绍这 3 种引用。

1. 变量引用

变量引用由$和 VTL 标识符组成，VTL 标识符必须以字母开头，其余字符可以是字母（a…z 、A…Z）、数字（0…9）、连字符（-）或下划线（_）。

下面是变量引用中的几种命名方式：

```
$username
$user-name
$user_name
$number1
```

变量引用有两种赋值方式：一种是在 Java 程序中赋值，该赋值方式在 9.2.2 小节中的例子所使用；另一种是使用 set 指令赋值，该赋值方式其实是在模板中直接给变量引用赋值。下面是使用 set 指令赋值的例子：

```
#set($username="sunyang")
hello,$username
```

2. 属性引用

属性引用由$、点号（.）和 VTL 标识符组成。下面是使用属性引用的例子：

```
$country.china
$user.age
```

和变量引用一样，属性引用也有两种赋值方式：一种是使用 Hashtable 对象赋值；另一种是使用方法赋值。介绍使用 Hashtable 对象赋值的例子，模板文件的代码如下：

```
bookid :$book.bookid
bookname: $book.bookname
bookauthor: $book.bookauthor
```

下面是使用 Hashtable 对象在程序中赋值的代码：

```
Hashtable book=new Hashtable();                    //定义一个 Hashtable 对象
                                                   //将数据放入 Hashtable 中
book.put("bookid",21);
book.put("bookname","JSP 教材");
book.put("bookauthor", "sunyang");
context.put("book", book);                         //将 Hashtable 对象放入 Velocity 上下文中
```

属性引用的另一种赋值方式是方法赋值，下面是使用方法赋值的例子。模板文件的代码如下：

```
bookid :$book.bookid
bookname: $book.bookname
bookauthor: $book.bookauthor
```

创建名称为 Book.java 类文件，它有 bookid、bookname 和 bookautor 3 个私有属性，该类的具体代码如下：

```
public class Book {
    private int bookid;
    private String bookname;
    private String bookauthor;
    public int getBookid() {
        return bookid;
    }
    public void setBookid(int bookid) {
        this.bookid = bookid;
    }
    public String getBookname() {
        return bookname;
    }
    public void setBookname(String bookname) {
        this.bookname = bookname;
    }
    public String getBookauthor() {
        return bookauthor;
```

```
    }
    public void setBookauthor(String bookauthor) {
        this.bookauthor = bookauthor;
    }
}
```

使用方法赋值的代码如下：

```
Book book=new Book();
book.setBookid(21);
book.setBookname("JSP 教程");
book.setBookauthor("sunyang");
context.put("book", book);                    //将 Book 对象放入上下文中
```

3. 方法引用

方法引用由$、VTL 标识符和方法体组成。下面是使用方法引用的例子：

```
$book.getBookid()
$book.setBookname("JSP 教程")
```

在上述代码中，$book.getBookid()和属性引用中的方法赋值是一样的，而$book.setBookname("JSP 教程")则是给属性 bookname 赋值。

9.2.5　Velocity 的指令

在 Velocity 中，指令是用来控制页面的外观和内容，本节将分别介绍 Velocity 的各个指令。

1. 给引用赋值的 set 指令

set 指令用于给变量引用或属性引用赋值，它的语法格式如下：

```
#set(name=value)
```

参数说明如下。

- name 参数：该参数必须是变量引用或属性引用。
- value 参数：该参数可以是变量可以是变量引用、属性引用、方法引用、字符串、数字、ArrayList 或算术表达式。

使用 set 指令的示例如下：

```
#set( $monkey = $bill)                                   ##变量引用
#set( $monkey.Blame = $whitehouse.Leak )                 ##属性引用
#set( $monkey.Plan = $spindoctor.weave($web))            ##方法引用
#set( $monkey.Friend = "monica" )                        ##字符串
#set( $monkey.Number = 123 )                             ##数字
#set( $monkey.Say = ["Not", $my, "fault"] )              ##ArrayList
#set( $number = $foo + 1 )                               ##算术表达式加法
#set( $ number = $bar - 1 )                              ##算术表达式减法
#set( $ number = $foo * $bar )                           ##算术表达式乘法
#set( $ number = $foo / $bar )                           ##算术表达式除法
```

当 value 值为字符串时，须用单引号或双引号包围起来。用单引号和双引号之间有所不同，用双引号的引用会替换成相应的值，而用单引号的引用则输出原代码。代码如下：

```
#set( $directoryRoot = "www" )
```

```
#set( $domain= "sunyang.net.cn" )
#set( $mydomain1 = "$directoryRoot.$domain" )
#set( $mydomain2 = '$directoryRoot.$domain')
$mydomain1
$mydomain2
```

程序的输出结果如图 9-2 所示。

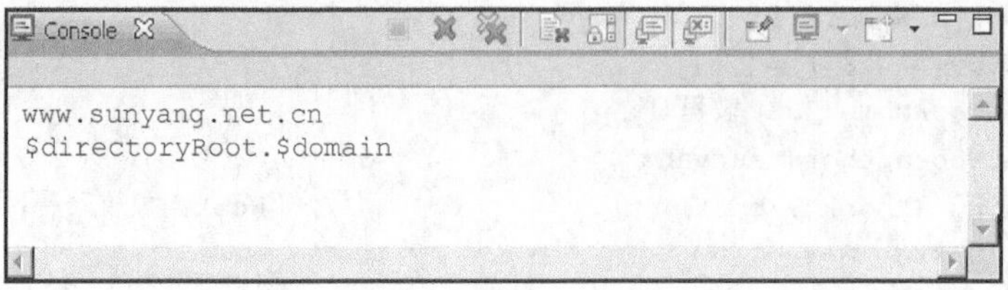

图 9-2　两种引号的不同输出结果

当 value 值为 ArrayList 时，要访问其中的元素可通过以下的形式：

```
#set( $monkey.Say = ["Not", $my, "fault"] )
$monkey.Say.get(0)
$monkey.Say.get(1)
```

2. 进行条件控制的 if/elseif/else 指令

if/elseif/else 指令类似于 Java 语言中的 if…elseif…else 指令，可以进行条件控制。它的语法格式如下：

```
#if(condition)
 ...
#elseif(condition2)
 ...
#else
 ...
#end
```

使用 if/elseif/else 指令的例子如下：

```
#set($type="sunyang")
#if($type=="sunyang")
金牌会员
#elseif($type=="common")
普通会员
#else
游客
#end
```

3. 进行遍历循环的 foreach 指令

foreach 指令用于进行遍历循环。它的语法格式如下：

```
#foreach(Loop)
...
#end
```

foreach 指令可进行循环的对象有 Vector、Hashtale 或 Array。下面是使用 foreach 指令的例子：

```
#foreach($book in $booklist)
$book
```

```
#end
```

4. 包含文件的 include 指令

使用 include 指令可将一个本地文件导入到模板中指定的位置，可一次导入一个本地文件，也可一次导入多个本地文件，导入多个文件时文件之间用逗号分开，文件名可用引用变量代替。include 指令的语法格式如下：

```
#include("file")                                    ##包含一个文件
#include("file1", "file2", …, "fileN")             ##包含多个文件
```

使用 include 指令的例子：

```
#include("main.html")
#include("top.html", $main, $footer)
```

说明

使用 include 包含的文件不会被 Velocity 解析。

5. 包含文件的 parse 指令

使用 parse 指令可导入一个包含 VTL 的本地文件，和使用 include 不同，使用 parse 指令导入的文件会被 Velocity 解析，而且它只能一次导入一个文件。该指令的语法格式如下：

```
#parse ("file")
```

使用 parse 指令的例子

```
#parse ("index.vm")
#parse ($main)
```

说明

使用 parse 指令包含的文件必须放在 TEMPLATE_ROOT 目录下。

6. 停止执行的 stop 指令

stop 指令经常被使用在调试过程中，它可停止模板引擎的执行并返回。语法格式如下：

```
#stop
```

7. 定义宏的 macro 指令

宏是一段可重复使用的 VTL 片段，它使用 macro 指令定义。语法格式如下：

```
#macro (macroname param1 param2 ... paramN)
…
#end
```

macroname 是定义的宏的名字，param1 到 paramN 是宏的参数。定义完宏就可在模板中使用 macroname 宏了。使用 macroname 宏的语法格式如下：

```
# macroname (param1, param1 param2 ... paramN)
```

下面举一个宏的例子。首先定义宏，定义宏的代码如下：

```
#macro( tablerows $color $somelist )
#foreach( $something in $somelist )
```

```
<tr>
<td bgcolor=$color>$something</td>
</tr>
#end
#end
```

在上面代码中，定义了一个名为 tablerows 的宏，它有两个参数：$color 和$somelist，定义完宏之后在模板中使用该宏。使用 tablerows 宏的代码如下：

```
#set($greatlakes=["Superior","Michigan","Huron","Erie","Ontario"]
#set( $color = "blue" )
<table>
#tablerows( $color $greatlakes )
</table>
```

9.2.6 Velocity 的其他特性

本节将介绍 Velocity 的一些其他特性，如数学运算，范围操作和字符串连接等。

1. 数学运算

Velocity 提供了数学运算功能，这里通过 set 指令来实现。下面是 Velocity 模板中数学运算的例子：

```
#set( $number = $sum + 6.8 )
#set( $number = $sum - 10 )
#set( $number = $sum * 9 )
#set( $number = $sum/13)
#set( $number = $sum%2)
```

2. 范围操作

范围操作的格式如下：

```
[n..m]
```

其中，n 与和 m 必须是整数。范围操作通常与 set 指令和 foreach 指令一起使用，否则会被解析成普通的字符串。下面是范围操作的例子：

```
#set($sum=[0..2])
#foreach($number in $sum)
$number
#end
$sum
 [0..2]
```

程序运行结果如图 9-3 所示。

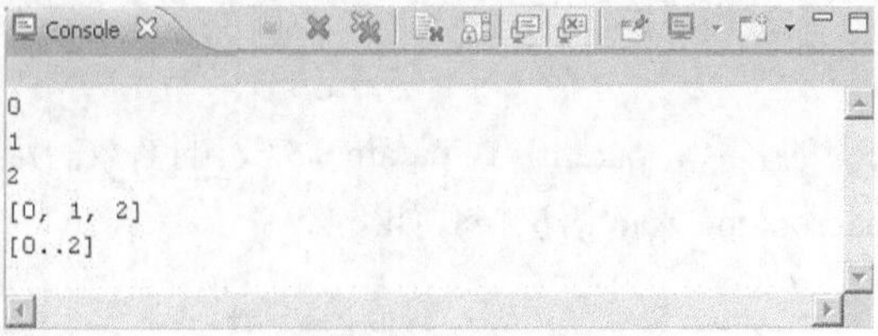

图 9-3 范围操作的运行结果

3. 字符串连接

Velocity 的字符串连接非常简单，只需将需要连接的字符串放在一起就可以了。下面是字符串连接的例子：

```
#set($firstname="George")
#set($lastname="Bush")
#set($name="$firstname$lastname ")                    ##连接后赋给一个引用变量
he name is $firstname$lastname
he name is $name
```

要将字符串与引用连接需要使用一种引用符：${}，该引用符在 Velocity 中称为正式引用符。下面是字符串与引用连接的例子：

```
#set($firstname="George")
he name is ${firstname}Bush
```

9.2.7 在 Web 应用程序中使用 Velocity

介绍完 Velocity 模板的基础语法，下面通过一个示例介绍在 Web 应用程序中如何使用 Velocity。在该示例中将数据放入工具箱 tools.xml 中，由 Velocity 负责将工具箱中的数据“读出”，在模板文件中进行处理后将结果返回给用户。具体步骤如下。

（1）创建一个 Web 工程，并将 Velocity 模板中所涉及到的类包导入到该工程下，其中本工程所需的 jar 文件如图 9-4 所示。

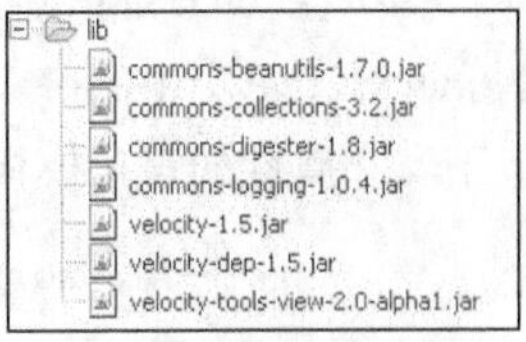

图 9-4　工程所需的 jar 文件

> **说明** velocity-tools-view-2.0-alpha1.jar 中包含程序所需要的工具类，但是这个 jar 文件并未包含在 Velocity 的源代码中，需重新下载。

（2）创建名为 welcome.vm 的模板文件，该模板文件显示网页的登录次数，具体代码如下：

```
<html>
<head>
<title>欢迎页</title>
</head>
<body>
<center>$hello.message</center>
<hr>
$user，这是您第$times 次登录该网站。
</html>
```

（3）创建名称为 Hello.java 类文件，该类用来给模板文件中的引用提供值。它的具体代码如下：

```
public class Hello {
private String message="你好，欢迎访问三扬科技的公司网站";
public String getMessage() {
    return message;
}

public void setMessage(String message) {
    this.message = message;
}
}
```

（4）在 WEB-INF 下新建一个 XML 文件，名称为 tools.xml。它的详细代码如下：

```
<?xml version="1.0"?>
<tools>
    <data type="number" key="times" value="1"/>
    <data key="user">Jone</data>
    <toolbox scope="request">
        <tool key="hello" class="sunyang.Hello" restrictTo="welcome*"/>
    </toolbox>
</tools>
```

在上述代码中，<data>元素用于存放数据，其属性 type 代表数据类型，key 为模板文件变量引用的名称，名称必须是唯一的，value 为数据的值。<toolbox>元素的 scope 属性为对象的作用域，它可设置为 request、session 或 application。<tool>元素的 key 属性代表模板文件的引用的对象名称，class 属性指定对应的实现类，该值是一个类所在的完整路径。RestrictTo 在这里表示将对象的作用域限制于所有以 welcome 开头的请求内。

（5）在 web.xml 中配置 Servlet 的实现类为 VelocityViewServlet，VelocityViewServlet 是 Velocity 工具集中的一个 Servlet 类，它提供了对请求对象和属性、会话对象和属性以及 Servlet 上下文和属性的直接模板访问。web.xml 的关键代码如下：

```
<!--配置 servlet -->
<servlet>
    <servlet-name>velocity</servlet-name>
    <servlet-class>
        org.apache.velocity.tools.view.VelocityViewServlet
    </servlet-class>
</servlet>
<!--配置 servlet 映射 -->
<servlet-mapping>
    <servlet-name>velocity</servlet-name>
    <url-pattern>*.vm</url-pattern>
</servlet-mapping>
<welcome-file-list>
    <welcome-file>welcome.vm</welcome-file>
</welcome-file-list>
```

（6）程序运行结果如图 9-5 所示。

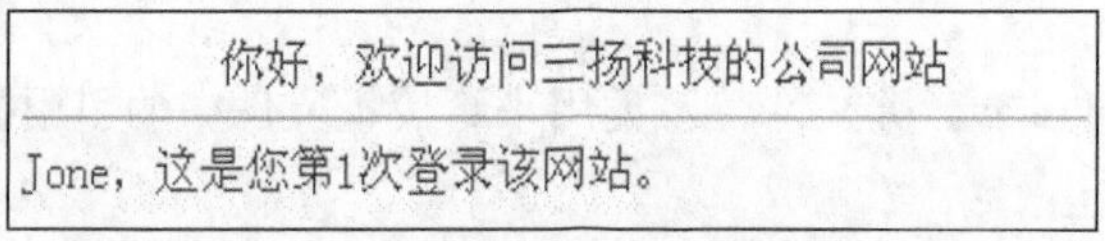

你好，欢迎访问三扬科技的公司网站
Jone，这是您第1次登录该网站。

图 9-5　访问 welcome.vm 得到的页面

注意

Velocity 默认的编码格式是 ISO-8859-1，在程序中使用中文会出现乱码的问题。解决方法是在工程中添加 Velocity 的配置文件 velocity.properties，该文件和 web.xml 放在同一目录下，velocity.properties 中添加的代码如下：

```
input.encoding=GBK
output.encoding=GBK
```

9.3　FreeMarker 模板

FreeMarker 是一个基于 Java 的模板引擎，用来设计生成 Web 静态页面，对采用 MVC 模式设计的应用程序尤为适用。FreeMarker 简化了 Web 应用的开发，使 Java 代码从 Web 页面中分离出来，增强了系统的可维护性。FreeMarker 同时是一个轻量级的组件，与容器无关，它能够生成各种文本，如 HTML、XML、RTF 甚至于 Java 源代码。此外，FreeMarker 还具有以下的 5 个优点。

- 强大的模板语言：囊括所有常用的指令，使用复杂的表达式以及宏等。
- 通用的数据模型：使用抽象（接口）方式表示对象。
- 智能的国际化和本地化：多种不同语言的相同模板。
- 强大的 XML 处理能力：可访问 XML 对象模型。
- 友好的报错信息：报错信息准确、详细。

下面将介绍 FreeMarker 模板的相关知识。

9.3.1　FreeMarker 的下载与安装

FreeMarker 的下载网站是 http://www.FreeMarker.org/index.html。可选择下载 FreeMarker 的完整开发包，它里面包含了 FreeMarker 的示例应用、帮助文档、源代码和所有类库。开发一个基于 FreeMarker 的应用程序所依赖的 jar 文件为 freemarker.jar，只需将 freemarker.jar 放入应用程序的 classpath 下，就完成了 FreeMarker 的安装。

9.3.2　初识 FreeMarker

FreeMarker 本身是使用纯 Java 语言编写的一个模板引擎，它采用 MVC 模式设计，允许 Java Servlet 保持图形设计同应用程序逻辑的分离。FreeMarker 的工作原理是"模板+数据模型=输出"，以此将数据模型中的数据合并到模板并将其输出。下面通过一个示例来演示 FreeMarker 如何在程序中工作。

（1）在 ecplise 中新建一个 Java 工程，在工程的根目录下新建一个文件夹 freemarker，freemarker 文件夹中创建 FreeMarker 的模板文件，FreeMarker 的模板文件以.ftl 结尾，名称为 hello.ftl。代码如下：

```
hello,${user}
```

在上述代码中，${name}在 FreeMarker 中被称为 Interpolation，实际的值由数据模型提供。

（2）建立完模板文件后，创建给模板提供值的数据模型。创建数据模型的 Java 程序代码如下：

```
import java.io.IOException;
import java.io.OutputStreamWriter;
import java.util.HashMap;
import java.util.Map;
import freemarker.template.Configuration;
import freemarker.template.Template;
import freemarker.template.TemplateException;
public class HelloFreeMarker {
    public static void main(String[] args) {
```

```
            Configuration configuration=new Configuration();     //初始化Configuration
              Map<String, Object> data = new HashMap<String, Object>();
              data.put("user", "FreeMarker");                     //将数据放入Map中
              Template template = null;
              try {
             template=configuration.getTemplate("freemarker/hello.ftl"); //加载模板
        } catch (IOException e) {
              e.printStackTrace();
        }
        try {
             template.process(data, new OutputStreamWriter(System.out));    //输出数据
        } catch (TemplateException e) {
             e.printStackTrace();
        } catch (IOException e) {
             e.printStackTrace();
      }
    }
}
```

在上述代码中，Map 对象 data 就是我们所建立的数据模型。

（3）运行类 HelloFreeMarker，程序的输出结果如图 9-6 所示。

图 9-6　类 HelloFreeMarker 的输出结果

9.3.3　FreeMarker 的注释

FreeMarker 的注释以“<#--”开始，以“-->”结束。下面是使用注释的例子：

```
<#-- 这是注释部分 -->
```

FreeMarker 的注释还可用在 FreeMarker 的指令和 Interpolation 内部。例如：

```
<h1>欢迎你: ${username <#-- 用户名 -->}!
<#list <#-- some comment... --> sequence as <#-- again... --> item >
</#list>
```

9.3.4　FreeMarker 的指令

FreeMarker 的指令具有对数据的分支控制、循环输出等功能，本小节将分别介绍 FreeMarker 的各种指令。

1. 条件判断的 if/elseif/else 指令

FreeMarker 的 if/elseif/else 指令的功能和 Velocity 的 if/elseif/else 指令相同，都是用来对数据的分支控制，而且 if 指令可以单独使用。if/elseif/else 指令的语法格式如下：

```
<#if condition>
...
<#elseif condition2>
```

```
 ...
<#elseif condition3>
  ...
<#else>
...
</#if>
```

下面是使用 if/elseif/else 指令的例子：

```
<#assign age=80>
<#if (age>60)>
老年
<#elseif (age>40)>
中年
<#elseif (age>20)>
青年
<#else>
少年或儿童
</#if>
```

说明 在上面代码中用到了 assign 指令，该指令用于定义变量。

2. 迭代的 list、break 指令

list 指令用于迭代输出集合元素中的值，break 指令则用于终止循环。list、break 指令的语法格式如下：

```
<#list hash_or_seq as item>
...
<#if item = "itemName">
<#break>
</#if>
...
</#list>
```

在上述代码中，hash_or_seq 可以是集合对象或者 hash 表，甚至还可以是一个返回值为集合对象的表达式，item 是被迭代输出的集合元素。

在 list 指令中有两个隐含的特殊变量。

- item_index：该变量将返回元素在 hash_or_seq 里的索引值。
- item_has_next：该变量类型为 boolean 型，当值为 false 时表明该元素是 hash_or_seq 里的最后一个元素。

使用 list、break 指令的例子如下：

```
<#list ["用户名1","用户名2","用户名3"] as user>
${user_index}:${user}
<#if user = "用户名2">
<#break>
</#if>
<#if user_has_next>
******
</#if>
</#list>
```

3. 分支控制的 switch、case、default、break 指令

switch、case、default、break 指令类似于 Java 中的 switch 结构，用来进行分支控制。它的语法格式如下：

```
<#switch value>
<#case refValue1>
...
<#break>
<#case refValue2>
...
<#break>
...
<#case refValueN>
...
<#break>
<#default>
...
</#switch>
```

switch 指令中至少需要包含一个 case 指令。下面是 switch、case、default、break 指令的例子：

```
<#assign  flag=1>
<#switch flag >
<#case 0>
春天
<#break>
<#case 1>
夏天
<#break>
<#case 2>
秋天
<#break>
<#default>
冬天
</#switch>
```

4. 包含文件的 include 指令

include 指令用于包含指定的文件。它的语法格式如下：

```
<#include filename options>
```

filename 指被包含的文件名，options 可省略或者是下面两个值。

- encoding：包含页面时所用的编码格式。
- parse：指定包含文件是否用 FTL 语法解析，默认值是 true。

使用 include 指令的例子如下：

```
<#include "/main.ftl" encoding="GBK" parse=true>
```

5. 导入文件的 import 指令

import 指令用于导入指定的模板文件，类似于 Java 中的 import。它的语法格式如下：

```
<#import path as hash>
```

使用 import 指令的例子如下：

```
<#import "/tree.ftl" as tree>
```

6. 不处理内容的 noparse 指令

noparse 指令可以指定 FreeMarker 不处理被指令包含的内容。它的语法格式如下：

```
<#noparse>
...
<#noparse>
```

使用 noparse 指令的例子如下：

```
<#noparse>
<#assign number=123>
<#if (number>60)>
${number}
</#if>
</#noparse>
```

7. 压缩空白空间和空白行的 compress 指令

compress 指令用于压缩空白空间和空白行。它的语法格式如下：

```
<#compress>
...
</#compress>
```

8. 添加与去除表达式的 escape、noescape 指令

escape 指令用于使被 escape 指令包围的 Interpolatioin（插值）自动加上 escape 表达式，而 noescape 指令则用于取消这些表达式。escape、noescape 指令的语法格式如下：

```
<#escape identifier as expression>
  ...
<#noescape>
  ...
</#noescape>
  ...
</#escape>
```

使用 escape、noescape 指令的例子如下：

```
<#escape el as el?html>
  书名:${bookname}
<#noescape>作者:${bookautor}</#noescape>
  价格:${bookprice}
</#escape>
```

上面代码等同于下面的代码：

```
书名:${bookname?html }
作者:${bookautor}
价格:${bookprice?html }
```

9. 定义或隐藏变量的 assign 指令

assign 指令的作用是定义或隐藏变量，所谓隐藏变量是指 assign 定义的变量之前已经存在，使用 assign 定义后，之前变量的值会被当前变量隐藏。assign 指令的语法格式如下：

```
<#assign name=value>
```

assign 指令还可以一次定义多个变量，定义多个变量的语法格式如下：

```
<#assign name1=value1 name2=value2 ... nameN=valueN>
```

FreeMarker 允许 assign 指令用 in 子句将定义的变量放入 namespace（命名空间）中，语法如下：

```
<#assign name in namespace>
```

说明　namespace 是对一个 ftl 文件的引用，利用这个名字可以访问到该 ftl 文件的资源。

assign 指令允许将一段输出的文本赋值给定义的变量，语法格式如下：

```
<#assign name>
循环部分输出部分
</#assign>
```

使用 assign 指令将一段输出的文本赋值给定义的变量。例如：

```
<#assign u>
<#list ["男","女"] as sex>
${sex_index}:${sex}
</#list>
</#assign>
${u}
```

assign 指令还允许将变量的名称定义为中文。例如：

```
<#assign "用户"="欢迎你：sunyang"/>
${用户}
```

10. 定义全局变量的 global 指令

与 assign 指令不同，使用 global 指令定义的变量为全局变量，global 指令的语法格式如下：

```
<#global name>
```

若 global 指令和 assign 指令一起使用，global 指令定义的变量会被 assign 指令所隐藏。

11. 设置运行环境的 setting 指令

setting 指令用来设置系统的运行环境。它的语法格式如下：

```
<#setting name=value>
```

在上述语法格式中，name 有以下 6 个值。

- ocale：设置模板所用的国家/语言选项。
- number_format：设置格式化输出数字的格式。
- boolean_format：设置两个 boolean 值的语法格式，默认值是“true，false”。
- date_format, time_format, datetime_format：设置格式化输出日期的格式。
- url_escaping_charset：设置 URL 传递参数的字符集编码格式。
- time_zone：设置格式化输出日期所使用的时区。

下面是使用 setting 指令格式数字的例子：

```
<#assign number=33/>
```

```
<#setting number_format="percent"/>
${number}
<#setting number_format="currency"/>
${number}
```

12. 自定义指令的宏指令

宏是一个用户自定义指令，定义完宏后就可以在模板中用“@”来使用宏。在 FreeMarker 中，宏是使用 macro 指令来定义的，定义宏的语法格式如下：

```
<#macro name param1 param2 ... paramN>
...
<#nested loopvar1, loopvar2, ..., loopvarN>
...
<#return>
...
</#macro>
```

在上述语法格式中，name 是定义的宏的名字，paramN 是宏的参数，该参数可以包含多个。nested 指令用于输出宏的开始和结束标签之间的部分，loopvarN 是 nested 指令中的循环变量，这些变量由 macro 定义部分指定后传给使用的模板。return 指令用于结束宏。

下面举一个宏的简单例子。首先定义宏，定义宏的代码如下：

```
<#macro book bookname>
书的名字：${bookname}
</#macro>
```

然后在模板中使用宏，使用宏的代码如下：

```
<@book bookname="JSP 教程"/>
```

宏还可以包含多个参数，下面是一个定义多个参数的宏的例子：

```
<#macro book bookid bookname bookauthor>
书 id：${bookid}
书名：${bookname}
作者：${bookauthor}
</#macro>
```

使用包含多个参数的宏时，必须指定全部的参数。使用多个参数的宏的代码如下：

```
<@book bookid=15 bookname="JSP 教程" bookauthor="sunyang"/>
```

> **注意** 宏的参数是局部变量，只能在宏定义中有效。当使用宏时，参数必须赋值或是默认值，有多个参数时，参数的次序可任意调整。

nested 指令可输出宏开始和结束标签之间的部分，下面是一个使用 nested 指令的例子：

```
<#macro student studentname>
欢迎你：${studentname},
<#nested>
XXX 学校是一所著名的高校...
</#macro>
```

```
<@student studentname="sunyang">
前来参观×××学校,
</@student>
```

上述程序的输出结果如图 9-7 所示。

图 9-7　使用 nested 指令的输出结果

nested 指令还可多次调用，以重复输出宏开始和结束标签之间的部分。例如：

```
<#macro book>
<#nested>
<#nested>
<#nested>
</#macro>
<@book>
JSP 教程
</@book>
```

nested 指令还可以使用多个循环变量，下面是一个循环变量的例子：

```
<#macro number num>
<#list 1..num as x >
<#nested x,  x-1, x==num>
</#list>
</#macro>
<@number num=4 ; firstNum , secondNum,lastNum>
${firstNum} : ${secondNum} :
<#if lastNum>循环结束!
</#if>
</@number>
```

上述代码中，在使用宏时使用了 3 个占位符（firstNum , secondNum,lastNum），占位符之间用“,”分割开，程序的输出结果如图 9-8 所示。

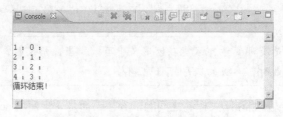

图 9-8　使用多个循环变量的输出结果

return 指令用于在指定的位置结束宏的执行，下面是一个使用 return 指令的例子：

```
<#macro username>
这里会被执行
```

```
<#return>
这里不会被执行到
</#macro>
<@username/>
```

9.3.5 FreeMarker 的函数

FreeMarker 提供了一系列的函数，用于处理字符串、数字、时间等，通过调用这些函数，可以大大提高开发效率。下面介绍几种比较常用的函数。

1．字符串函数

（1）substring()函数，该函数用于截取指定字符串。语法如下：

```
exp?substring(from, toExclusive) 或 exp?substring(from)
```

其中参数 exp 为源字符串，from 是待截取部分的开始字符索引，toExclusive 是待截取部分的结束字符索引。from 和 toExclusive 都必须是大于等于 0 的数字，且 from 小于 toExclusive，错误的参数值会中止模板的处理。如果 toExclusive 被省略，则会截取开始字符至源字符串末尾的所有字符。例如，下面的代码

```
${'Freemarker'?substring(1)}
${'Freemarker'?substring(0,2)}
```

运行后，得到结果为：

```
reemarker
Fr
```

（2）index_of()和 last_index_of()函数，这两个函数分别用于获得指定字符在源字符串中首次出现和最后一次出现的位置索引。语法如下：

```
exp?index_of(str[,index]) 和 exp?last_index_of(str[,index])
```

其中参数 exp 为源字符串，str 为待搜索字符串，index 为搜索起始位置索引。如果未指定 index 参数，则默认从源字符串头开始搜索。例如，下面的代码

```
${'Freemarker'?index_of('e')} <#-- 从头检索 e 第一次出现的位置 -->
${'Freemarker'?index_of('e',3)}    <#-- 从第 3 个字符开始检索 e 第一次出现的位置 -->
${'Freemarker'?index_of('e',5)}    <#-- 从第 5 个字符开始检索 e 第一次出现的位置 -->
```

运行后，得到结果为：

```
2
3
8
```

（3）uncap_first、cap_first 和 capitalize 函数，这 3 个函数分别用于设置源字符串中第一个单词的首字母小写，首字母大写，源字符串中所有单词首字母大写。语法如下：

```
exp?uncap_first 和 exp?cap_first 和 exp?capitalize
```

例如，下面的代码

```
${'This Is An Example'?uncap_first}     <#-- 第一个单词首字母小写 -->
```

```
${'this is an example'?cap_first}       <#-- 第一个单词首字母大写 -->
${'this is an example'?capitalize}      <#-- 所有单词首字母大写 -->
```

运行后，得到结果为：

```
this Is An Example
This is an example
This Is An Example
```

2. 数字函数

round、floor 及 ceiling 函数，这 3 个函数分别用于实现浮点型数字的四舍五入，去除小数点后取整数及去除小数点后进位取整数操作。语法如下：

```
exp?round 和 exp?floor 和 exp?ceiling
```

例如，下面的代码

```
${1.4?round}
${1.4?floor}
${1.4?ceiling}
```

运行后，得到结果为：

```
1
1
2
```

3. 时间函数

（1）date，time，datetime 函数，用于将字符串转换为日期、时间格式。语法如下：

```
exp?date(format) 和 exp?time(format) 和 exp?datetime(format)
```

其中，format 参数为转换后的格式。例如，下面的代码

```
${'2012-06-12'?date('yyyy-MM-dd')}
${'12:07:32'?time('HH:mm:ss')}
${'2012-06-12 12:07:32'?datetime('yyyy-MM-dd HH:mm:ss')}
```

运行后，得到结果为：

```
2012-6-12
12:07:32
2012-6-12 12:07:32
```

（2）string 函数，用于将时间、日期转换为指定格式的字符串。语法如下：

```
exp?dateType
```

其中，dateType 参数用于指定转换后的格式，预定义的格式包括 short，medium，long 和 full。

例如，下面的代码

```
<#assign date='2012-06-12 12:07:32'?datetime('yyyy-MM-dd HH:mm:ss')>
${date?string.short}
${date?string.medium}
${date?string.long}
${date?string.full}
```

运行后，得到结果为：

```
12-6-12 下午 12:07
2012-6-12 12:07:32
2012年6月12日 下午12时07分32秒
2012年6月12日 星期二 下午12时07分32秒 CST
```

9.3.6　FreeMarker 的 Interpolation

在 FreeMarker 中，Interpolation 包括两种：通用 Interpolation 和数字专用 Interpolation，本小节将分别介绍这两种 Interpolation。

1. 通用 Interpolation

通用 Interpolation 的语法如下：

```
${expre}
```

在上述语法格式中，当 expre 的值是字符串时，直接在模板中输出表达式结果。当 expre 的值是数字时，其输出格式由 setting 指令指定或通过内建的字符串函数指定。例如：

```
<#assign num=25/>
<#--由 setting 指令确定-->
<#setting number_format="percent"/>
${num}
<#--由内建函数格式化确定-->
${num?string.number}
${num?string.percent}
${num?string.currency}
```

当 expre 的值是日期时，其输出格式由 setting 指令指定或通过内建的字符串函数指定。例如：

```
<#--由 setting 指令确定-->
<#setting date_format=" yyyy-MM-dd HH:mm:ss zzzz ">
现在的时间：${nowDate?date?string}
<#--由内置的转换格式确定-->现在的时间：${nowDate?datetime?string.short}
现在的时间：${nowDate?datetime?string.long}
<#--自己指定日期格式-->
现在的时间：${nowDate?string("EEEE, MMM d,yy")}
```

当 expre 值为 boolean 时，不能直接输出，可以使用内建的字符串函数格式化后再输出。例如：

```
<#assign flag=true>
${flag?string("true","false")}
```

2. 数字专用 Interpolation

数字专用 Interpolation 的语法格式如下：

```
#{expre}
```

或者

```
#{expre; format}
```

第 2 种语法格式可用来格式数字，其中的 format 使用 mN 或 MN 表示，mN 代表小数部分最小 N 位，MN 代表小数部分最大 N 位。下面是格式数字的例子：

```
<#assign x=6.2673>
<#assign y=3>
#{x;m2}
#{x;M2}
#{y;m1}
#{y;M1}
#{x;m1M3}
#{y;m1M2}
```

9.3.7 FreeMarker 的表达式

表达式是 FreeMarker 模板中非常重要的组成部分，几乎在任何地方都可以使用复杂表达式来指定值。FreeMarker 的表达式由以下的 11 个部分组成。

1．直接指定值

直接指定值如下。

- 字符串：字符串用单引号或双引号限定，包含特殊字符的字符串需要转义。转义序列如表 9-1 所示。

表 9-1　　转义序列

转义序列	含　义
\"	双引号(u0022)
\'	单引号(u0027)
\\	反斜杠(u005C)
\n	换行(u000A)
\r	Return (u000D)
\t	Tab (u0009)
\b	Backspace (u0008)
\f	Form feed (u000C)
\l	<
\g	>
\a	&
\{	{
\xCode	4 位十六进制 Unicode 代码

- 数字：数字可直接输入，不需要引号。精度数字使用“.”分割。
- 集合：集合包括由逗号分割的子变量列表（如["男"，"女"]）和数字序列（如 0..3，相当于[0，1，2，3]）。
- 布尔值：布尔值包括 true 和 false，不需要引号。
- 散列（hash）：散列是由逗号分隔的键/值列表，由大括号限定，键和值之间用冒号分隔，如{"username":" sunyang "，"age":30}。

2. 获取变量

获取变量的途径如下。

- 从顶层变量中获取：顶层变量其实就是存放在数据模型中的值，在模板中使用${var}直接输出，变量名由字母、数字、下划线、$、@和#的组合而成，且不能以数字开头。
- 从散列（hash）中获取：从散列中获取的变量，使用点号（“.”）或方括号（“[]”）来输出。
- 从集合中获取：获取方式和散列中用方括号获取相同，但是方括号中的表达式值必须是数字。
- 特殊变量的获取：对于一些特殊的变量，如 FreeMarker 提供的内建变量等，使用.variableName 访问。

3. 字符串操作

字符串操作如下。

- 连接字符串：使用${var}（或#{num}）在文本部分插入表达式的值或者直接用加号来连接。
- 截取子串：截取子串是根据字符串的索引来完成的，如${username[3]}表示将索引值位置为 3 的字串截取掉。

4. 集合操作

集合的连接使用加号（+）连接。

5. 散列操作

散列的连接和集合一样，也是使用加号（+）来连接的。

6. 算术运算操作

算术运算操作有+、-、×、/。当进行加加法运算时，如果一边是数字，另一边是字符串，FreeMarker 会自动将数字转换为字符串。

7. 比较运算操作

比较运算操作的规则如下。

- 使用=（或==）测试两个值是否相等，使用!= 测试两个值是否不相等，=和!=两边要求相同类型的值。
- FreeMarker 是精确比较，所以“x”、“x”“和”“X”是不相等的。
- 对数字和日期比较可以使用<、<=、>和>=，但字符串不能。
- 由于 FreeMarker 会将>解释成 FTL 标签的结束字符，所以对于>和>=可以使用括号来避免这种情况，如<#if (x > y)>。
- 可以使用 lt、lte、gt 和 gte 来替代<、<=、>和>=。

8. 逻辑运算操作

逻辑运算操作的运算符有逻辑与（&&）、逻辑或（||）和逻辑非（!），逻辑运算符只能作用于布尔值。

9. 内建函数

内建函数的用法类似访问散列的子变量，只是使用“?”替代“.”，FreeMarker 提供的内建函数如下。

- 字符串函数：字符串函数的名称及其描述如表 9-2 所示。
- 集合函数：集合函数只有 size，用于获取集合中元素中的数目。
- 数字函数：数字函数只有 int，用于获取数字的整数部分。

表 9-2　　字符串函数

函数名称	描　述
html	对字符串进行 HTML 编码
cap_first	使字符串第 1 个字母大写
lower_case	将字符串转换成小写
upper_case	将字符串转换成大写
trim	去掉字符串前后的空白字符

10. 空值处理

在 FreeMarker 模板中，若变量未被赋值或者未定义，程序将会抛出异常，为了避免这种情况，FreeMarker 提供了两个运算符。

- !：指定变量的默认值，如 var!或 var!defaultValue，当使用 var!这种形式时表明默认值是空字符串、size 为零的集合或 size 为零的散列，当使用 var!defaultValue 这种形式时，不要求 defaultValue（默认值）和变量类型相同。
- ？？：使用？？时返回值是布尔值，如 var??，若 var 存在，返回值为 true，否则为 false。

11. 运算符优先级

FreeMarker 中运算符优先级（从高到低）的顺序如表 9-3 所示。

表 9-3　　运算符优先级

名　称	运算符
后缀	[subvarName] [subStringRange] . (methodParams)
一元	+expr、–expr、!
内建函数	?
乘、除、取余	*、 / 、%
加、减	+、–
比较	<、>、<=、>=（lt、lte、gt、gte）
相等、不等	==（=）、!=
逻辑与	&&
逻辑或	||
数字范围	..

9.3.8 在 Web 应用程序中使用 FreeMarker

作为一种模板引擎，FreeMarker 很大程度上简化 Web 应用程序的开发，本节介绍如何在 Web 应用程序中使用 FreeMarker 模板。在 Web 应用程序中使用 FreeMarker 模板的具体步骤如下。

（1）创建一个 Web 工程，将工程所需的 jar 文件导入工程中，本工程所需的 jar 文件为 freemarker.jar。

（2）在工程下创建名称为 freemarker，在 freemarker 文件夹下新建模板文件 welcome.ftl。模板文件的代码如下：

```
<html>
<head>
```

```
    <title>欢迎页面</title>
  </head>
  <body>
  <#-- 欢迎用户访问公司网站 -->
  <center>${message}</center>
  </body>
  </html>
```

（3）创建类名为 HelloFreeMarker.java，并继承了 HttpServlet。具体代码如下：

```
import java.io.IOException;
import java.io.Writer;
import java.util.HashMap;
import java.util.Map;
import javax.servlet.ServletException;
import javax.servlet.http.HttpServlet;
import javax.servlet.http.HttpServletRequest;
import javax.servlet.http.HttpServletResponse;
import freemarker.template.Configuration;
import freemarker.template.Template;
import freemarker.template.TemplateException;
public class HelloFreeMarker extends HttpServlet {
    private Configuration configuration;
   //初始化 FreeMarker 配置
   public void init() {
        configuration = new Configuration();    //创建 Configuration 实例
        configuration.setServletContextForTemplateLoading(getServletContex t(),
                "freemarker");                  //指定模板的位置在 freemarker 目录下
        }
    protected void doGet(HttpServletRequest req, HttpServletResponse resp)
            throws ServletException, IOException {
        doPost(req, resp);
    }
    protected void doPost(HttpServletRequest req, HttpServletResponse resp)
            throws ServletException, IOException {
        Map<String,Object>data=new HashMap<String,Object>(); //建立数据模型
       String message="欢迎访问三扬科技咨询有限公司";
       data.put("message", message);            //将数据放入数据模型中
       //加载模板文件
       Template t = configuration.getTemplate("welcome.ftl");
       //在页面里使用模板的 charset,
       //使用 text/html MIME-type
       resp.setContentType("text/html; charset=" + t.getEncoding());
       Writer out = resp.getWriter();
       try {
            t.process(data, out);                //将数据传向模板,处理并输出数据
       } catch (TemplateException e) {
            e.printStackTrace();
       }
    }
}
```

说明 HelloFreeMarker 作为一个 Servlet 类，它将负责初始化 FreeMarker 配置，并合并模板和数据模型。

（4）将 Servlet 类 HelloFreeMarker 配置在 web.xml 中。配置的关键代码如下：

```
<!--配置 servlet -->
      <servlet>
           <servlet-name>freemarker</servlet-name>
           <servlet-class>sunyang.HelloFreeMarker</servlet-class>
      </servlet>
<!--配置 servlet 映射 -->
<servlet-mapping>
      <servlet-name>freemarker</servlet-name>
      <url-pattern>/welcome</url-pattern>
</servlet-mapping>
```

（5）程序运行结果如图 9-9 所示。

欢迎访问三扬科技咨询有限公司

图 9-9　FreeMarker 在 Web 中使用的效果

小　结

本章首先简要介绍了 Web 模板方面的知识，其次介绍了模板语言 Velocity，在讲解 Velocity 过程中详细介绍了 Velocity 的引用、指令和 Velocity 其他特性，并通过一个简单的例子告诉读者如何在 Web 应用中使用 Velocity。最后模板语言 FreeMarker，包括 FreeMarker 的注释、指令、Interpolation 和表达式，并通过一个示例讲解如何在 Web 应用中使用 FreeMarker。

习　题

1. Velocity 中属性引用的赋值方式有哪些?
2. 简述 Velocity 的指令及其用法。
3. 简述 FreeMarker 的宏指令及其用法。
4. 在 FreeMarker 中如何格式化数字?
5. 使用 Velocity 模板在控制台输出一本图书的相关信息，包括图书的 id、图书的名称、图书的作者、图书的价格、图书的出版社、图书的出版日期，要求使用方法赋值的方式给各个属性赋值。
6. 使用 FreeMarker 编写一个用户登录实例，当用户在登录页面中没有输入任何信息就登录时，提示用户需要输入用户名和密码方可登录；若用户输入错误的用户名或密码，提示用户输入的用户名或密码错误；若用户输入正确的用户名和密码，登录成功，页面跳转到欢迎用户登录页面。

第 10 章 JSP 实用组件技术

在实际项目开发中，人们往往需要为完成某项特别的功能而定义一个类或方法。当这项功能特别烦琐时，所定义的类和方法的数据就会变得十分庞大，此时就需要用到一些官方项目组提供的组件。这些组件可以视为很多类和方法的集合，使用它们可以轻而易举的实现一些复杂的功能。

10.1 上传与下载组件

文件上传是 Web 应用的重要组成部分，绝大多数的 Web 应用都会用到文件上传。在 Java 中，文件上传操作的原理是 I/O 流，当前比较流行的上传组件都是基于这种原理设计的。

Apache 公司的 Jakarta 项目组设计了一个功能非常强大的上传组件 Commons-FileUpload，本章将介绍如何应用该组件实现文件的上传。

10.1.1 Commons-FileUpload 组件概述

Apache 公司在 Java 的各个领域都有杰出的贡献，它为用户提供了一个功能强大的上传组件 Commons-FileUpload，该组件由 Apache 公司的 Jakarta 项目组设计完成。

Commons-FileUpload 组件具有如下优点。

- 可以实现一次上传一个或多个文件。
- 可以对上传文件的大小进行控制。
- 可以通过其中方法得到上传文件的文件名和文件类型。
- 简单易学，稍微了解 Java I/O 流的程序员即可轻易上手。

10.1.2 获取 Commons-FileUpload 组件

登录 http://jakarta.apache.org/commons/fileupload/下载 Commons-FileUpload 组件的最新版本：commons-fileupload-1.2.1-bin.zip，下载页面如图 10-1 所示。

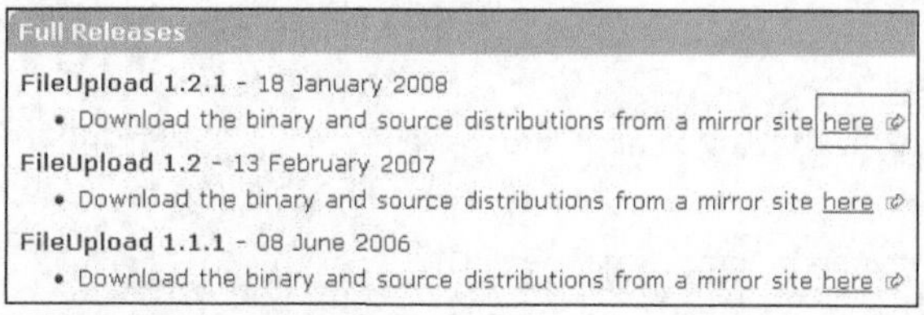

图 10-1 下载 Commons-FileUpload 组件

单击下载页面中 FileUpload 1.2.1 后边的 here 超链接，进入下载页面下载 commons-fileupload-1.2.1-bin.zip 文件。解压下载的文件，得到 commons-fileupload-1.2.1 文件夹，其中的 lib/commons-fileupload-1.2.1.jar 文件即为 Commons-FileUpload 组件类库。

该组件的实现基于 Jakarta 项目组的另一个组件 Commons-IO，该组件用于处理文件上传所依赖的 I/O 操作。登录 http://jakarta.apache.org/commons/io/下载 Commons-IO 组件的最新版本，下载页面如图 10-2 所示。

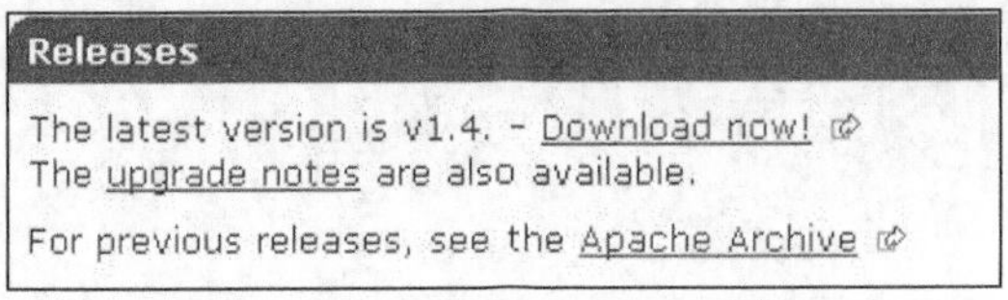

图 10-2　下载 Common-IO 组件

将下载的 commons-io-1.4-bin.zip 文件解压，得到 commons-io-1.4 文件夹，其中的 commons-io-1.4.jar 文件即为 Commons-IO 组件类库。

10.1.3　应用 Commons-FileUpload 组件完成文件上传

将文件上传所需类库引入工程中，就可以使用文件上传组件。

进行文件上传时，必须先了解上传表单的 enctype 属性，该属性用于设置表单提交数据的编码方式。它有以下 3 个值。

- application/x-www-form-urlencoded：这是默认值。主要用于处理少量文本数据的传递。在向服务器发送大量的文本、包含非 ASCII 字符的文本或二进制数据时这种编码方式效率很低。
- multipart/form-data：上传二进制数据，只有使用了 multipart/form-data，才能完整的传递文件数据，进行上传的操作。
- text/plain：主要用于向服务器传递大量文本数据。比较适用于电子邮件的应用。

下面是通过 Servlet 实现文件上传的实例。

（1）在 web.xml 文件中配置 Servlet 信息。代码如下：

```
<servlet>          <!--定义 Servlet，指向处理文件上传的 Servlet 类 -->
    <servlet-name>CommonUpload</servlet-name>
    <servlet-class>sunyang.CommonUpload</servlet-class>
</servlet>
<servlet-mapping><!--定义上边的 Servlet 是作用于哪个映射的 -->
    <servlet-name>CommonUpload</servlet-name>
    <url-pattern>/CommonUpload.do</url-pattern>
</servlet-mapping>
```

（2）创建文件上传页面，该页面通过<form>元素设置上传表单。代码如下：

```
<body>
    <form action="CommonUpload.do" enctype="multipart/form-data" method="post">
                                        <!--上传表单，enctype 属性为 multipart/form-data-->
        上传文件：                      <!--文件上传域-->
        <input type="file" name="Upload" />
        <br>                             <!--提交按钮-->
        <input type="submit" value="上传" />
    </form>
</body>
```

（3）创建 Servlet 类 CommonUpload.java，该类中的 doPost()方法处理文件上传操作。代码如下：

```
protected void doPost(HttpServletRequest request,
        HttpServletResponse response) throws ServletException, IOException {
    DiskFileItemFactory factory = new DiskFileItemFactory();     //文件上传工厂实例
    factory.setRepository(new File(request.getRealPath("/")));   //文件缓存地址
    factory.setSizeThreshold(1024 * 1024 * 20);                  //文件缓存大小
    ServletFileUpload upload = new ServletFileUpload(factory);   //创建上传文件对象
    List items = null;                                           //定义 List 类型变量
    try {
        items = upload.parseRequest(request);                    //取得页面上传表单项
    } catch (FileUploadException e) {                            //捕获异常
        e.printStackTrace();                                     //输出异常信息
    }
    for (int i=0; i < items.size(); i++) {                       //遍历所有的表单项
            FileItem item = (FileItem) items.get(i);             //定义表单接收变量
        if (item.isFormField()) {                                //如果是普通表单域
            String name = item.getFieldName();                   //取得表单名
            String value = item.getString("GBK");                //取得表单的 value 值
            request.setAttribute("name", name);                  //将表单名传给页面
            request.setAttribute("value", value);                //将表单值传给页面
    }else {                                                      //如果是文件域
            String fieldName = item.getFieldName();              //取得文件域的表单域名
            String fileName = item.getName();                    //取得上传文件名
            String contentType = item.getContentType();          //取得上传文件类型
            FileOutputStream fos = new FileOutputStream(request
                    .getRealPath("/")+ System.currentTimeMillis()
                    + fileName.substring(fileName.lastIndexOf("."),
                    fileName.length()));                         //建立输出流
            InputStream is = item.getInputStream();              //得到上传文件输入流
            byte[] buffer = new byte[1024];                      //定义byte数据类型变量
            int len;                                             //定义 int 类型变量
            while ((len = is.read(buffer)) > 0) {          //将上传文件内容按字节取出
                fos.write(buffer, 0, len);                       //取出后写入输出流
            }
            is.close();                                          //关闭输入流
            fos.close();                                         //关闭输出流
            request.setAttribute("FieldName", fieldName);        //将表单名传回页面
            request.setAttribute("fileName", fileName);          //将文件名传回页面
            request.setAttribute("contentType", contentType); //将文件类型传回页面
        }
    }
    RequestDispatcher rq = request.getRequestDispatcher("resultCommonUpload.jsp");
    rq.forward(request, response);                               //页面跳转
}
```

（4）创建页面上传成功返回页面，该页面显示所上传文件的名称、类型及上传文件的表单名。代码如下：

```
<body>
    文件表单名：<%=request.getAttribute("FieldName") %><br>
    文件名：<%=request.getAttribute("fileName") %><br>
    文件类型：<%=request.getAttribute("contentType") %>
</body>
```

至此，文件上传设计完毕，将工程发布并运行，得到如图 10-3 所示页面。

浏览到所需上传文件后单击“上传”按钮，得到如图 10-4 所示上传成功页面。

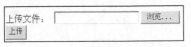

图 10-3　文件上传页面

图 10-4　上传成功页面

同时，可以在服务器中工程根路径下找到所上传的文件，如图 10-5 所示。

图 10-5　服务器中所上传的文件

说明　本小节中的 Servlet 类不但可以处理单个文件的上传，也可以处理多个文件的上传，因为该类中对页面的所有表单项进行了遍历处理，所以无论页面中的表单有多少个上传操作，它都会将其全部处理。

技巧　通过 item.getContentType()方法得到所上传文件类型，然后可以在类中对所上传文件类型进行限制，其方法为：判断所上传文件的类型是否与限制的类型相同，如果相同，允许上传，否则禁止上传，同时给出提示。

10.1.4　文件的下载

进行文件下载时，首先要确定该文件在服务器的位置，然后在页面中以链接形式发送下载请求，并在 Servlet 类中使用 I/O 流处理下载，将所下载的文件流作为响应返回即可。

（1）创建页面 index.jsp，该页面给出下载列表，并通过 getServletContext().getRealPath()方法得到每个下载文件的路径，同时通过下载链接发送下载请求，代码如下：

```
<body>
    <h1>文件下载列表</h1>
    <a href="down.do?path=<%=getServletContext().getRealPath("Sunyang.rar")%>">
        Sunyang.rar                  <!--Sunyang.rar 文件下载链接-->
    </a><br>
    <a href="down.do?path=<%=getServletContext().getRealPath("deity.rar")%>">
```

```
        deity.rar                   <!--deity.rar 文件下载链接-->
    </a><br>
    <a href="down.do?path=<%=getServletContext().getRealPath("maggie.rar")%>">
        maggie.rar                  <!--maggie.rar 文件下载链接-->
    </a><br>
    <a href="down.do?path=<%=getServletContext().getRealPath("rvncsse.rar")%>">
        rvncsse.rar                 <!--rvncsse.rar 文件下载链接-->
    </a><br>
</body>
```

（2）该页面中每个下载链接都发送请求 down.do。该请求在 web.xml 文件中配置如下：

```
<servlet>                           <!--将 sunyang 文件夹中的 Download 类配置为 Servlet 类-->
    <servlet-name>Download</servlet-name>
    <servlet-class>sunyang.Download</servlet-class>
</servlet>
<servlet-mapping><!--配置请求/down.do-->
    <servlet-name>Download</servlet-name>
    <url-pattern>/down.do</url-pattern>
</servlet-mapping>
```

（3）创建 Servlet 类 Download.java，该类中的 doPost 方法处理下载请求，并使用输出流输出响应。代码如下：

```
public void doPost(HttpServletRequest request, HttpServletResponse response)
        throws ServletException, IOException {
    String path = new String(request.getParameter("path").getBytes(
            "iso-8859-1"));                          //将请求参数 path 得到,并设置其字符集
    File file = new File(path);                      //定义 File 型变量，并得到所需下载文件
    InputStream in = new FileInputStream(file);      //通过 file 变量建立输入流
    OutputStream os = response.getOutputStream();    //通过响应建立输出流
    response.addHeader("Content-Disposition", "attachment;filename="
            + new String(file.getName().getBytes("gbk"), "iso-8859-1"));
                                        //为响应头信息添加 Content-Disposition 元素
    response.addHeader("Content-Length", String.valueOf(file.length()));
                                        //为响应头信息添加 Content-Length 元素
    response.setCharacterEncoding("utf-8");          //设置响应字符集
    response.setContentType("application/octet-stream");
                                                     //设置响应类型
    int data=0;                                      //定义 int 类型变量
    while((data=in.read())!=-1){                     //通过循环将下载文件定义输出流
        os.write(data);
    }
    os.close();                                      //关闭输出流
    in.close();                                      //关闭输入流
}
```

至此，文件下载设计完毕，将工程发布并运行，得到如图 10-6 所示页面。

单击“下载”超链接开始下载该文件，如图 10-7 所示。

图 10-6　文件下载页面

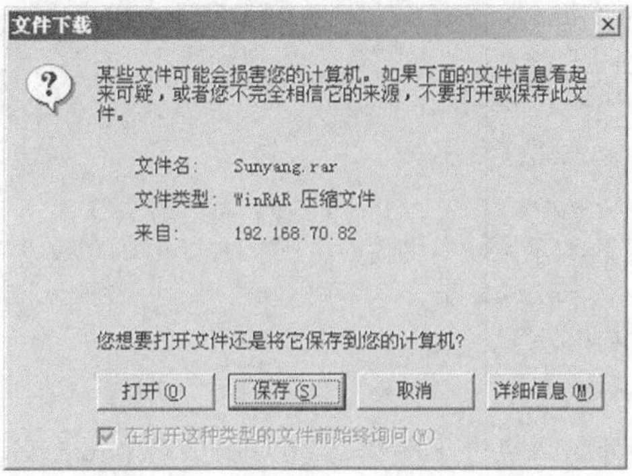

图 10-7　开始下载

10.2　发送 E-mail 组件

目前，各大公司推出的邮件发送组件种类繁多，其中以 Sun 公司推出的 Java Mail 组件最具通用性和权威性，本节学习如何通过该组件完成邮件的发送。

10.2.1　邮件传输协议

邮件传输离不开相关协议的支持，常用的邮件传输协议包括 SMTP、POP 和 IMAP，下面简单介绍这些协议。

1. SMTP

SMTP（Simple Mail Transfer Protocol，简单邮件传输协议），它是一种可靠，有效的电子邮件传输协议。其建模在 FTP 文件传输服务上，主要用于传输系统之间的邮件内容并提供有关信息。

SMTP 重要特性之一就是它能跨越网络传输邮件。使用 SMTP，可实现在相同网络上处理机之间的邮件传输，也可通过中继器或网关实现某处理机与其他网络之间的邮件传输。

2. POP

POP（Post Office Protocol，邮局传输协议），该协议的第 3 版最为常用，所以也称为 POP3。其采用 Client/Server 工作模式，可以通过外部工具来完成电子邮件的收发。

3. IMAP

IMAP（INTERNET MESSAGE ACCESS PROTOCOL，国际互联网消息访问协议），是由美国华盛顿大学研发的一种邮件传输协议。该协议同样采用 Client/Server 工作模式，用于邮件客户端从服务器获取邮件。它与 POP 的区别在于用户无需将邮箱中所有邮件下载到本地，可以直接在服务器对其进行所需操作。

10.2.2　Java Mail 组件

Java Mail 是由 Sun 公司发布的 E-mail 组件，可以方便地执行一些常用的邮件传输。它支持 10.2.1 小节提到的 3 种邮件传输协议，为 Java 应用程序提供了邮件处理的公共接口。用户可以基于 Java Mail 开发出类似于 Microsoft Outlook 的应用程序。

Java Mail 组件通过 javax.mail.Session 类定义一个基本邮件会话。

发送邮件时使用 javax.mail.Message 类储存邮件信息，通过 javax.mail.Transport 类指定的邮件传输协议将邮件发送到 javax.mail.Address 类指定的邮件地址。

接收邮件时通过 javax.mail.Store 类访问邮件服务器账户，通过 javax.mail.Folder 类进入邮件服务器账户中的指定文件夹，使用 javax.mail.Message 类获取邮件的相关信息，然后将其下载到本地。

接收及发送邮件的具体流程如图 10-8 所示。

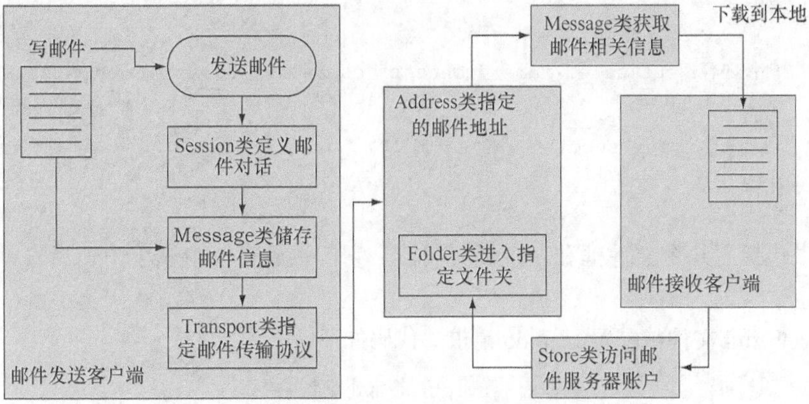

图 10-8　Java Mail 邮件发送流程

10.2.3　获取 Java Mail 组件

Java Mail 是 Sun 提供的一种可选组件，使用时需要将其类库下载到本地。登录 http://java.sun.com/products/javamail/downloads/index.html 下载该组件的最新版本，如图 10-9 所示。

单击图 10-9 中的 Download 按钮进行下载，得到 javamail-1_4_1.zip 文件。解压该文件得到 javamail-1.4.1 文件夹，其中的 mail.jar 为 Java Mail 所需类库。

Java Mail 组件的运行需要依赖于 JAF 组件，同样，需要下载该组件。登录 http://java.sun.com/javase/technologies/desktop/javabeans/jaf/downloads/index.html 下载 JAF 组件的最新版本，如图 10-10 所示。

单击图 10-10 中的 Download 按钮进行下载，得到 jaf-1_1_1.zip 文件，解压该文件得到 jaf-1.1.1 文件夹，其中的 activation.jar 为 JAF 所需类库。

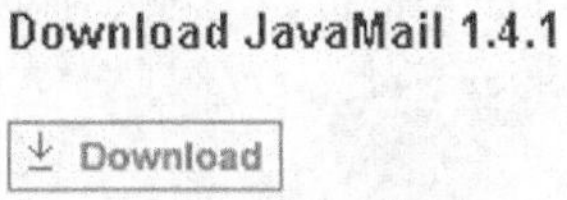

图 10-9　下载 Java Mail 组件

图 10-10　下载 JAF 组件

10.2.4　应用 Java Mail 组件完成电子邮件的发送

将 10.2.3 小节中得到的两个类库引入工程，就可以使用邮件发送组件 Java Mail。本小节以一个邮件发送的实例来学习如何使用 Java Mail 组件，具体步骤如下。

（1）创建邮件发送页面，在该页面中，通过<form>元素设置发送邮件的表单信息。该页面的关键代码如下：

```
<body>
    <form action="mail.do" method="post"   name="form1">
        收件人：<input type="text" size="60" name="to" /><br/>    <!--收件人地址-->
        发件人：<input type="text" size="60" name="from" /><br/> <!--发件人地址-->
        发件人信箱密码：<input type="password" size="60" name="password" /><br/>
                                                                 <!--用于登录的密码-->
        邮件主题：<input type="text" size="60" name="subject" /><br/>
                                                                 <!--邮件主题-->
        邮件内容：<textarea name="content" cols="59" rows="7"></textarea><br/>
                                                                 <!--邮件内容-->
        <input type="submit" value="提交">                       <!--发送邮件-->
    </form>
</body>
```

该页面中包括了几个文件框和一个提交按钮，它们被放在一个表单中，当表单提交时触发 mail.do 请求。

（2）在 web.xml 文件中配置 mail.do 请求。代码如下：

```
<servlet>            <!-- 定义 Servlet，指定处理类 -->
   <servlet-name>MailDeal</servlet-name>
   <servlet-class>sunyang.MailDeal</servlet-class>
</servlet>
<servlet-mapping><!-- 定义 Servlet，指定请求地址 -->
   <servlet-name>MailDeal</servlet-name>
   <url-pattern>/mail.do</url-pattern>
</servlet-mapping>
```

此处，将 mail.do 请求处理类配置到 sunyang 文件夹下的 MailDeal 类。

（3）创建 Servlet 类 MailDeal.java，该类中的 doPost()方法用于处理 mail.do 请求。代码如下：

```
public void doPost(HttpServletRequest request, HttpServletResponse response)
        throws ServletException, IOException {
    try {
        request.setCharacterEncoding("gbk");                     //设置字符集
        String from = request.getParameter("from");              //得到发件人地址
        String to = request.getParameter("to");                  //得到收件人地址
        String subject = request.getParameter("subject");        //得到邮件主题
        String messageText = request.getParameter("content");    //得到邮件内容
        String password = request.getParameter("password");      //得到发件人登录密码
        int n = from.indexOf('@');
        int m = from.length();
        String mailserver = "smtp." + from.substring(n + 1, m); //得到邮件服务器地址
        Properties pro = new Properties();                       //定义Properties变量
        pro.put("mail.smtp.host", mailserver);                   //邮件服务器地址
        pro.put("mail.smtp.auth", "True");                       //发送授权认证
        Session sess = Session.getInstance(pro);                 //定义基本邮件会话
        sess.setDebug(true);                                     //设置显示 debug 信息
        MimeMessage message = new MimeMessage(sess);             //定义邮件内容变量
        InternetAddress from_mail = new InternetAddress(from); //定义发件人地址
        message.setFrom(from_mail);                              //设置发件人地址
```

```
        InternetAddress to_mail = new InternetAddress(to);         //定义收件人地址
        message.setRecipient(Message.RecipientType.TO, to_mail); //设置收件人地址
        message.setSubject(subject);                               //设置邮件主题
        message.setText(messageText);                              //设置邮件内容
        message.setSentDate(new Date());                           //设置邮件发送时间
        Transport transport = sess.getTransport("smtp");           //指定邮件传输协议
        transport.connect(mailserver, from, password);             //连接服务器
        transport.sendMessage(message, message.getAllRecipients()); //发送邮件
        transport.close();                                         //关闭邮件传输
        request.setAttribute("over", "发送成功！");                 //设置成功信息
        RequestDispatcher rd = request.getRequestDispatcher("mailEnd.jsp");
        rd.forward(request, response);                             //页面跳转
    } catch (Exception e) {                                        //捕获异常
        request.setAttribute("over", "发送失败！");                 //设置失败信息
        RequestDispatcher rd = request.getRequestDispatcher("mailEnd.jsp");
        rd.forward(request, response);                             //错误页面跳转
        e.printStackTrace();                                       //显示异常信息
    }
}
```

（4）创建发送提示页面 mailEnd.jsp，该页面显示邮件发送是否成功。代码如下：

```
<body>
    <%=request.getAttribute("over") %>     <!--提示信息-->
</body>
```

至此，邮件发送设计完毕，将工程发布并运行，得到如图 10-11 所示的邮件发送页面。

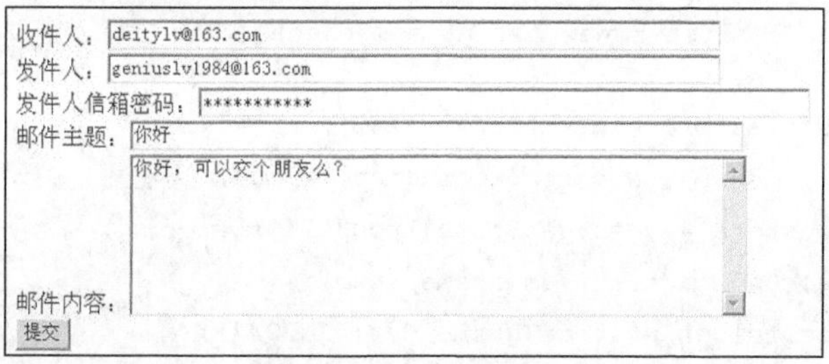

图 10-11　邮件发送页面

单击“提交”按钮发送邮件，如果发送成功，显示如图 10-12 所示页面。
打开发件人邮箱，可以看到刚刚发送的邮件，如图 10-13 所示。

图 10-12　邮件发送成功页面

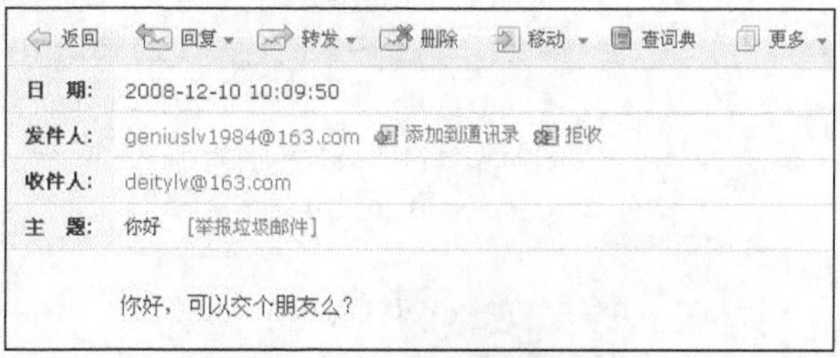

图 10-13　查看所发送邮件

10.2.5 应用 Java Mail 组件完成电子邮件的接收

进行邮件接收时，首先要获取基本邮件对话，然后使用 Store 类访问邮箱服务器，通过 Folder 类进行邮箱的指定文件夹，最后由 Message 类得到该文件夹中的所有邮件，同时返回给客户端，由客户端进行显示。

（1）创建页面 index.jsp，该页面用于设置邮箱的 POP3 服务器，指定邮箱地址，并输入用于验证的密码。代码如下：

```
<body>
    <form name="form1" method="post" action="main.jsp">
        POP3 服务器:              //用于填写 POP3 服务器的文本框
        <input name="host" type="text" id="host" size="30" title="POP3 服务器">
        <br>
        邮箱名:                   //用于填写邮箱地址的文本框
        <input name="username" type="text" id="username" size="30"
            title="邮箱名">
        <br>
        密码:                     //用于填写邮箱登录密码的文本框
        <input name="pwd" type="password" id="password" size="30" title="邮箱密码">
        <br>
        <input type="submit" value="接收邮件">
        <input type="reset" value="重置">
    </form>
</body>
```

（2）创建类 ReceiveMail.java，该类中的 receiveMail 用于接收邮件信息。代码如下：

```
public List<Object[]> receiveMail(String host, String username, String pwd) {
    List<Object[]> list = new ArrayList<Object[]>();          //定义 List 类型变量
    try {
        Properties pro = new Properties();                     //定义 Properties 类型变量
        Session sess = Session.getInstance(pro);               //定义基本邮件会话
        Store store = sess.getStore("pop3");                   //定义邮箱访问变量
        store.connect(host, username, pwd);                    //访问邮件服务器
        Folder folder = store.getFolder("INBOX");              //进入收件箱
        folder.open(Folder.READ_ONLY);                         //以只读方式打开收件箱
        Message message[] = folder.getMessages();              //从收件箱中取出邮件
        for (Message m : message) {                            //对收件箱中邮件进行遍历
            String from = m.getFrom()[0].toString();           //设置发件人信息
            String subject = m.getSubject();                   //设置邮件主题
            String sendDate = m.getSentDate().toLocaleString()//设置发送时间
            String content = m.getContent().toString();        //设置邮件内容
            Object[] mail = { from, subject, sendDate, content };//将邮件内容以数组封装
            list.add(mail);                                    //将邮件信息加入 List 变量中
    }
        folder.close(false);                                   //关闭 Folder 变量
        store.close();                                         //关闭 Stroe 变量
    } catch (Exception e) {                                    //捕获异常
```

```
            e.printStackTrace();                          //显示异常信息
        }
        return list;
    }
```

（3）创建页面 main.jsp，该页面用于显示邮箱中的邮件。代码如下：

```
<%
    request.setCharacterEncoding("gbk");              //设置字符集
    ReceiveMail re=new ReceiveMail();                 //实例化邮件接收类
    List<Object[]> list = re.receiveMail(request
            .getParameter("host"), request.getParameter("username"),
            request.getParameter("pwd"));             //将得到的邮件列表得到
%>
<html>
    <head><title>接收邮件</title></head>
    <body>
        <table border="1">
            <tr><td>发件人</td><td>主题</td><td>发件时间</td><td>内容</td></tr>
            <%if (list.size() == 0) {%>
            邮件接收失败
            <%} else
                for (int i = 0; i < list.size(); i++) {           //循环遍历所有邮件
                        Object[] obj = (Object[]) list.get(i);%>
            <tr>
                <td><%=obj[0].toString()%></td>               //显示发件人
                <td><%=obj[1].toString()%></td>               //显示邮件主题
               <td><%=obj[2].toString()%></td>                //显示邮件发送时间
               <td><%=obj[3].toString()%></td>                //显示邮件内容
            </tr>
            <%}%>
        </table>
    </body>
</html>
```

至此，邮件接收设计完毕，将工程发布并运行，得到如图 10-14 所示的邮件接收页面。

图 10-14　邮件接收页面

POP3 服务器、邮箱名和邮箱登录密码填写完毕后，单击“接收邮件”按钮进入到邮件显示页面，如图 10-15 所示。

发件人	主题	发件时间	内容
geniuslv1984@163.com	你好	2008-12-13 10:19:56	你好，可以交个朋友么？
geniuslv1984@163.com	兄弟，请你吃饭！	2008-12-13 13:10:16	明天晚上4.30请你吃饭！
geniuslv1984@163.com	雾？	2008-12-13 13:11:14	为啥是像雾像雨又像风啊？
geniuslv1984@163.com	还钱	2008-12-13 13:12:11	明天还你钱，在你们单位楼下等我！
geniuslv1984@163.com	工作记录	2008-12-13 13:13:10	明天把工作记录表交上来！

图 10-15　邮件显示页面

注意 目前有些邮箱服务器为了安全起见屏蔽了 Java Mail 组件的功能，本节所设计的工程并不会适用于所有邮箱。经过测试可以正常使用的邮箱服务器有网易，新浪等。

10.3 动态图表组件

利用 Java 中的 Paint 接口可以绘制一些简单的图形，但是当创建一些统计图表（如柱形图、饼图等）时，使用该接口进行绘图操作将会变得非常繁琐，需要用户掌握复杂的绘图函数，进行复杂的长度运算，甚至要懂得相关的统计知识。此时，就需要一种专门用于绘制统计图表的组件。

JFreeChart 是一种专门用于绘制统计图的组件，使用该组件时，只需要给出相关数据，设置统计图标题和统计图类型，就可以静静地等待 JFreeChart 将我们需要的统计图显示在页面上了。

10.3.1 JFreeChart 组件

JFreeChart 是 Java 平台上的一个开源图表绘制组件。通过该组件可生成多种图表，如饼图（pie charts）、柱形图（bar charts）、散点图（scatter plots）、时序图（time series）、甘特图（Gantt charts）等，并且可以产生 PNG 和 JPEG 格式的输出，还可以与 PDF 和 EXCEL 关联。JFreeChart 组件可以绘制的图形如图 10-16 所示。

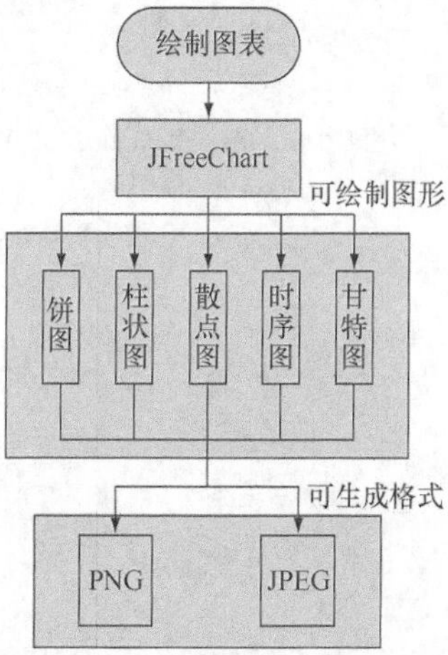

图 10-16　JFreeChart 组件功能

10.3.2 获取 JFreeChart 组件

登录 http://sourceforge.net/project/showfiles.php?group_id = 15494 下载 JFreeChart 组件的最新版本，下载页面如图 10-17 所示。

单击图 10-17 中的第 1 行：JFreeChart 后边的 DownLoad 超链接下载 JFreeChart 组件，得到 jfreechart-1.0.11.zip 文件。将其解压得到 jfreechart-1.0.11 文件夹，将其中的 lib/jcommon-1.0.14.jar 文件和 lib/jfreechart-1.0.11.jar 文件引用工程，即可通过 JFreeChart 组件创建动态统计图。

JFreeChart is a free (LGPL) chart library for the Java(tm) platform. It supports bar charts, pie charts, line charts, time series charts, scatter plots, histograms, simple Gantt charts, Pareto charts, bubble plots, dials, thermometers and more.

Package	Release	Date	Notes / Monitor	Downloads
1. JFreeChart	1.0.11	September 19, 2008		Download
2. Documentation	1.0.11	October 13, 2008		Download
3. JCommon	1.0.14	September 12, 2008		Download

图 10-17　下载 JFreeChart 组件

10.3.3 使用 JFreeChart 绘制柱形图

本小节学习如何通过 JFreeChart 组件生成柱形图。柱形图用于显示某项数据在一段时间内的变化，或是两种数据的相互对比。

在使用 JFreeChart 绘制柱形图之前，需要学习一下该组件的常用类和方法。

- DefaultCategoryDataset.java：用于储存绘制柱形图表所需数据集。其中方法 addValue()用于将数据放入数据集中。
- DefaultPieDataset.java：用于储存绘制饼图所需数据集。其中方法 addValue()用于将数据放入数据集中。
- JFreeChart.java：用于储存图表对象。其中方法 addSubtitle()用于为图表添加副标题。setBackgroundPaint()用于设置图表背景颜色。
- ChartFactory.java：图表工厂类，其中方法 createBarChart()用于创建柱形图实例。Create PieChart()用于创建饼图实例。
- TextTitle.java：用于定义图表标题，其构造函数包括两个参数，第①个为标题内容，第②个为标题字体。
- CategoryPlot.java：用于储存绘图区对象，其中主要方法说明如表 10-1 所示。

表 10-1　　CategoryPlot.java 类中的主要方法

方　法	返回值类型	说　明
getRangeAxis()	ValueAxis	得到图表纵坐标轴对象，可以对其进行相关操作
getDomainAxis()	CategoryAxis	得到图表横坐标轴对象，可以对其进行相关操作
setBackgroundPaint()	void	通过其参数设置图表背景色
setRangeGridlinePaint()	void	通过其参数设置水平方向背景线颜色
setRangeGridlinesVisible()	void	通过其参数设置水平方向背景线是否可见
setDomainGridlinePaint()	void	通过其参数设置垂直方向背景线颜色
setDomainGridlinesVisible()	void	通过其参数设置垂直方向背景线是否可见

- BarRenderer.java：用于储存柱形对象，其中方法 setDrawBarOutline()通过参数设置是否显示柱形的轮廓线。setBaseLegendTextFont()通过参数设置图表图例的字体。
- ChartRenderingInfo.java：用于储存图表信息。
- ServletUtilities.java：用于对图表进行相关操作，其中方法 saveChartAsPNG()将指定图表保存为 PNG 格式，saveChartAsJPEG()将指定图表保存为 JPEG 格式。

通过 JFreeChar 组件实现柱形图的具体操作步骤如下。

（1）使用 JFreeChart 时，需要在 web.xml 文件中对其进行配置。代码如下：

```
<servlet>                     <!--将 DisplayChart 类配置为 Servlet-->
    <servlet-name>displayChart</servlet-name>
    <servlet-class>org.jfree.chart.servlet.DisplayChart</servlet-class>
</servlet>
<servlet-mapping>             <!--其请求为/DisplayChart -->
    <servlet-name>displayChart</servlet-name>
    <url-pattern>/DisplayChart</url-pattern>
</servlet-mapping>
```

（2）创建类 Bar.java 类文件，该类用于生成柱形图。定义图表所需属性，包括图像宽度、图像高度、图表标题、图表副标题、图表 *X* 轴标题、图表 *Y* 轴标题、图表图例、图表坐标标尺、图表数据和映射路径。代码如下：

```
int width;                                              //图像宽度
int height;                                             //图像高度
String chartTitle;                                      //图表标题
String subtitle;                                        //图表副标题
String xTitle;                                          //图表 X 轴标题
String yTitle;                                          //图表 Y 轴标题
String legend[];                                        //图表图例
String category[];                                      //图表坐标标尺
Integer[][] data;                                       //图表数据
String servletURI = "/DisplayChart";                    //映射路径
//在构造方法中将图表所需属性初始化
public Bar() {                                          //构造方法
    width = 600;                                        //初始化 width 变量
    height = 325;                                       //初始化 height 变量
    chartTitle = "每月平均温度";                          //初始化 chartTitle 变量
    subtitle = "——统计时间：2008 年";                     //初始化 subtitle 变量
    xTitle = "月份";                                     //初始化 xTitle 变量
    yTitle = "气温    单位：摄氏度";                       //初始化 yTitle 变量
    legend = new String[] { "吉林长春", "湖南长沙" };       //初始化 legend 变量
    category = new String[] { "1 月", "2 月", "3 月", "4 月", "5 月", "6 月",
            "7 月", "8 月", "9 月", "10 月", "11 月", "12 月" };  //初始化category变量
    data = new Integer[][] {
            { -21, -3, 12, 19, 22, 28, 30, 29, 23, 18, 5, -10 },
            { 3, 12, 17, 20, 25, 32, 41, 38, 30, 27, 15, 10 } }; //初始化data变量
}
//定义方法 draw，其中生成柱形图表，代码如下：
public String draw(HttpSession session, String contextPath) {
    DefaultCategoryDataset dataset = new DefaultCategoryDataset(); //创建绘图数据集
    for (int m = 0; m < legend.length; m++) {
        for (int n = 0; n < category.length; n++)
            dataset.addValue(data[m][n], legend[m], category[n]);//对数据集赋值
    }
    Font font = new Font("SimSun", 10, 15);                        //定义字体
    JFreeChart chart = ChartFactory.createBarChart(chartTitle, xTitle, yTitle, dataset,
            PlotOrientation.VERTICAL, true, true, false);          //初始化图表
    chart.setTitle(new TextTitle(chartTitle, font));               //设置图表标题
    if (subtitle.length() > 0) {
        chart.addSubtitle(new TextTitle(subtitle));                //为图表添加副标题
    }
    chart.setBackgroundPaint(new Color(200, 200, 200));            //设置背景色
    CategoryPlot plot = chart.getCategoryPlot();                   //得到绘图区变量
    plot.getRangeAxis().setLabelFont(font);                        //设置纵轴标签字体
    plot.getDomainAxis().setLabelFont(font);                       //设置横轴标签字体
    plot.getRangeAxis().setTickLabelFont(font);                    //设置纵轴刻度字体
    plot.getDomainAxis().setTickLabelFont(font);                   //设置横轴刻度字体
```

```
    plot.setBackgroundPaint(new Color(241, 219, 127));                //设置绘图区背景色
    plot.setRangeGridlinePaint(Color.BLACK);                          //设置水平背景线颜色
    plot.setRangeGridlinesVisible(true);                              //是否显示水平背景线
    plot.setDomainGridlinePaint(Color.RED);                           //设置垂直背景线颜色
    plot.setDomainGridlinesVisible(true);                             //是否显示垂直背景线
    BarRenderer renderer = (BarRenderer)plot.getRenderer();           //得到柱形对象
    renderer.setDrawBarOutline(false);                                //是否绘制柱形轮廓线
    renderer.setBaseLegendTextFont(font);                             //设置图例字体
    ChartRenderingInfo info = new ChartRenderingInfo(                 //得到图表信息
            new StandardEntityCollection());
    String fileName = "";
    try {
        fileName += ServletUtilities.saveChartAsPNG(chart, width, height,
                info, session);                                       //生成 PNG 格式图像
    } catch (IOException e) {                                         //捕获异常
        e.printStackTrace();                                          //显示异常信息
    }
    String graphURL = contextPath + servletURI + "?filename=" + fileName;
    return graphURL;                                                  //返回图片浏览路径
}
```

（3）创建 index.jsp 页面，其中显示生成的图像。代码如下：

```
<% Bar b = new Bar(); %>                                              <!--实例化类-->
<head><title>柱形图</title></head>
<body>
    <table>
        <tr align="center"><td>
            <img src="<%=b.draw(session, request.getContextPath())%>" border="1">
        </td></tr>                                                    <!--显示图片-->
    </table>
</body>
```

（4）程序运行结果如图 10-18 所示。

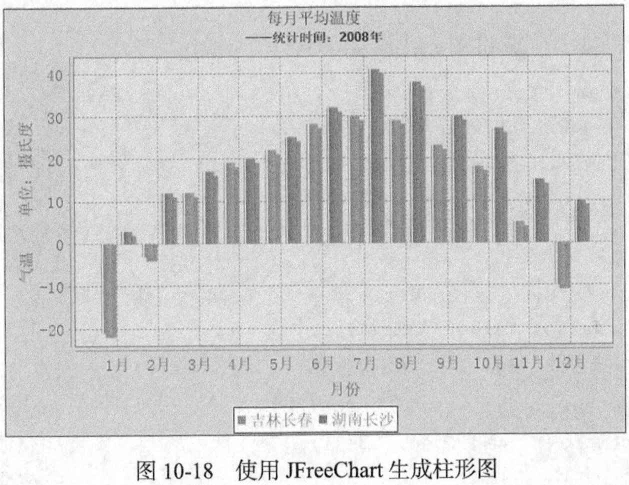

图 10-18 使用 JFreeChart 生成柱形图

注意 如果希望生成 3D 柱形图，只需在初始化图表时将 ChartFactory.createBarChart(…)方法替换为 ChartFactory.createBarChart3D(…)即可。

10.3.4 使用 JFreeChart 绘制饼图

使用 JFreeChart 生成饼图时，需要在初始化图表时使用 ChartFactory.java 类中的 createPieChart()方法。

利用 JFreeChart 绘制饼图的具体操作步骤如下。

（1）在 web.xml 文件中配置 JFreeChart，这与 10.3.3 小节中绘制柱形图时的方法完全相同，这里就不再赘述。

（2）创建类 Pie.java 类文件，该类用于生成饼图。定义饼图所需属性，包括图像高度、图像宽度、图表标题、图表副标题、图表图例、图表数据和映射路径。代码如下：

```
    int width;                                    //图像宽度
    int height;                                   //图像高度
    String chartTitle;                            //图表标题
    String subtitle;                              //图表副标题
    String[] cutline;                             //图表图例
    Double[] data;                                //绘图数据
    String servletURI = "/DisplayChart";          //映射路径
//定义构造方法，其中对绘制饼图所需属性进行设置
public Pie() {                                    //构造方法
    width = 600;                                  //初始化 width 变量
    height = 400;                                 //初始化 height 变量
    chartTitle = "每月平均降水量";                   //初始化 chartTitle 变量
    subtitle = "—统计城市：长春";                    //初始化 subtitle 变量
    cutline = new String[] { "Jan", "Feb", "Mar", "Apr", "May", "Jun ",
            "Jul", "Aug", "Sep", "Oct", "Nov", "Dec" };    //初始化 cutline 变量
    data = new Double[] { 3.5, 4.6, 9.1, 21.9, 42.3, 90.7, 183.5,
           127.5, 61.4, 33.5, 11.5, 4.4 };                  //初始化 data 变量
}
//定义方法 draw，其中生成饼图，代码如下：
public String draw(HttpSession session, String contextPath) {
    Font font = new Font("SimSun", 20, 13);                    //定义字体
    DefaultPieDataset dataset = new DefaultPieDataset();       //创建绘图数据集
for (int i = 0; i < cutline.length; i++) {
     dataset.setValue(cutline[i], data[i]);                    //对数据集赋值
    }
    JFreeChart chart = ChartFactory.createPieChart(chartTitle, dataset,
            false, false, false);                              //初始化图表
    chart.addSubtitle(new TextTitle(subtitle, font));          //为图表添加副标题
    chart.setBackgroundPaint(new Color(200, 200, 200));        //设置背景色
    TextTitle title = chart.getTitle();                        //得到图表标题
    title.setFont(font);                                       //设置标题字体
```

```
    title.setPaint(Color.RED);                                   //设置标题颜色
    PiePlot plot = (PiePlot) chart.getPlot();                    //得到绘图区变量
    plot.setBackgroundPaint(new Color(255, 255, 0));             //设置绘图区背景色
    plot.setLabelFont(font);                                     //设置标签字体
    plot.setLabelBackgroundPaint(Color.YELLOW);                  //设置图表背景色
    plot.setBaseSectionOutlinePaint(new Color(0, 0, 0));         //设置分界线颜色
    plot.setBaseSectionOutlineStroke(new BasicStroke(1.0f));
                                                                 //设置分界线粗细
    ChartRenderingInfo info = new ChartRenderingInfo(
            new StandardEntityCollection());                     //得到图表信息
    String fileName = "";
    try {
        fileName = ServletUtilities.saveChartAsPNG(chart, width, height,
                info, session);                                  //生成 PNG 格式图像
    } catch (IOException e) {                                    //捕获异常
         e.printStackTrace();                                    //显示异常信息
    }
    String graphURL = contextPath + servletURI + "?filename=" + fileName;
    return graphURL;                                             //返回图片浏览路径
}
```

（3）创建页面 index.jsp，其中显示生成的图像。代码如下：

```
<% Pie p = new Pie(); %>
<head><title>饼图</title></head>
<body>
    <table>
        <tr align="center"><td>
                  <img    src="<%=p.draw(session,    request.getContextPath())%>"
border="1">
        </td></tr>
    </table>
</body>
```

至此，饼图生成完毕，将工程发布并运行，得到如图 10-19 所示的饼图。

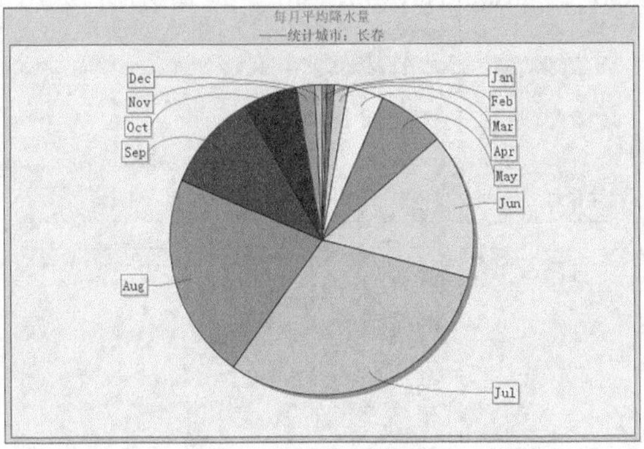

图 10-19　使用 JFreeChart 生成饼图

注意　如果希望生成 3D 饼图，只需在初始化图表时将 ChartFactory. createPieChart(…)方法替换为 ChartFactory. CreatePieChart3D(…)即可。

10.4 JavaFx 富客户端组件

JavaFx 可广泛应用于构建基于桌面应用、Web 应用以及移动应用的富客户端程序，它所提供的数据绑定、触发器、动画等处理机制，可以使开发人员较为便捷地开发出各种媲美 Flash 或 Silverlight 的交互式应用程序，并且可以适用于绝大多数运行环境。

JavaFx 1.x 版本主要以脚本形式构建应用，但是这种脚本语言编写及维护不是特别方便，学习难度也相对较大。于是，在 JavaFx 2.x 版本中，提供了全新的 Java API 的编程方式。有 Java 开发经验的开发人员可以很快学会使用 Java Fx，通过其提供的完善的 API，Java 开发人员可以快速开发出各种丰富多彩的富客户端程序。

10.4.1 获取 JavaFx 并构建 Eclipse 下的运行环境

目前开发 JavaFx 有多种方式，包括使用普通文本编辑器或 IDE。支持 JavaFx 的 IDE 主要有 Netbeans，Eclipse。Netbeans 提供了集成 JavaFx 的版本，由于国内 Java 开发人员更习惯于使用 Eclipse，所以本书主要介绍如何在 Eclipse 中构建 JavaFx 的开发环境。

要想在 Eclipse 中开发 JavaFx 应用程序，通常需要通过如下 3 个步骤。

1. 安装 JavaFx SDK

JavaFx SDK 的下载地址为“http://www.oracle.com/technetwork/java/javafx/downloads/index.html”，读者可根据本机操作系统及 JDK 版本选择对应的 JavaFx SDK 版本进行下载。笔者的运行环境是 Windows 操作系统和 JDK6，选择下载的文件为“javafx_sdk-2_1_1-windows-i586.exe”。

> 注意 JavaFx 需要 JDK 的最低版本为 Java SE 6 Update 29 或 Java SE 7，如果 JDK 版本过低将无法安装 JavaFx SDK。

2. 安装 eclipse 的 JavaFx 插件

为了方便开发，还需要安装 eclipse 的 JavaFx 插件，这里推荐使用 efxclipse 插件。打开 eclipse，在菜单栏中依次单击“Help”，“Install New Software...”，弹出窗口如图 10-20 所示。

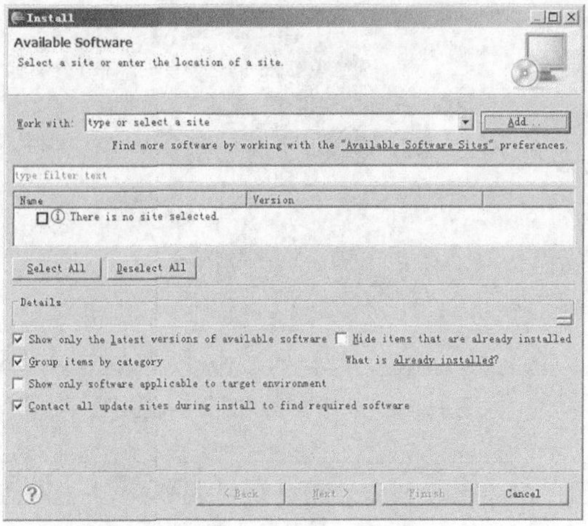

图 10-20 添加 JavaFx 插件

在图 10-20 中，单击“Add...”按钮，弹出添加更新地址窗口，在 Name 文本框中输入“FxFor-Eclipse”，Location 文本框中输入“http://www.efxclipse.org/p2-repos/releases/latest”，如图 10-21 所示。

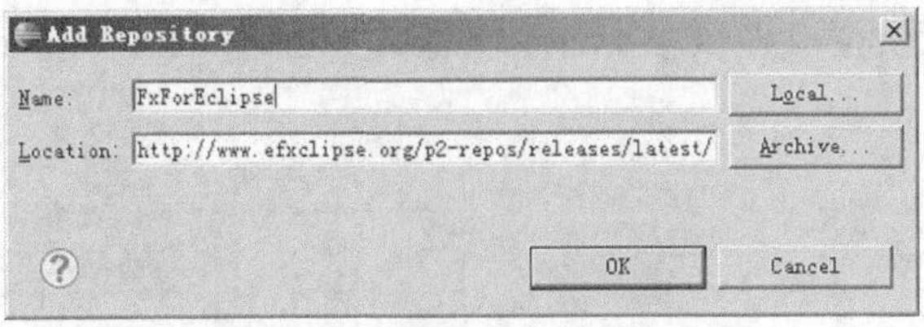

图 10-21　设置 JavaFx 安装地址

单击“OK”按钮后，Eclipse 会自动在指定地址搜索需要安装插件信息，搜索完毕后，勾选插件并单击“Next”按钮，如图 10-22 所示。

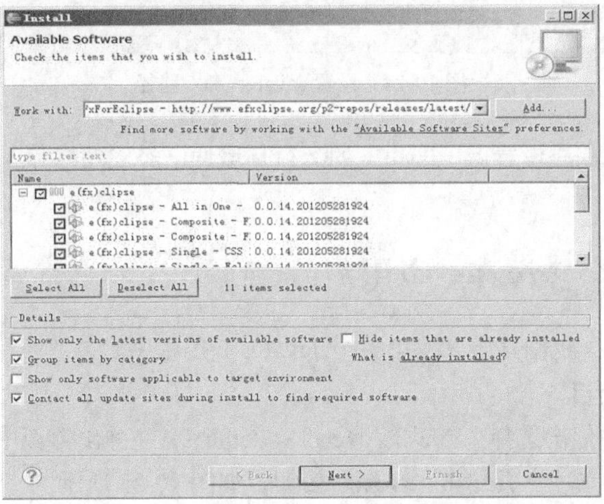

图 10-22　勾选 JavaFx 插件

注意　要想正常安装 efxclipse 插件，首先需要安装“p2 repository”及“Xtext”。如果读者觉得安装过程过于复杂，可以直接在“http://efxclipse.org/install.html#the-lazy-ones”页面下载已经集成了 efxclipse 插件的 eclipse 开发工具。

---

3. 配置 JavaFx SDK

在 eclipse 菜单栏中依次选择“Window”，“Preferences”，打开设置窗口，如图 10-23 所示。

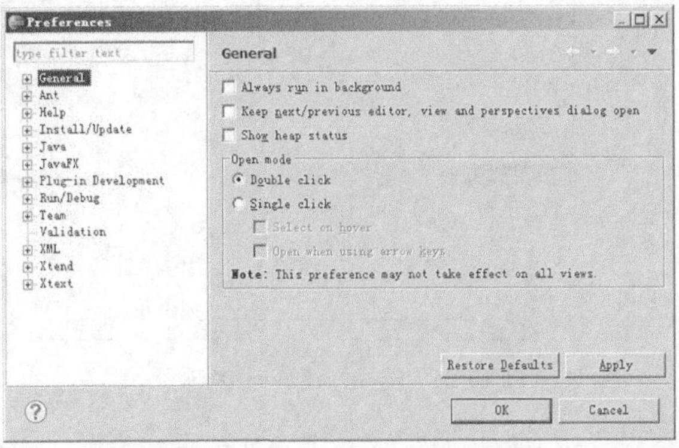

图 10-23　Preferences 窗口

在窗口左侧菜单中，单击“javaFX”节点，并在右侧设置界面选择 JavaFx SDK 的安装路径，如图 10-24 所示。

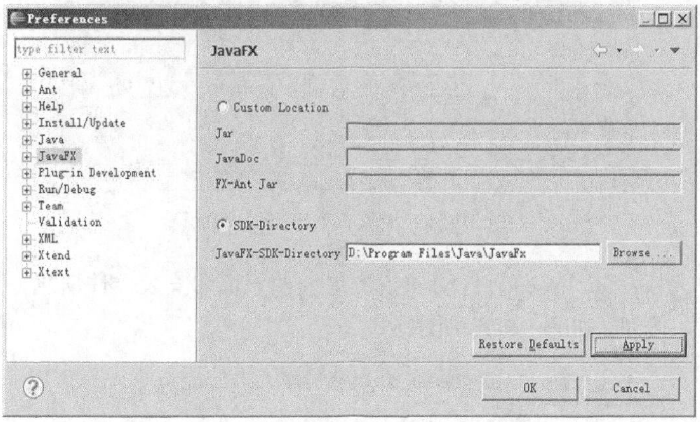

图 10-24　设置 JavaFx SDK 路径

单击“OK”按钮，完成设置后，JavaFx 的运行环境便已经成功搭建，就可以开始开发 JavaFx 的应用程序了。

10.4.2　第一个 JavaFx 应用

搭建好运行环境后，我们开始开发第一个 JavaFx 应用程序。

1. 创建 JavaFx 项目

在 eclipse 菜单栏中依次选择“File”，“New”，“Other”，在弹出界面中，找到 JavaFx 并展开，选择“JavaFX Project”选项，并单击“Next”按钮，如图 10-25 所示。

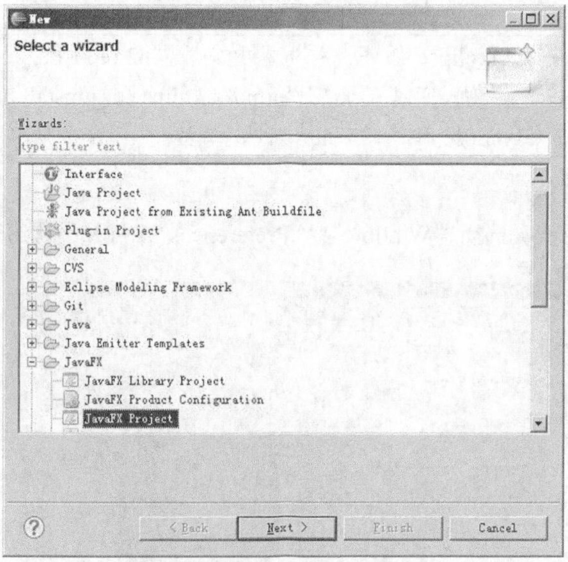

图 10-25　选择创建 JavaFX 项目

在弹出窗口中，输入项目名称“MyFirstJavaFx”，并单击“Finish”按钮，如图 10-26 所示。

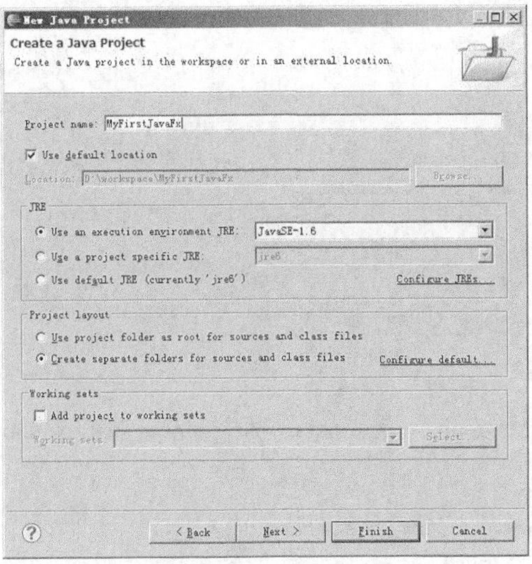

图 10-26　输入 JavaFX 项目名称

创建好的项目结构，如图 10-27 所示。

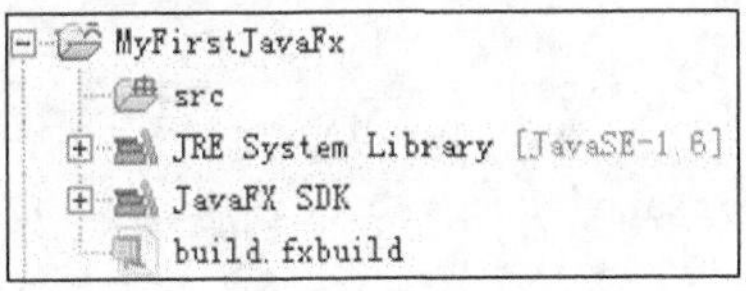

图 10-27　JavaFX 项目结构

其中 src 为存放源代码包，build.fxbuild 为项目配置文件。

2. 编写代码

鼠标右键单击“src”包，并在弹出菜单中依次选择“New”，“Other”，在弹出窗体中，依次展开“JavaFX”，“Classes”文件夹，选择“JavaFX Main Class”选项，并单击“Next”按钮，如图 10-28 所示。

在弹出窗体中，输入类名“FirstJavaFxApp”，并单击“Finish”按钮，如图 10-29 所示。

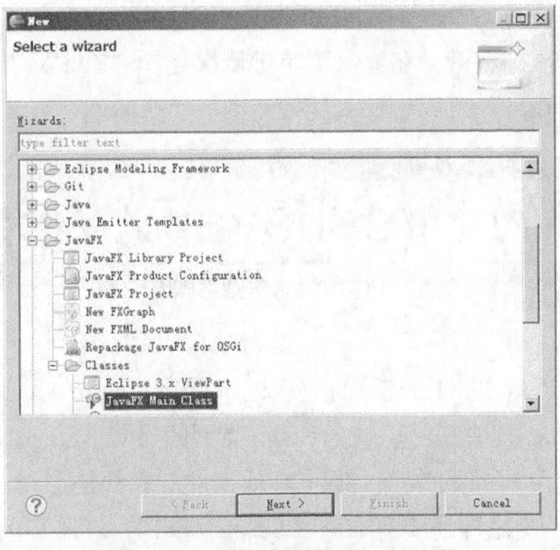

图 10-28　选择并创建 JavaFX 文件

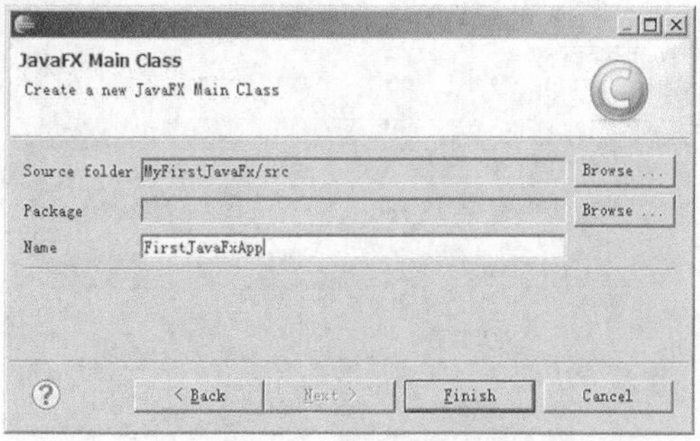

图 10-29　设置 JavaFX 类名

新建的类中，默认包含“main”及“start”两个方法，我们在 start 方法中编写如下代码，完整的代码结构如下

```
import javafx.application.Application;
import javafx.scene.Scene;
import javafx.scene.layout.BorderPane;
import javafx.scene.text.Font;
import javafx.scene.text.Text;
import javafx.stage.Stage;

public class FirstJavaFxApp extends Application {
    public void start(Stage primaryStage) {
        BorderPane borderPane = new BorderPane();
        Text text = new Text();
        text.setText("My First JavaFX App");
        text.setFont(Font.font("Arial",50));
        borderPane.setCenter(text);
        primaryStage.setScene(new Scene(borderPane));
        primaryStage.show();
    }

    public static void main(String[] args) {
        launch(args);
    }
}
```

3. 运行程序

在程序界面右键单击鼠标右键，在弹出菜单中依次选择“Run As”，“Java Application”，得到运行结果，如图 10-30 所示。

图 10-30　运行结果界面

4. 程序结构

从上面的示例代码可以看出，JavaFx 的应用程序类是继承于 Application 类的，包含了 main 方法及 start 方法，其中 start 方法提供了一个 Stage 类型的参数。Stage 对象是一个很重要的对象，在 JavaFx 中它起到了载体和容器的作用，所有其他控件对象都是在 Stage 基础上构建的。

除了舞台（Stage 对象）之外还要有布景（Scene 对象），以及其他控件对象，这样才能构建起一个完整的 JavaFx 应用。关于各个对象的关系，如图 10-31 所示。

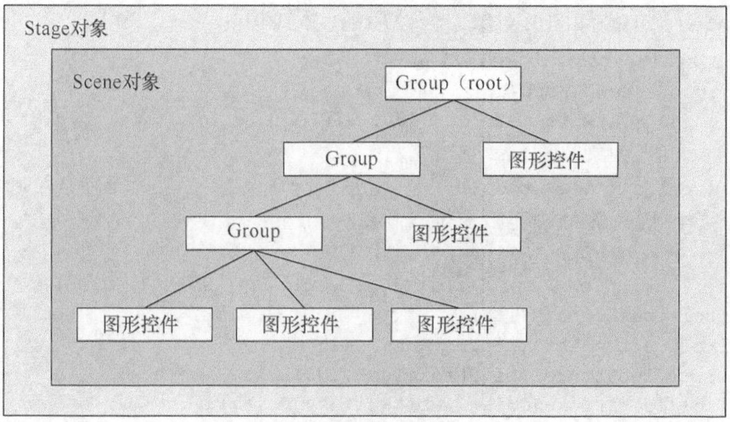

图 10-31　JavaFx 对象关系

10.4.3　使用 JavaFx 开发简单动画程序

通过上面的介绍我们发现，JavaFx 是通过类似图层方式来构建应用的，下面我们将从 Stage 对象开始逐步构建一个复杂的 JavaFx 应用程序。

（1）创建一个名为 ComplexJavaFxApp 的应用程序类，构建过程这里就不再详细介绍了，读者可以参考 10.4.2 小节中的操作介绍。

（2）在 ComplexJavaFxApp 类的 Start 方法中增加布景对象 Scene，代码如下：

```
public void start(Stage primaryStage) {
    //声明一个 root 对象
    Group root = new Group();
    //声明一个背景颜色为黑色，大小为 400*400 的 Scene 对象
    Scene scene = new Scene(root, 400, 400, Color.BLACK);
    //将 Scene 对象加入 Stage 对象
    primaryStage.setScene(scene);
    //显示 State 对象
    primaryStage.show();
}
```

当添加完上述代码后运行程序，可以看到一个 400*400 的黑色背景窗体，如图 10-32 所示。

图 10-32　运行效果图

（3）在 Scene 对象中添加图形对象，修改后的代码如下：

```
public void start(Stage primaryStage) {
    Group root = new Group();
    Scene scene = new Scene(root, 400, 400, Color.BLACK);
    //定义 root 的子对象 circles
    Group circles = new Group();
    //定义 30 个圆形对象并添加至 root 的子对象 circles
    for (int i = 0; i < 30; i++) {
        Circle circle = new Circle(50, Color.web("white", 0.05));
        circle.setCenterX(i*i);
        circle.setCenterY(i*i);
        circle.setStrokeType(StrokeType.INSIDE);
        circle.setStroke(Color.web("white", 0.16));
        circle.setStrokeWidth(4);
        circles.getChildren().add(circle);
    }
    //将 root 子对象 circles 添加至 root 对象
    root.getChildren().add(circles);
    primaryStage.setScene(scene);
    primaryStage.show();
}
```

当添加完上述代码后运行程序，可以看到在步骤 2 的黑色背景窗体中产生了一系列位置不同的圆形，如图 10-33 所示。

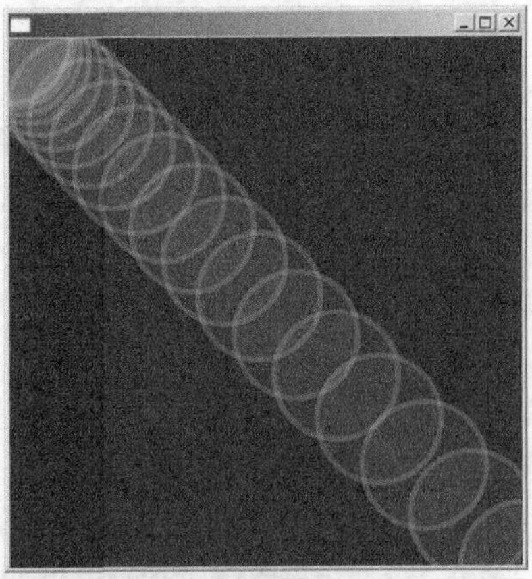

图 10-33　运行效果图

（4）增加动画效果，修改后的代码如下：

```
public void start(Stage primaryStage) {
    Group root = new Group();
    Scene scene = new Scene(root, 400, 400, Color.BLACK);
    Group circles = new Group();
    for (int i = 0; i < 30; i++) {
        Circle circle = new Circle(50, Color.web("white", 0.05));
        circle.setCenterX(i*i);
        circle.setCenterY(i*i);
        circle.setStrokeType(StrokeType.INSIDE);
        circle.setStroke(Color.web("white", 0.16));
        circle.setStrokeWidth(4);
        circles.getChildren().add(circle);
```

```
        }
        root.getChildren().add(circles);
        primaryStage.setScene(scene);
        primaryStage.show();
       //定义一个时间线对象，用于控制动画效果
        Timeline timeline = new Timeline();
        //遍历 circles 对象，设置每个圆形对象的运动轨迹
        for (Node circle: circles.getChildren()) {
            timeline.getKeyFrames().addAll(
                new KeyFrame(Duration.ZERO,
                 new KeyValue(circle.translateXProperty(), Math.random()*400),
                     new KeyValue(circle.translateYProperty(),Math.random()*400)),
                new KeyFrame(new Duration(40000),
                     new KeyValue(circle.translateXProperty(), Math.random()*400),
                     new KeyValue(circle.translateYProperty(),Math.random()*400))
            );
        }
        //开始执行动画
        timeline.play();
    }
```

当添加完上述代码并运行时，可以看到开始的 30 个圆形对象，会随着时间变化随机改变各自的位置，如图 10-34 所示。

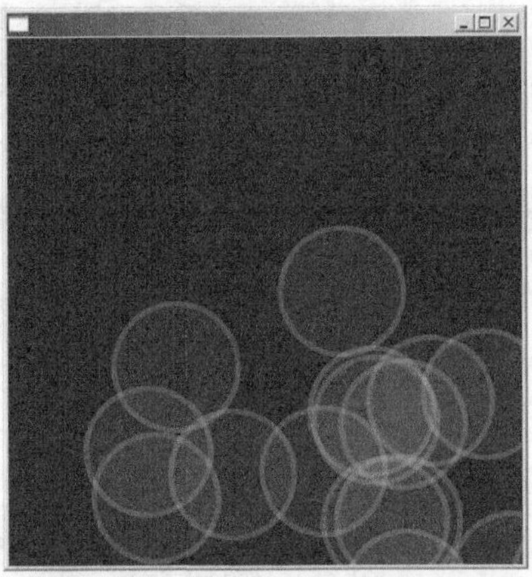

图 10-34　运行效果图

（5）发布项目。在 Eclipse 当前项目列表中找到“build.fxbuild”并双击打开，在配置界面中找到“Building Exporting”选项栏，并单击“Generate ant build.xml and run”选项发布项目，如图 10-35 所示。

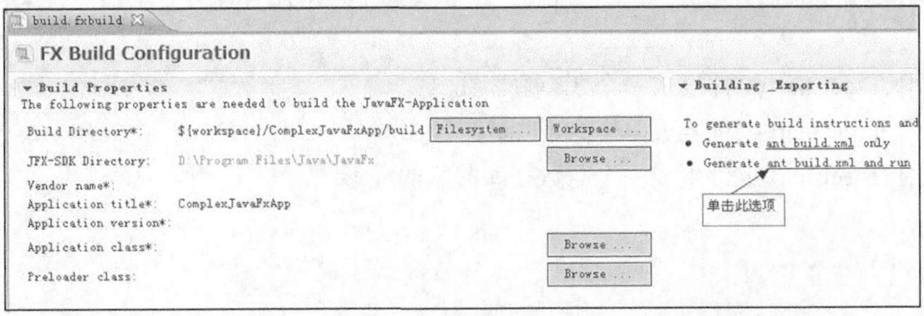

图 10-35　选择发布项目选项

发布成功后可以在 Eclipse 项目列表的“build”，“dist”文件夹中找到发布后的 jar 包，如图 10-36 所示。

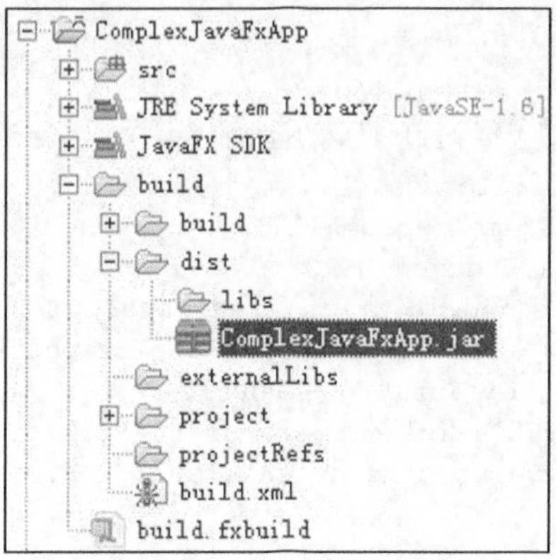

图 10-36　发布后的文件

小　结

本章学习了 3 种 JSP 实用组件：用于处理文件上传的 Commons-FileUpload 组件，用于发送邮件的 Java Mail 组件和用于创建动态图表的 JFreeChart 组件。这些组件使用方便、功能强大、简单易学，是用户日常开发必不可少的工具。熟练掌握这些组件的用法可以快速解决开发上遇到的相关问题，使网络开发变得更加轻松愉快。

习　题

1. Commons-FileUpload 组件是否支持多文件上传？
2. Java Mail 组件支持哪些邮件传输协议？
3. 简述使用 Java Mail 组件发送邮件流程。
4. JFreeChart 组件可以生成何种类型的文件？
5. JFreeChart 组件可以生成何种类型的统计图表？
6. 使用 Commons-FileUpload 组件编写一个多文件上传应用程序并且对所上传文件的格式进行限制。
7. 使用 JFreeChart 组件生成一个 3D 柱形图。
8. 使用 JFreeChart 组件生成一个 3D 饼图。
9. 使用 JFreeChart 组件生成一个与数据库关联的柱形图。

第 11 章 MVC 设计模式

随着 JSP 应用复杂程度的加深、应用范围的扩大，传统的 JSP、JavaBean 设计模式开始显现出越来越多的弊端。为了能够更好地提高开发效率，广大开发人员尝试着将现有的 Web 开发技术进行整合形成一个完整的应用模型。实际开发过程中只要依照此应用模型进行编码设计，就能够快速开发出满足各种复杂需求的应用程序。这些应用模型，被人们统称为框架。在框架的众多设计理念中，MVC 是最优秀、最实用的一种设计模式。基于 MVC 设计模式的框架技术，能够有效实现业务逻辑与显示逻辑的分离。

本章主要讲解 MVC 设计模式的工作原理以及核心机制，通过两个基于 MVC 设计模式的框架，介绍了 MVC 设计模式的具体实现过程。

11.1 表示层的两种架构模式

在真正学习 MVC 之前，首先要了解表示层的两种架构模式。一个应用程序只有与用户进行交互才能够为用户提供服务。在一个 Web 应用中，表示层就是用户与应用程序之间沟通的纽带。表示层负责接收用户请求传递给后台程序，并把后台程序处理的结果显现给用户。在 Web 应用发展过程中，主要分别产生了两种表示层的架构模式：Model1 和 Model2。

11.1.1 Model1 架构模式

Model1 架构模式的工作原理如图 11-1 所示。

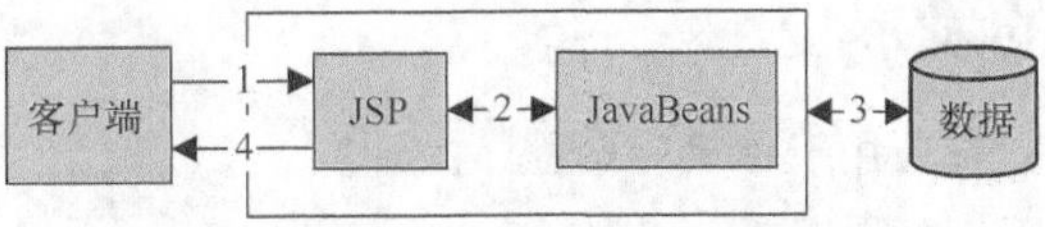

图 11-1 Model1 架构模式的工作原理图

如图 11-1 所示，Model1 架构模式的工作流程是按照如下 4 个步骤进行的。

（1）客户端发出请求，该请求由 JSP 页面接收。

（2）JavaBean 用于实现业务模型，JSP 根据请求与不同 Java Bean 进行交互。

（3）业务逻辑操作指定 Java Bean 并改变其模型状态。

（4）JSP 将改变后的结果信息转发给客户端。

Model1 架构模式的实现过程比较简单，在这种架构模式中 JSP 集控制和显示于一体。使用

Model1 架构模式能够快速开发出一些小型项目。但是在大型应用中，这种架构模式会为应用程序的开发设计带来负面影响。

- JSP 页面中既包含 HTML 标签，又包含 JavaScript 代码，同时还包含了大量 Java 代码，增加了 JSP 页面的维护难度以及程序调试难度。
- 业务逻辑分布在各个 JSP 页面中，要想理解整个应用的执行流程，必须明白所有 JSP 页面的结构。
- 各个组件耦合紧密，修改某一业务逻辑或者数据，需要同时修改多个相关页面。

11.1.2 Model2 架构模式

Model2 架构模式的工作原理如图 11-2 所示。

如图 11-2 所示，Model2 架构模式的工作流程是按照如下 5 个步骤进行的。

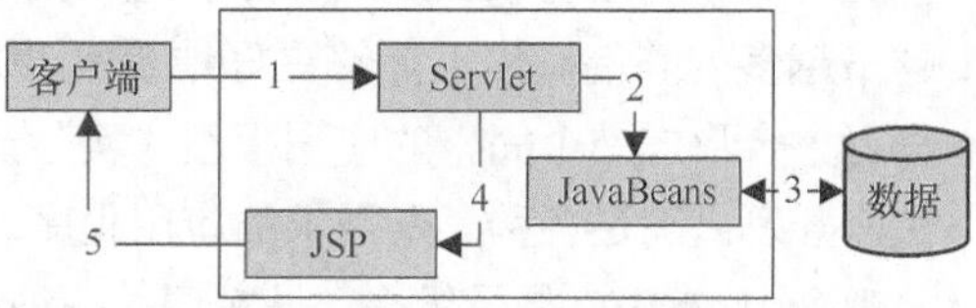

图 11-2　Model2 架构模式的工作原理图

（1）Servlet 接收客户端发出的请求。

（2）Servlet 根据不同的请求调用相应的 JavaBean。

（3）业务逻辑操作指定 JavaBean 并改变其模型状态。

（4）Servlet 将改变后 JavaBean 的业务模型传递给 JSP 视图。

（5）JSP 将后台处理结果呈现给客户端。

与 Model1 架构模式相比，Model2 引入了一个新的组件 Servlet，同时将控制的功能交互由 Servlet 实现，而 JSP 将只负责显示功能。通过引入 Servlet，能够实现控制逻辑与显示逻辑的分离，从而提高了程序的可维护性。

11.2 MVC 的基础知识

MVC 是一种交互界面的结构组织模型，使用 MVC 能够实现软件的计算模型与界面模型的分离；同时它也是一种通用的设计模式，不局限于某一种特定的编程语言以及应用。MVC 设计模式对 Web 应用开发产生了深远影响，它使得开发人员分工更加明确，软件维护更加方便。

11.2.1 MVC 的发展史

MVC 设计模式最初只被应用于单机应用程序的开发设计，经典的 MVC 架构工作流程如图 11-3 所示。

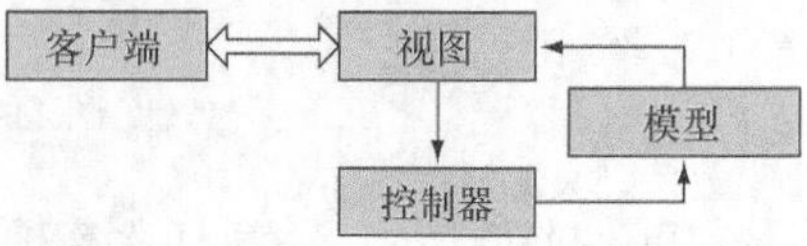

图 11-3　经典的 MVC 架构工作流程图

基于这种 MVC 模型的应用中，用户直接与视图进行交互。用户在视图界面输入数据并单击按钮提交，控制器负责接收视图信息并对相应模型进行操作，根据用户提供的数据更新模型状态。模型状态发生变化后控制器通知视图，视图根据模型的变化进行更新并显示给用户。

经典的 MVC 模型仅适用于单机应用程序的开发设计，在单机应用程序中，视图、模型以及控制器都在同一台计算机中，实现起来非常容易。但是对于 Web 应用来说就不适用了，由于 Web

应用的特殊性，视图在客户端，而控制器和模型在服务器，要想使用 MVC 模型就要改变其架构。于是，在经典的 MVC 架构基础上又产生了两种其他架构方式：前端控制器模式和页面控制器模式。这两种架构的 MVC 模型工作流程如图 11-4 和图 11-5 所示。

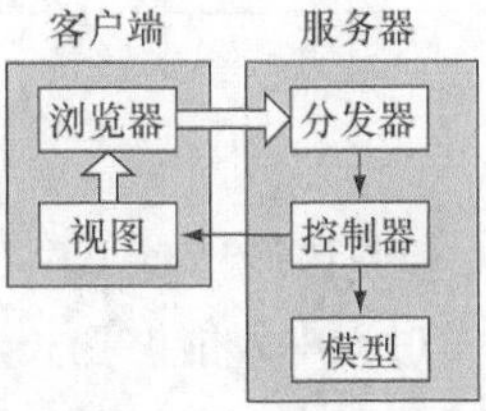

图 11-4　前端控制器模式

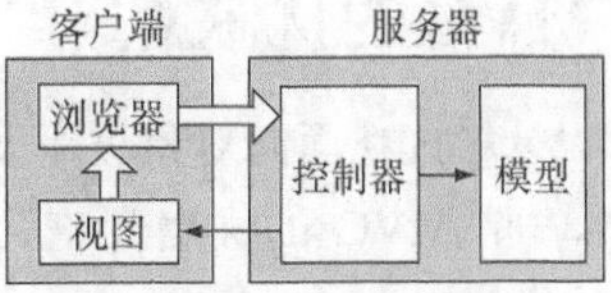

图 11-5　页面控制器模式

在前端控制器模式中，应用程序引入了一个叫做分发器的组件（某些 Web 应用中可以通过 Servlet 实现该功能）。分发器负责接收客户端浏览器发出的请求，并根据请求的 URL 地址将信息转发给特定的控制器。控制器改变相应模型的状态并返回一个标识，该标识与指定视图存在映射关系，通过标识找到对应视图并在客户端浏览器显示执行结果。

页面控制器模式与前端控制器模式稍有不同，在页面控制器模式中不是通过分发器去寻找指定的控制器，而是在客户端浏览器中直接请求某个具体的控制器。页面控制器模式虽然造成了视图组件与控制器组件的耦合过于紧密，但是在某些时候能够提高应用程序的执行效率。

11.2.2　MVC 的基本构成

MVC 设计模式将一个完整的应用分为 3 个组件：Model（模型）、View（视图）及 Controller（控制器）。在实际应用中，这 3 个组件既相互独立又相互关联。

- Model（模型）：该组件是对软件所处理问题逻辑的一种抽象，封装了问题的核心数据、逻辑和功能实现，独立于具体的界面显示以及 I/O 操作。
- View（视图）：该组件将表示模型数据、逻辑关系及状态信息，以某种形式展现给用户。视图组件从模型组件获得显示信息，并且对于相同的显示信息可以通过不同的显示形式或视图展现给用户。
- Controller（控制器）：该组件主要负责用户与软件之间的交互操作，控制模型状态变化的传播，以确保用户界面与模型状态的统一。Web 应用中当用户请求到来时，控制器本身不输出任何信息也不作任何处理，它只是接收请求并决定调用哪个模型去处理该请求，然后用确定使用哪个视图组件来显示模型处理返回的数据。

基于 MVC 模型的 Web 应用的基本工作流程如图 11-6 所示。

如图 11-3 所示，整个工作流程可以分为 4 个步骤。

（1）用户通过视图（一般是 JSP 页面或 HTML 页面）发出请求。

（2）控制器接收请求后，调用相应的模型并改变其状态。

（3）当模型状态改变后，控制器选择对应的视图组件来反馈改变后的结果。

（4）视图根据改变后的模型，将正确的状态信息显示给用户。

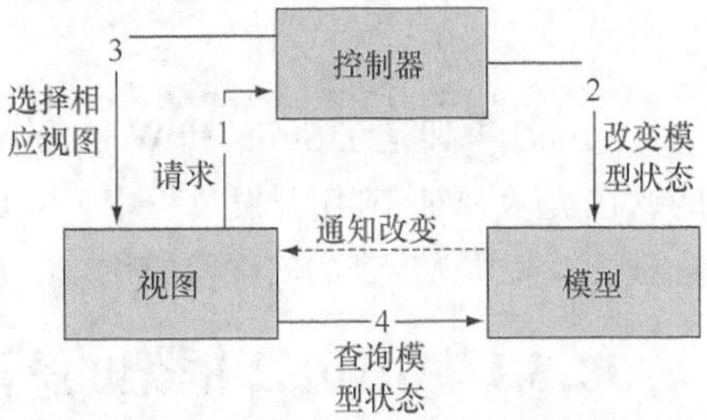

图 11-6　MVC 模型的基本原理图

注意　通常情况下，一个控制器只与一个视图相关联；但是，一个模型却可以与多个视图相关联。当某个模型状态发生变化时，所有与其相关联的视图都要更新，以保持视图信息与模型状态的一致性。

11.2.3 MVC 的优缺点

虽然 MVC 设计模式在面向对象程序设计中被广泛应用，但是该设计模式并不是十全十美的。我们必须了解并掌握 MVC 的优点及缺点，这样在实际开发过程中才能够扬长避短，完全发挥 MVC 设计模式的优势。

1．MVC 的优点

MVC 的优点体现在如下 3 个方面。

- 有利于分工部署。使用 MVC 设计模式开发应用程序，不同智能的人员分工非常明确。以使用 Java 语言开发 Web 应用为例，如 Java 程序员只需将精力集中于业务逻辑，而界面程序员（HTML 和 JSP 开发人员）只需将精力集中页面表现形式上。
- 降低耦合，提高可维护性。MVC 设计模式将表示层与业务层有效分离，降低了二者之间的耦合紧密程度。这样一来任何业务逻辑的变动都不会影响到表示层代码；同样开发人员可以随意修改表示层代码，而不用重新编译模型和控制器的代码。
- 提高应用程序的重用性。对于同一个 Web 应用，客户可能会使用多种方式进行访问，可以通过计算机的 HTML 浏览器进行访问，也可以通过移动电话的 WAP 浏览器进行访问。但是无论通过什么访问方式，应用程序的业务逻辑以及业务流程都是一样的，需要改变的只是表示层的具体实现方式。由于 MVC 实现了业务与视图的分离，所以能够轻松解决这一问题。

2．MVC 的缺点

MVC 的缺点体现在如下 2 个方面。

- MVC 并不适合小型应用程序的开发设计。MVC 要求开发人员完全按照模型、视图及控制器 3 个组件的模式对应用程序进行划分。对于某些小型应用来说，反而会增加一些不必要的工作，影响开发效率。
- 基于 MVC 设计模式进行程序设计，要求开发人员在设计编程之前，必须精心设计程序结构；在设计过程中，由于将一个完整的应用划分为 3 个组件，相应增加了需要管理文件的数量。

11.3 Struts2 框架的 MVC 实现机制

Struts2 框架是在 Struts 和 WebWork 基础上发展而来，它的核心架构就是基于 MVC 设计模式的。在实际 Web 应用开发过程中，Struts2 框架主要用于解决表示层的相关问题。下面详细分析 Struts2 框架中 MVC 的实现及应用。

11.3.1 Struts2 框架的基本工作流程

Struts2 框架作为一个表示层的框架，主要用于处理应用程序与客户端交互问题。Struts2 框架的基本工作流程如图 11-7 所示。

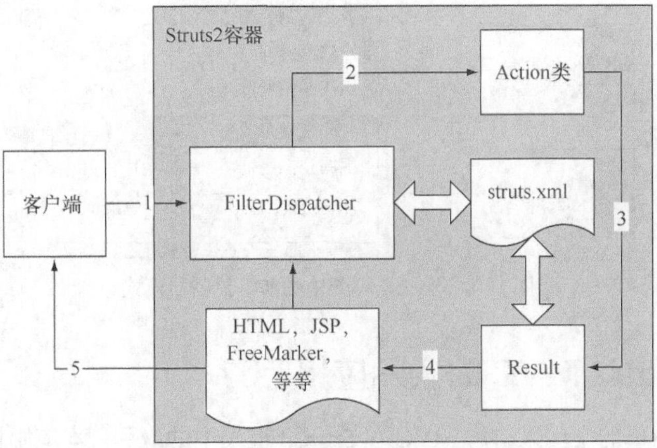

图 11-7 Struts2 框架基本工作流程图

如图 11-7 所示，Struts2 框架的基本工作流程为如下 5 步。

（1）客户端向 Struts2 容器发出 HttpServletRequest 类型的请求。

（2）FilterDispatcher 接收说请求，根据 URL 地址寻找并调用指定的 Action 类。

（3）Action 类处理请求后，返回一个逻辑视图 Result，该逻辑视图可映射至指定的物理视图（HTML 页面或 JSP 页面或 FreeMarker 等其他视图技术）。

（4）根据 Result 信息在 struts.xml 配置文件中找到对应的物理视图。

（5）将物理视图呈现给客户端。

注意

这里给出的只是 Struts2 框架最基本的一个示意流程，实际上 Struts2 框架的工作流程要比这复杂得多。但是我们的侧重点在于讲解 Struts2 框架的 MVC 机制，如果读者对 Struts2 框架的实现细节感兴趣，可以参考 Struts2 框架的相关教程。

按照 MVC 各组件构成可将 Struts2 各部分划分如下 3 个组件。

- 模型。Action 类中封装了业务逻辑模型，在 Struts2 框架中 Action 作为模型存在。Action 主要有两个作用：调用相应业务逻辑处理请求和传递数据。
- 视图。Struts2 框架中视图有多种表现形式，除了 HTML，JSP 页面这些常规表现形式以外，Struts2 还支持 FreeMarker，Tiles 和 SiteMesh 等其他视图技术。
- 控制器。FilterDispatcher 是 Struts2 框架中的控制器组件，从根本上来说 FilterDispatcher 是一个 Servlet 过滤器。客户端发送的 HttpServletRequest 请求到来时，经过 FilterDispatcher 的过滤，由它来决定调用哪个模型（Action）来处理请求。

11.3.2 Struts2 MVC 的实现方式

Struts2 框架中支持 MVC 的两种实现方式：前端控制器模式和页面控制器模式。下面分别介绍这两种模式的具体实现。

- 前端控制器模式。Struts2 框架中前端控制器模式实现 MVC 机制的原理如图 11-8 所示。

前端控制器模式是 Struts2 框架中应用最为广泛的一种 MVC 实现模式。在这种模式中，Struts2 框架接收到以“*.action”结束的请求，并对该请求进行处理。

- 页面控制器模式。这是一种比较特殊的 MVC 实现模式，在这种模式下页面将直接请求指定的模型（Action）。在 Struts2 框架中，主要是通过在 JSP 页面中使用<s:action/>标签来实现这一点。

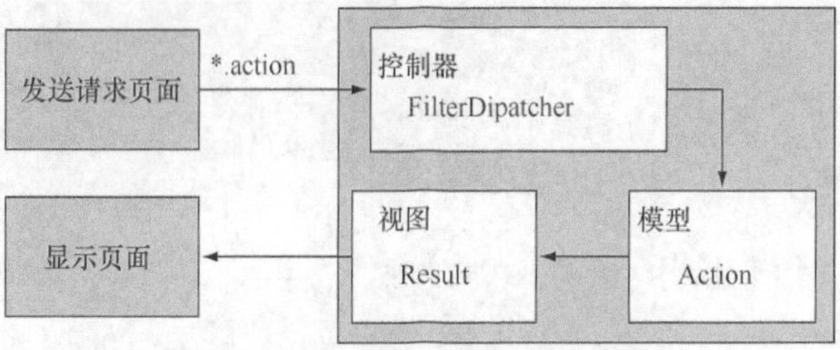

图 11-8　Struts2 框架中的前端控制器模式

11.3.3　Struts2 MVC 的实际应用

下面通过一个简单的实例来讲解 MVC 在 Struts2 框架中的应用。本应用包含了前端控制器和页面控制器两种 MVC 实现模式，具体实现步骤如下。

（1）创建一个 Web 工程，并引入 Struts2 框架所需运行库文件，包括 commons- logging-1.0.4.jar，freemarker-2.3.8.jar，ognl-2.6.11.jar，struts2-core-2.0.11.jar，xwork-2.0.4.jar。

（2）在 web.xml 配置文件中添加 Struts2 控制器 FilterDispatcher 的相应配置，添加代码如下：

```
<filter>
    <filter-name>struts2</filter-name>
    <filter-class>org.apache.struts2.dispatcher.FilterDispatcher</filter-class>
</filter>
<filter-mapping>
    <filter-name>struts2</filter-name>
    <url-pattern>/*</url-pattern>
</filter-mapping>
```

在上述代码中，首先定义一个名为 Struts2 的过滤器，并指定该过滤器的处理类，然后设置该过滤器的过滤模式为"/*"，表明对所有请求都进行过滤。

（3）在工程的 com 包下创建模型 FrontAction.java 类，该类用于处理前端控制器模式下的请求。实现代码如下：

```
public class FrontAction {
    private String username;                    //定义变量 username，用于传递数值
    public String getUsername() {
        return username;
    }
    public void setUsername(String username) {
        this.username = username;
    }

    public String execute() {
        username = "你好" + username + "！这是前端控制器模式！";
                                                //对页面传递的 username 变量进行处理
        return "success";
    }                                           //返回一个字符串型的逻辑视图
}
```

在上述代码中定义了一个参数 username，该参数用于在页面及后台程序之间传递数值。当页面输入 username 信息并提交后，FrontAction 将会对该信息进行处理，处理完毕后返回一个逻辑视图 success。

（4）在工程的 com 包下创建模型 PageAction.java 类，该类用于处理页面控制器模式下的请求。实现代码如下：

```
public class PageAction {
    private String msg;                         //定义变量 msg，用于传递数值
    public String getMsg() {
        return msg;
    }
    public String execute() {
        //对 msg 进行赋值
        msg = "这是页面控制器模式！";
        //返回一个字符串型的逻辑视图
        return "success";
    }
}
```

（5）在工程 src 根目录下创建 Struts2 框架的核心配置文件 struts.xml，该文件用于配置 Action 及 Result 相关信息。该文件包含的主要代码如下：

```
<struts>
    <!-- 设置 Struts2 编码集为 GBK -->
    <constant name="struts.i18n.encoding" value="GBK" />
    <package name="sunyang" extends="struts-default">
        <!-- 配置前端控制器模式下的 Action -->
        <action name="front" class="com.FrontAction">
            <!-- 配置结果信息,Action 执行成功跳转到 front.jsp 页面 -->
            <result name="success">/front.jsp</result>
        </action>
        <!-- 配置页面控制器模式下的 Action -->
        <action name="page" class="com.PageAction">
            <!-- 配置结果信息，Action 执行成功跳转到 page.jsp 页面 -->
            <result name="success">/page.jsp</result>
        </action>
    </package>
</struts>
```

（6）修改 WebRoot 下 index.jsp 页面代码，提供一个文本输入框和一个提交按钮。实现代码如下：

```
<%@ page language="java" contentType="text/html; charset=GBK"%>
<%@ taglib prefix="s" uri="/struts-tags"%>

        <s:form action="front">
            <s:textfield name="username" label="输入你的名字"/>
            <s:submit value="确认"/>
        </s:form>
```

上述代码将页面字符编码设置为 GBK，并指定 Struts2 框架标签库的 uri。通过<s:form>标签创建一个表单，并使用<s:textfield>标签和<s:submit>标签分别创建一个文本输入框和提交按钮。

在<s:form>标签中指定 action 属性的值为 front，当用户在该页面单击“提交”按钮时，将会向 Struts2 容器发出 front.action 的请求。

（7）在 WebRoot 下创建 front.jsp 页面，用于显示前端控制器模式下 Action 执行成功后的结果

信息。该页面的主要实现代码如下：

```
<!-- 省略页面头文件，Struts2 标签库声明及其他 HTML 标签 -->

<!-- 显示 Action 处理完毕后变量 username 的值 -->
<s:property value="username"/>
front.jsp 页面将自动发出“page.action”请求
<!-- 使用<s:action>标签请求 page.action，实现液面控制器模式 -->
<s:action name="page" executeResult="true"/>
```

（8）在 WebRoot 下创建 page.jsp 页面，用于显示页面控制器模式下 Action 执行成功后的结果信息。该页面的主要实现代码如下：

```
<s:property value="msg"/>
```

该页面代码比较简单，就是通过<s:property>标签输出 Action 处理完毕后变量 msg 的值。

（9）编译并运行该程序，进入 index.jsp 页面，如图 11-9 所示。

在文本框中输入字符串 sunyang，并单击“确认”按钮，得到结果如图 11-10 所示。

如图 11-10 所示，分割线上面的结果是前端控制器模式下的运行结果，该结果是 index.jsp 页面发出的 front.action 请求被处理后得到的；而分割线下面的结果是页面控制器模式下的运行结果，该结果是 front.jsp 页面被请求时自动发出的 page.action 请求被处理后得到的。

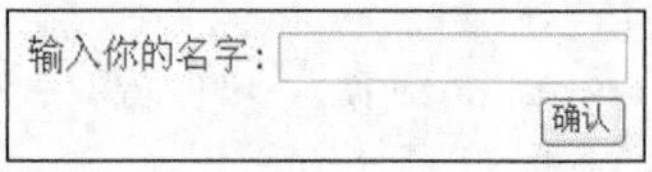

图 11-9　页面 index.jsp 显示结果

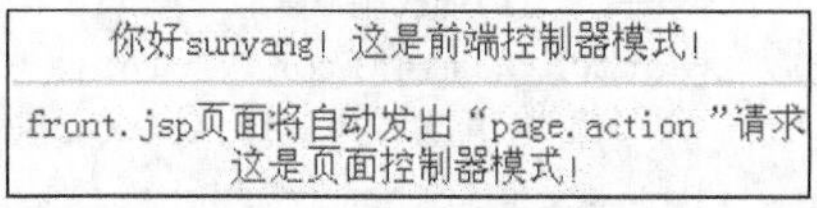

图 11-10　执行结果

11.4　Spring 框架的 MVC 实现机制

Spring 是 Java 企业级应用中经常被用到的一种框架技术，它以控制反转和 AOP 为核心，统一管理各对象的配置、查找及应用，有效实现了业务逻辑与基础服务的分离。Spring 框架为 Java EE 表示层提供了独具特色的解决方案——Spring MVC，本节将介绍 Spring MVC 的工作原理及实际应用。

11.4.1　Spring MVC 的基本工作流程

Spring MVC 同其他 Web 框架一样，是基于 MVC 设计模式的。由于 Spring MVC 采用了松耦合以及可插拔式的组件结构，使得它比其他框架更加灵活。Spring MVC 提供了丰富的控制器类型，用户可根据实际需要选择相应的控制器进行处理。

从根本上来说，Spring MVC 是基于 Model2 模式的，它的基本工作流程示意图如图 11-11 所示。

如图 11-11 所示，Spring MVC 的基本工作流程为以下 7 步。

（1）客户端发出 Http 请求。

（2）Spring 容器的 DispatcherServlet 接收请求，并根据请求寻找相应的控制器。

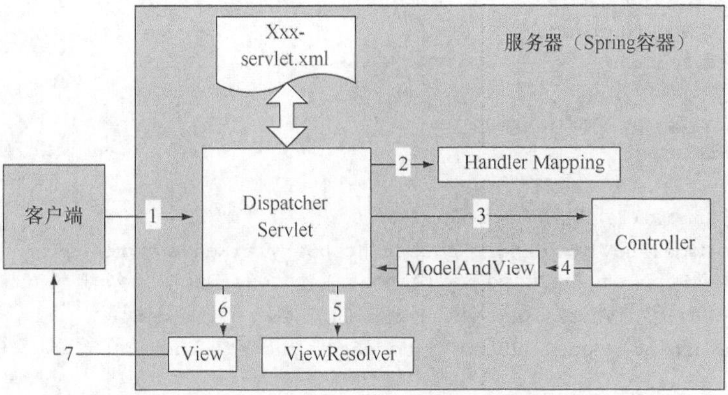

图 11-11　Spring MVC 基本工作流程图

（3）DispatcherServlet 找到具体的控制器以后，将客户端请求分派给该控制器，控制器调用业务层相关业务对象处理请求。

（4）控制器处理完毕后，将 ModelAndView 返回给 DispatcherServlet，其中 ModelAndView 包含了逻辑视图名称以及物理视图所需要的数据信息。

（5）DispatcherServlet 根据逻辑视图名称，寻找对应的物理视图。其中，ViewResolver 负责建立逻辑视图与物理视图的映射关系。

（6）找到具体的物理视图以后，DispatcherServlet 将其分派给 View 对象。

（7）View 以 Http 响应形式将最终结果返回给客户端。

11.4.2　Spring MVC 的实际应用

下面通过一个简单的实例来讲解 Spring MVC 框架的应用。具体实现步骤如下。

（1）创建一个 Web 工程，并引入 Spring MVC 所需的运行库文件 spring-webmvc.jar。

（2）在 web.xml 文件中添加 DispatcherServlet 的配置信息。添加代码如下：

```
<!-- 配置 DispatcherServlet -->
<servlet>
    <servlet-name>springMVC</servlet-name>
    <servlet-class>
        org.springframework.web.servlet.DispatcherServlet
    </servlet-class>
</servlet>

<!-- 配置 DispatcherServlet 的映射,处理以.html 结尾的请求 -->
<servlet-mapping>
    <servlet-name>springMVC</servlet-name>
    <url-pattern>*.html</url-pattern>
</servlet-mapping>
```

在上述配置代码中，创建了一个名称为 springMVC 的 Servlet，并对所有以“.html”结尾的请求都进行处理。

（3）在工程的 com 包下创建一个 HelloController.java 类，该类作为控制器，负责处理请求逻辑。实现代码如下：

```
public class HelloController implements Controller {
```

```
    private String name;
    public String getName() {
        return name;
    }
    public void setName(String name) {
        this.name = name;
    }
    // 实现Controller中的handleRequest方法
    public ModelAndView handleRequest(HttpServletRequest request,
            HttpServletResponse response) throws Exception {
        //3个参数分别为逻辑视图名称，传递数据的关键字，传递的具体值
        return new ModelAndView("success", "name", name);
    }
}
```

这个类首先要实现 Controller 接口，然后改写该接口的 handleRequest()方法。当该方法执行成功后，返回 success 逻辑视图，并向物理视图传递一个名称为 name 的数据。

（4）在工程 WebRoot/WEB-INF 下创建 DispatcherServlet 上下文配置文件 springMVC-servlet.xml，并在该配置文件中添加控制器的配置信息。添加代码如下：

```
<!-- 处理器映射器，使用处理器名字作为URL -->
<bean
    class="org.springframework.web.servlet.handler.BeanNameUrlHandlerMapping" />
<!-- 配置处理器，bean名字为/login.html -->
<bean name="/hello.html" class="com.HelloController">
    <property name="name" value="sunyang" />
</bean>
```

说明：此处在配置处理器的时候，为类 HelloController.java 初始化一个参数 name，值为 sunyang。当 HelloController.java 类被实例化时，可以在该类的内部获得参数 name 的值。

（5）在 springmvc-servlet.xml 中配置视图解析器，该解析器用于建立逻辑视图与物理视图的映射关系。添加代码如下：

```
<bean
    class="org.springframework.web.servlet.view.InternalResourceViewResolver">
    <property name="prefix" value="/" />
    <property name="suffix" value=".jsp" />
</bean>
```

上述代码将自动为逻辑视图名称加上前缀及后缀，进而生成物理视图名称。通过 prefix 属性设置前缀，通过 suffix 属性设置后缀。对于本例来说，由于在控制器 HelloController.java 中返回的逻辑视图名称为 success，那么经过视图解析器处理后得到的物理视图则为/success.jsp。

（6）编写结果显示页面，该页面主要用于显示 name 参数的值。添加代码如下：

```
你好，<%=request.getAttribute("name") %>
```

（7）编译并运行程序，在浏览器地址栏中输入 http://localhost:8080/02/hello.html 并发出请求时，得到如图 11-12 所示结果。

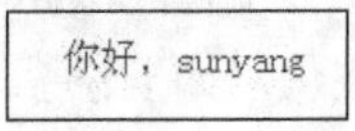

图 11-12　Spring MVC 运行结果图

按照 11.4.1 小节中介绍的 Spring MVC 基本工作流程，本案例的执行流程的描述如图 11-13 所示。

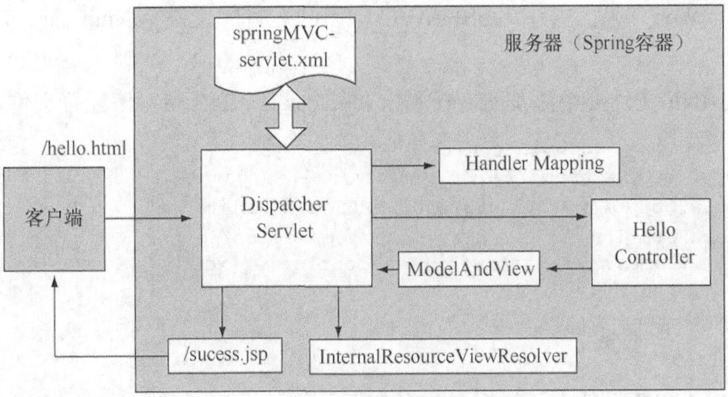

图 11-13　Spring MVC 示例执行流程图

11.5　JSF 框架的 MVC 实现机制

JSF 的全称是 JavaServer Faces，是一种用于构建 Java Web 应用的标准 Java 框架。JSF 提供了一种以组件为中心来开发用户界面的方法，从而达到简化开发流程的目的。JSF 将良好的 MVC 设计模式集成到它的体系结构中，确保了应用程序具有更高的可维护性。

11.5.1　JSF 框架的基本工作流程

JSF 是建立在 JSP 技术基础之上的，同样使用 JavaBean 来实现表示层和业务层的分离。JavaBean 在 JSF 框架中负责在页面与业务逻辑 Bean 之间搭起桥梁，通过调用业务逻辑 Bean 的方法执行业务逻辑，供 JSF 页面上的 UI 组件读取显示。在 JSF 中这种 JavaBean 被称作 Backing Bean，为了方便管理，JSF 还提供了一种称为 Managed Bean 的机制，以实现 Backing Bea 自动实例化和初始化，并设定作用范围。

JSF 的基本工作流程，如图 11-14 所示。

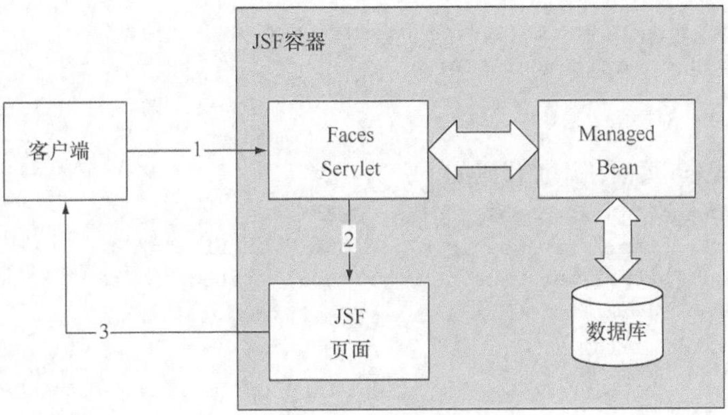

图 11-14　JSF 框架工作流程图

11.5.2　JSF MVC 的实际应用

下面，我们通过一个简单的应用实例来讲解 JSF MVC 框架是如何应用的。具体实现步骤如下。

（1）创建一个 Web 工程，并引入 JSF MVC 所需的运行库文件 jsf-impl.jar，jsf-api.jar，jstl.jar，standard.jar。

（2）在 WEB-INF 文件夹中添加 JSF 配置文件 faces-config.xml。该配置文件内容如下：

```
<?xml version='1.0' encoding='UTF-8'?>
<faces-config xmlns="http://java.sun.com/xml/ns/javaee"
    xmlns:xsi="http://www.w3.org/2001/XMLSchema-instance"
    xsi:schemaLocation="http://java.sun.com/xml/ns/javaee
http://java.sun.com/xml/ns/javaee/web-facesconfig_1_2.xsd"
    version="1.2">
    <!-- 此处添加配置内容信息-->
</faces-config>
```

（3）在 web.xml 配置文件中添加配置信息如下：

```
<!-- 声明 JSF 配置文件 -->
<context-param>
  <param-name>javax.faces.CONFIG_FILES</param-name>
  <param-value>/WEB-INF/faces-config.xml</param-value>
</context-param>
<!-- 声明 JSF Servlet 配置，所有.faces 请求都由 JSF 处理 -->
<servlet>
  <servlet-name>Faces Servlet</servlet-name>
  <servlet-class>javax.faces.webapp.FacesServlet</servlet-class>
  <load-on-startup>0</load-on-startup>
</servlet>
<servlet-mapping>
  <servlet-name>Faces Servlet</servlet-name>
  <url-pattern>*.faces</url-pattern>
</servlet-mapping>
```

（4）创建一个 Managed Bean，User.java，代码如下：

```
public class User {
    private String userName;
    public String getUserName() {
        return userName;
    }
    public void setUserName(String userName) {
        this.userName = userName;
    }
}
```

（5）创建 index.jsp 页面，添加代码如下：

```
<%@ page language="java" pageEncoding="GBK"%>
<%@ taglib uri="http://java.sun.com/jsf/html" prefix="h" %>
<%@ taglib uri="http://java.sun.com/jsf/core" prefix="f" %>
<html>
<body>
    <f:view>
        <h:form>
            输入姓名: <h:inputText value="#{user.userName}"/>
            <h:commandButton action="sayHello" value="submit"></h:commandButton>
        </h:form>
    </f:view>
</body>
</html>
```

（6）创建 hello.jsp 页面，添加代码如下：

```
<%@ page language="java" pageEncoding="GBK"%>
<%@ taglib uri="http://java.sun.com/jsf/html" prefix="h" %>
<%@ taglib uri="http://java.sun.com/jsf/core" prefix="f" %>
<html>
<body>
    <f:view>
        你好，<h:outputText value="#{user.userName}"/>
    </f:view>
</body>
</html>
```

（7）在 faces-config.xml 配置文件<faces-config></faces-config>标签中添加配置信息如下：

```
<!-- 配置导航信息 -->
<navigation-rule>
    <!-- 请求来源 -->
    <from-view-id>/index.jsp</from-view-id>
    <navigation-case>
        <!-- 请求的名称 -->
        <from-outcome>sayHello</from-outcome>
        <!-- 处理后转向页面 -->
        <to-view-id>/hello.jsp</to-view-id>
    </navigation-case>
</navigation-rule>
<!-- 配置 Managed Bean 信息 -->
<managed-bean>
<managed-bean-name>user</managed-bean-name>
<managed-bean-class>com.bean.User</managed-bean-class>
<managed-bean-scope>session</managed-bean-scope>
</managed-bean>
```

（8）将程序发布到 Tomcat 并启动 Tomcat 服务器，打开浏览器，输入请求页面地址“http://localhost:8088/JSF/index.faces”，进入首页如图 11-15 所示。

图 11-15 首页

在文本输入框中输入“Jerry”并单击“submit”按钮，跳转至 hello.jsp 页面，得到界面如图 11-16 所示。

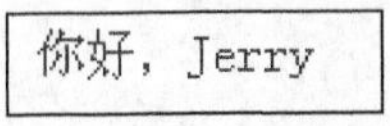

图 11-16 显示结果

通过如上应用我们发现，JSF 的项目中请求都是以.faces 结尾的。页面中需要通过

<%@ taglib uri="http://java.sun.com/jsf/html" prefix="h" %>以及

<%@ taglib uri="http://java.sun.com/jsf/core" prefix="f" %>引入 JSF 标签，通过 action 名称指定请求的业务 Bean。当 JSF 接收到请求后，首先在 faces-config.xml 配置文件中找到对应的 Managed Bean 及对应的业务 Bean 处理请求，处理结束后根据配置文件中指向的响应页面，将处理结果返回给客户端。

小　结

MVC 设计模式是使用 Java 语言进行 Web 应用表示层开发时的一项重要思想。本章首先介绍了 Web 应用表示层的两种经典架构模式，进而引出 MVC 设计模式。主要介绍了 MVC 的基本原理，发展以及实际应用中 MVC 架构的优点和缺点。最后通过两个表示层框架 Struts2 和 Spring，细致讲解了 MVC 在这两个框架中的具体实现及应用。

习　题

1. 简述 Web 应用中表示层的两种架构模式，并比较这两种模式的优缺点。
2. 说明 MVC 设计模式中，M、V、C 分别代表什么，有什么作用。
3. 简述 MVC 的 3 种架构模式及其工作原理。
4. 使用 Struts2 框架模拟实现用户登录。
5. 说明 Spring MVC 的基本工作流程。

第 12 章 JSP 实例开发 1——论坛

网络的迅猛发展为论坛注入了新的生命力。论坛的功能也由最初的网络留言板，演变成了人们沟通与发布言论的平台。多数商务网站和企业管理系统，都增加了论坛功能，广泛的吸取同行及员工的心声，为企业发展提供有价值的建议。本章将具体介绍论坛中各个模块的开发过程。

12.1 实例开发实质

当人们浏览各个门户网站或者以信息交流为主旨的网站时，通常它们都为网友提供发布个人需求信息或者发表各人观点、看法的平台，可以同所有浏览这些观点的网友沟通、交流观点，这样的平台就是论坛。

论坛的使用非常简单。例如，当我们在浏览国际新闻时，可能会产生各种各样的观点，此时我们就可以单击网页中提供的“发布个人评价”等类似的链接，跳转到发布帖子页面，尽情地抒发个人感想。当抒发了个人见解后单击“提交”按钮，我们的观点就显示在“新闻观点”栏中。浏览该条新闻的其他网友就可以看到这些观点，同时也可以评论或者发布新的观点等。

论坛为人们发布信息提供了极大的便利。目前许多的网站就是以论坛的形式发布供求信息，例如租房信息。

本章设计的论坛系统，采用的是 JSP、JSTL、Servlet 和 JDBC 技术，数据库采用的是 SQL Server 2000。通过本章学习，读者可以熟练操作 SQL Server 2000 数据库技术，巩固本书前面各个章节介绍的 JSP、JSTL、Servlet、连接池等技术，熟悉 Web 应用程序的开发流程、开发技术及模块间的结合使用。

12.2 系统业务流程

Web 应用系统开发时需要进行详细的系统设计，熟悉系统工作流程。本节通过用户登录论坛，发布帖子，回帖等操作，分析论坛系统的各个模块及实现技术。

（1）登录与退出：用户请求浏览论坛时，首先要求其登录。如果是首次登录的用户，需要注册成为本论坛的用户，才可以进行登录。登录成功后显示论坛首页，包括个人信息，论坛帖子浏览等。

技巧　用户登录页面使用 JS 验证登录框中填写的用户名称、密码、验证码等，采用客户端验证减轻服务器负担。

（2）查看帖子：论坛中的所有帖子都显示到论坛首页中，显示的内容为帖子标题、发帖人、发帖时间及回帖数目等，单击帖子标题可以浏览帖子的详细内容。

（3）发布新贴子：登录成功后，单击欢迎页面中的“发布新帖子”就会链接到发布帖子页面。该页面提供帖子标题、内容以及发布帖子的“提交”按钮。

（4）回复帖子：帖子发布成功后可以浏览自己发布的帖子。最新发布的帖子会显示到帖子列表的最前面。单击帖子标题，就可以浏览当前帖子的详细内容与回复信息，如果要新增加回复，那么，填写“添加回复”指定的标题与内容单击“提交”按钮就可以回帖了。最新的回复信息显示在回帖列表的最下面。

（5）删除帖子：管理员管理论坛中的所有用户、帖子、回帖等内容。管理员登录系统后，可以查看所有用户信息，帖子信息、回帖内容等，如果发现包含不良内容的帖子信息，可以及时删除。

技巧　将用户信息列表、帖子信息列表、回帖列表页面中的“删除”采用 JSTL 表达式技术。判断 Session 中用户的权限，如果是管理员那么显示“删除”链接，否则不显示。

综上所述，整个系统的流程如图 12-1 所示。

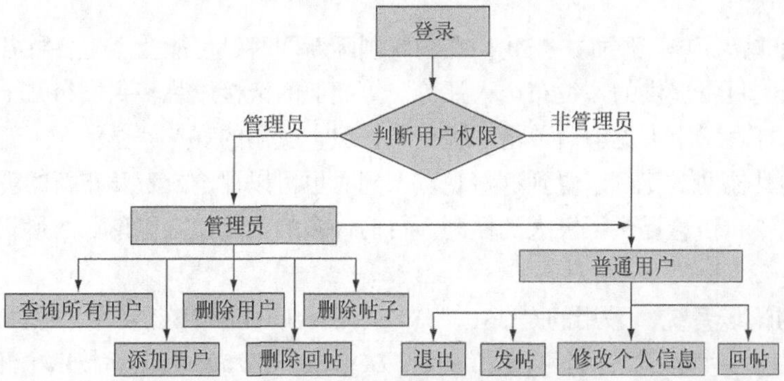

图 12-1　系统流程图

12.3　数据表设计

12.2 节对论坛系统的整体功能进行了详细介绍，下面根据论坛的功能设计数据表。论坛系统的设计表主要包含用户表、帖子表、回帖表。

- 用户表：该表用来存储用户的注册信息，包括用户编号、名称、密码、性别、联系方式和电子邮箱等。
- 帖子表：该表用来存储用户发布帖子的所有信息，包括帖子编号、标题、帖子内容、发布人和发布人 ID、发布时间和发布人 IP 等。

- 回帖表：该表用来存储回复帖子的信息，包括回帖 ID、回帖标题、内容、回贴人姓名、ID、回帖时间和回帖人 IP 等。

论坛系统的数据表树型结构如图 12-2 所示。图中介绍了各个数据表及字段代表的含义。

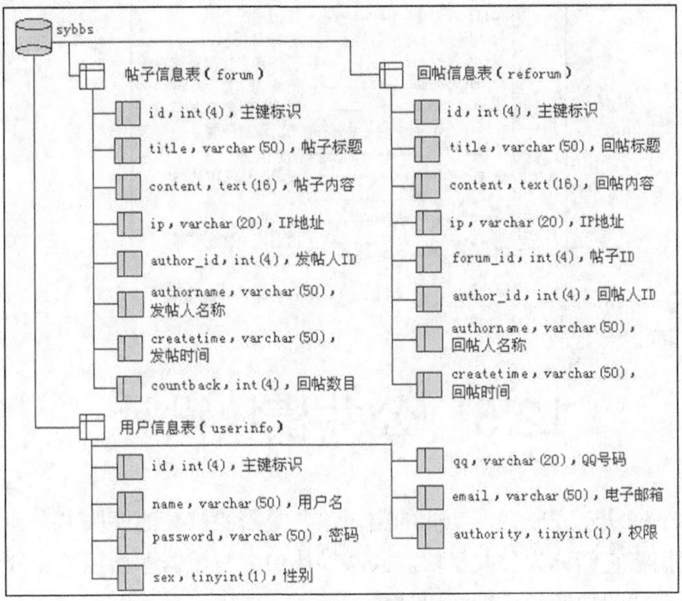

图 12-2　数据表结构图

12.4　文件结构设计

了解系统的功能与数据表后，接下来介绍论坛系统文件夹结构。合理的建立文件夹有利于系统编码与实现，可以提高团队开发效率。本系统中的所有文件夹及文件说明如图 12-3 所示。

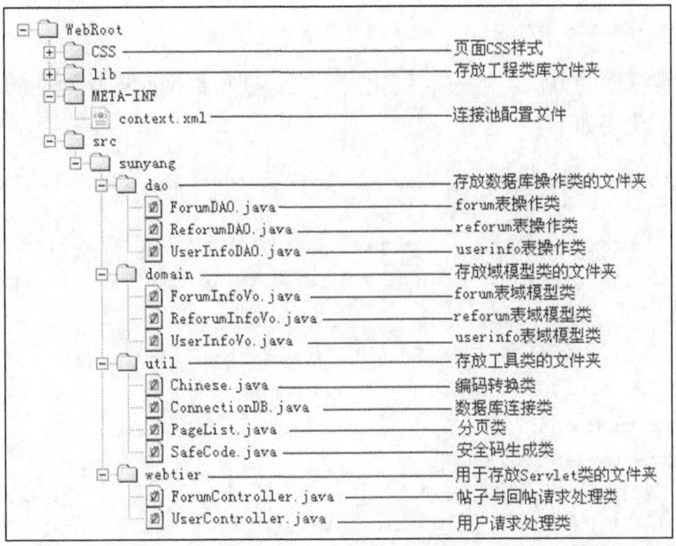

图 12-3　系统文件夹结构图

用于存放工程信息的文件夹和工程中 JSP 页面文件的文件结构图如图 12-4 所示。

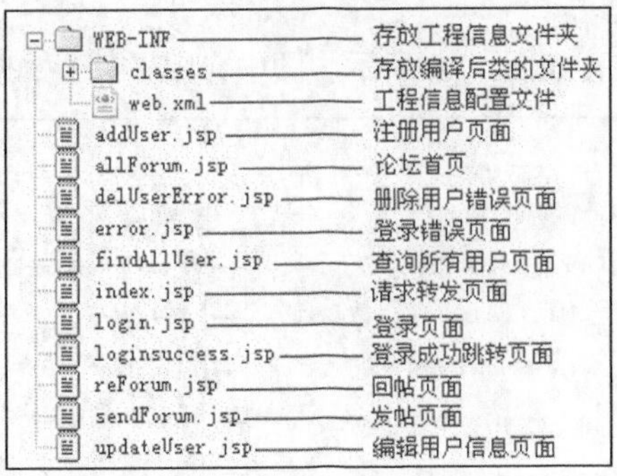

图 12-4　工程信息文件夹和工程页面

12.5　公共模块设计

本系统中包含一些用于完成特殊功能的类，这些类需要被其他模块多次调用，但它们不属于任何一个模块，我们将它们称为公共模块。公共模块中编写数据库连接类、分页类、安全码生成类。下面分别介绍它们的功能与详细编码过程。

12.5.1　数据库连接类

本系统使用连接池与 JDBC 技术实现数据库操作，用于数据库连接的公共类是 ConnectionDB.java，用于连接数据库的方法是 getConnection()，它返回获得的数据库连接池中的连接类 Connection 对象。

（1）在类中定义静态变量，指定服务器上下文中的 JNDI 节点与 DataSource 对象。代码如下：

```
static private final String jndi="syBBSPool";                  //JNDI 节点
static DataSource ds;                                          //数据源对象
```

（2）编写连接数据库的方法，通过实例化上下文，获得数据库连接池中的 JNDI 节点，得到数据库连接类实例。代码如下：

```
publicstatic Connection getConnection() throws ClassNotFoundException {
    try {
        Context initCtx = new javax.naming.InitialContext(); //获得命名上下文
        Context envCtx = (Context) initCtx.lookup("java:comp/env");
                                                        //获得 JNDI 根节点
        DataSource ds = (DataSource) envCtx.lookup(jndi);    //获得连接池数据源
        Connection conn=ds.getConnection();                  //获得数据库连接
        return conn;                                         //返回连接对象
    } catch (Exception e) {
        e.printStackTrace();                                 //捕获异常
    }
        return null;
    }
```

（3）数据库连接池配置在 context.xml 文件中。代码如下；

```
<Context path="/sunyangBBS"docBase="sunyangBBS"debug="1"reloadable="true"crossC
ontext="true">
        <Resource name="syBBSPool" type="javax.sql.DataSource" auth="Container"
        driverClassName="com.microsoft.jdbc.sqlserver.SQLServerDriver"
        url="jdbc:microsoft:sqlserver://localhost;databaseName=sybbs"
        username="sa"password=""maxActive="50"maxIdle="50"maxWait="600000"/>
</Context>
```

配置文件中的各个主要关键字说明如表 12-1 所示。

表 12-1　　数据库连接池配置关键字

关 键 字	描 述
name	数据源名称
driverClassName	数据库驱动
url	连接数据库 URL
username	登录数据库用户名
password	登录数据库密码
maxActive	活跃连接数
maxIdle	空闲连接数
maxWait	空闲连接等待时间

12.5.2　分页生成器类

论坛系统分页采用 SQL 语言中的 TOP 关键字实现。本系统编写了两种分页方法，分别是针对查询所有帖子、用户时进行的分页，查询单个帖子的回帖分页。分页生成器类中还编写了获得数据表中最多记录数的方法，用来计算页码数目。

（1）编写查询帖子、用户操作的分页。该方法共有 5 个参数，分别是每页显示的记录数、数据表名称、当前页码、排序字段与排序方式。方法返回查询结果集。实现代码如下：

```
public ResultSet pageList(int pagesize, String tablename, int currentePage,
            String sort, String sortBy) throws ClassNotFoundException {
        try {
            Connection conn = ConnectionDB.getConnection();//获得数据库连接
            Statementsmt = conn.createStatement(ResultSet.TYPE_SCROLL_SENSITIVE,
                    ResultSet.CONCUR_UPDATABLE);           //获得 Statement 对象
            String sql="select * from " + tablename;       //获得最多记录数 SQL 语句
            ResultSet rs=smt.executeQuery(sql);            //执行 SQL 语句
            if(currentePage==1){                           //第 1 页显示的记录数据
                String getRs = "select top " + pagesize + " * from "
                        + tablename + " where id>0  order by " + sortBy + "  "
                        + sort;                            //查询记录的 SQL 语句
                ResultSet pageRs = smt.executeQuery(getRs); //执行 SQL 语句
                return pageRs;                             //返回结果集
            } else{                                        //第二页及后面的分页
                rs.absolute(pagesize * (currentePage - 1)); //滚动结果集到分页位置
```

```
                int lastid = rs.getInt("id");                   //获得记录数据中的id值
                String getRs = "select top " + pagesize + " * from "
                        + tablename + " where id>" + lastid + " order by "
                        + sortBy + " " + sort;                  //分页SQL
                ResultSet pageRs = smt.executeQuery(getRs); //执行SQL
                return pageRs;                                  //返回结果集
            }
        } catch (Exception e) {
            e.printStackTrace();                                //捕获异常
        }
        return null;
    }
```

（2）编写根据帖子 ID 查询回帖的分页方法。方法有 4 个参数，分别是分页记录数、表名称、当前页码数与帖子 ID。方法返回查询结果集，实现代码如下：

```
public ResultSet pageListReforum(int pagesize, String tablename,
            int currentePage, int forum_id) throws ClassNotFoundException {
        try {
            Connection conn = ConnectionDB.getConnection(); //获得数据库连接
            Statement smt = conn
                    .createStatement(ResultSet.TYPE_SCROLL_SENSITIVE,
                    ResultSet.CONCUR_UPDATABLE);        //获得Statement对象
            String sql ="select * from " + tablename + "  where  forum_id="
                + forum_id;                                 //获得最多记录数SQL语句
            ResultSet rs = smt.executeQuery(sql);           //执行SQL语句
            if (currentePage == 1) {                        //第1页显示的记录数据
                String getRs = "select top " + pagesize + " * from "
                        + tablename + " where id>0 and forum_id=" + forum_id;
                                                            //查询记录数据的SQL语句
                ResultSet pageRs = smt.executeQuery(getRs);  //执行SQL语句
                return pageRs;                              //获得结果集
            } else {                                        //第二页及后面的分页
                rs.absolute(pagesize * (currentePage - 1)); //滚动结果集到分页位置
                intlastid=rs.getInt("id");                  //获得记录数据中的id值
                String getRs = "select top " + pagesize + " * from "
                        tablename + " where id>" + lastid + " and forum_id="
                        + forum_id;                         //根据帖子ID进行分页的SQL
                ResultSet pageRs = smt.executeQuery(getRs);//执行SQL语句
                return pageRs;                              //返回结果集
            }
        } catch(Exception e) {
            e.printStackTrace();                            //捕获异常
        }
        return null;
    }
```

（3）编写获得帖子与用户数据表最大记录数的方法。方法根据表名称执行查询所有记录数据的 SQL 语句，获得查询的最大记录数据并返回。实现代码如下：

```
public Integer pageSize(String tablename) {
        try {
            Connection conn = ConnectionDB.getConnection();
            Statement smt=conn.createStatement(ResultSet.TYPE_SCROLL_SENSITIVE,
                ResultSet.CONCUR_UPDATABLE);                    //获得 Statement 对象
            String sql = "select * from " + tablename;         //查询记录的 SQL
            ResultSet rs = smt.executeQuery(sql);              //执行查询
            rs.last();                                         //滚动指针到最末位
            int rssize = rs.getRow();                          //获得记录数
            return rssize;                                     //返回记录数
        } catch (Exception e) {
            e.printStackTrace();                               //捕获异常
        }
        return null;
    }
```

（4）编写根据帖子 ID 查询回帖数的方法。该方法有两个参数：数据表名称与帖子 ID。根据帖子 ID 查询回帖数，并滚动 Statement 指针到达最末位记录，获得记录数据。代码如下：

```
public Integer pageSizeReforum(String tablename, int forum_id) {
        try{
            Statementsmt=conn
                .createStatement(ResultSet.TYPE_SCROLL_SENSITIVE,
                ResultSet.CONCUR_UPDATABLE);    //获得 Statement 对象
            String sql = "select * from " + tablename + " where forum_id = "
                + forum_id;                     //根据帖子 ID 查询记录数 SQL
            ResultSet rs = smt.executeQuery(sql);   //执行 SQL 语句
            rs.last();                              //滚动指针到末位
            int rssize = rs.getRow();               //获得最大记录数
            return rssize;                          //返回记录数
        }catch (Exception e) {
            e.printStackTrace();                    //捕获异常
        }
        return null;
    }
```

12.5.3　验证码生成器类

为了提高系统安全性，需要在登录页面使用防止恶意用户暴力破解用户密码的安全码。本系统的安全码通过一个 Servlet 类生成。

（1）定义一个静态 String 类型的数组常量 CHARARRAY，此数组用于储存安全码中出现的文本。代码如下：

```
private static final String CHARARRAY[] = { "0", "1", "2", "3", "4", "5",
        "6", "7", "8", "9", "a", "b", "c", "d", "e", "f", "g", "h", "i",
        "j", "k", "l", "m", "n", "o", "p", "q", "r", "s", "t", "u", "v",
        "w", "x", "y", "z" };                       //储存的常量由小写字母和数字组成
```

（2）定义用于获得随机文本的方法和获得随机颜色的方法。代码如下：

```
private StringgetRandChar(int randNumber) {
    returnCHARARRAY[randNumber];                    //返回随机文本数组
```

```
}
private Color getRandColor(int fc, int bc) {
    Random random=new Random();                    //定义随机变量 Random
    if (fc>255)
        fc = 255;                                  //控制参数 fc 不大于 255
    if (bc>255)
        bc = 255;                                  //控制参数 bc 不大于 255
    int r = fc + random.nextInt(bc - fc);          //生成随机颜色的红色色素
    int g = fc + random.nextInt(bc - fc);          //生成随机颜色的绿色色素
    int b = fc + random.nextInt(bc - fc);          //生成随机颜色的蓝色色素
    return new Color(r, g, b);                     //通过三个随机色素返回随机颜色
}
```

（3）定义 doGet()方法，此方法中将随机生成的文本放在 getRandColor()方法生成的随机颜色背景图片中，然后将这个图片显示到页面上，并将所生成的随机文本放入 session 中。代码如下：

```
public void doGet(HttpServletRequest request, HttpServletResponse response)
        throws ServletException, IOException {
    response.setContentType("image/jpeg");           //设置响应内容类型
    response.setHeader("Cache-Control", "no-cache");
    response.setHeader("Pragma", "No-cache");
    response.setDateHeader("Expires", 0L);          //设置响应头信息
    int width = 60;                                 //设置图片宽度变量
    int height = 20;                                //设置图片高度变量
    BufferedImage image = new BufferedImage(width, height, 1);
                                                    //以图片宽度变量和高度变量定义图片
    Graphics g = image.getGraphics();               //得到图片背景
    Random random = new Random();                   //定义随机变量
    g.setColor(getRandColor(200, 250));             //自定义颜色
    g.fillRect(0, 0, width, height);                //使用自定义颜色填充图片背景
    g.setFont(new Font("Arial", 0, 19));            //设置图片中文本字体
    g.setColor(getRandColor(160, 200));             //自定义颜色
    String sRand = "";                              //定义空字符串
    for (int i=0;i<4;i++) {                         //通过循环生成随机字符串
        String rand = getRandChar(random.nextInt(36));
                                                    //从静态数组常量中得到字符
        sRand = sRand + rand;                       //将所得到的字符拼接到随机字符串中
        g.setColor(new Color(20 + random.nextInt(110), 20 + random
                  .nextInt(110), 20 + random.nextInt(110)));
                                                    //设置字符随机颜色
        g.drawString(rand, 13 * i + 6, 16);         //将文本放入图像中
    }
    request.getSession().setAttribute("rand", sRand);
                                                    //将随机字符串放入 session 中
    g.dispose();                                    //将图像做成对象
    javax.servlet.ServletOutputStream imageOut = response.getOutputStream();
    JPEGImageEncoder encoder = JPEGCodec.createJPEGEncoder(imageOut);
    encoder.encode(image);                          //将图像放入响应中
}
```

在 web.xml 文件中配置验证码生成器类，当请求登录页面时就会显示验证码。

12.5.4 系统配置

本系统采用 Servlet 与 JSP 整合开发，对于控制器 Servlet 类，需要在 web.xml 文件中对其进行相应配置，指定处理请求的 URL 类型等。该配置文件的关键代码如下：

```
<servlet>                                               <!--处理用户请求类-->
    <servlet-name>UserController</servlet-name>
    <servlet-class>sunyang.webtier.UserController</servlet-class>
</servlet>
<servlet>                                               <!--处理发帖请求类-->
    <servlet-name>ForumController</servlet-name>
    <servlet-class>sunyang.webtier.ForumController</servlet-class>
</servlet>
<servlet>                                               <!--处理验证码类->
    <servlet-name>safecode</servlet-name>
    <servlet-class>sunyang.util.SafeCode</servlet-class>
</servlet>
<servlet-mapping>                                       <!--配置 UserController 对应请求-->
    <servlet-name>UserController</servlet-name>
    <url-pattern>/user.do</url-pattern>
</servlet-mapping>
<servlet-mapping>                                       <!--配置 ForumController 对应请求-->
    <servlet-name>ForumController</servlet-name>
    <url-pattern>/forum.do</url-pattern>
</servlet-mapping>
<servlet-mapping>                                       <!--配置安全吗 safecode 对应请求-->
    <servlet-name>safecode</servlet-name>
    <url-pattern>/safecode</url-pattern>
</servlet-mapping>
<welcome-file-list>                                     <!--配置欢迎页面-->
    <welcome-file>index.jsp</welcome-file>
</welcome-file-list>
```

12.6 用户登录与安全退出

只有注册成为论坛的用户才可以登录论坛，在论坛系统中进行发帖、回帖等操作。当用户退出论坛时，清空 session 中的用户记录。本节主要介绍用户登录与退出模块的技术实现。

12.6.1 用户登录与退出功能概述

论坛登录首页提供用户注册功能，方便第 1 次访问论坛的用户进行注册。注册用户成功后跳转到登录页面，填写正确的用户名称、密码与安全码就可以登录论坛，否则提示错误信息。登录错误信息如图 12-5 所示。

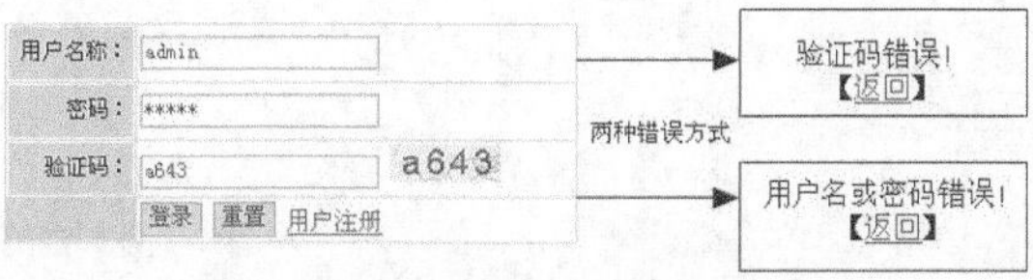

图 12-5 用户登录失败

普通用户登录成功后显示登录用户的名称、登录次数与修改个人信息的连接如图 12-6 所示。管理员登录成功后显示除了普通用户的所有功能以外，还可以查询论坛系统的所有用户如图 12-7 所示。

当用户单击首页中“退出”按钮时，即可安全退出论坛系统，并重新跳转到登录页面。

图 12-6　普通用户成功登录

图 12-7　管理员登录

12.6.2　用户登录与退出功能技术分析

用户在登录页面填写名称与密码，单击“提交”按钮后，在 Servlet 中调用持久化类中的判断用户名称与密码是否与数据库中的记录相符的方法，如果符合记录数据，则跳转到登录成功页面，否则提示错误信息。在登录成功页面判断用户的权限，管理员显示可以对用户、帖子及回帖的删除及查询所有用户的链接。系统设计如图 12-8 所示。

用户退出时，在处理用户退出的 Servlet 中清空用户会话 session。

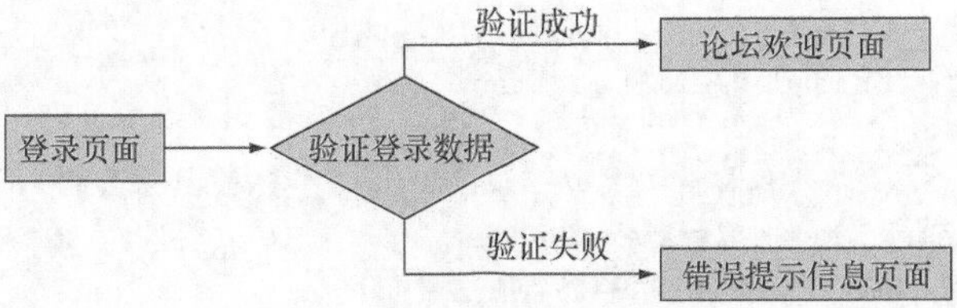

图 12-8　用户登录设计

12.6.3　用户登录与退出功能实现过程

（1）创建类“UserInfoVo.java”。编写用户属性信息，包含编号、用户名称、密码、性别、QQ 号码和电子邮箱。代码如下：

```
    private int id;                                       //编号
    private String name;                                  //名称
    private String password;                              //密码
    private int sex;                                      //性别
    private String qq;                                    //QQ 号码
    private String email;                                 //电子邮箱
    private int times;                                    //登录次数
    public int getId() {
         return id;
    }
    public void setId(int id) {
         this.id = id;
    }
    …                                                     //省略其他属性的gettXXX()与settXXX()方法
}
```

（2）创建类 UserInfoDAO.java。编写登录方法 login()，通过连接数据库公共类连接数据库，执行查询 SQL 语句来验证登录页面中填写的用户名称与密码是否正确。代码如下：

```
public UserInfoVo login(UserInfoVo user) throws SQLException{
    try {
        String sql = "select * from userinfo where name=? and password=?";
                                                        //查询用户 SQL 语句
        PreparedStatement psmt = conn.prepareStatement(sql);     //执行 SQL 语句
        psmt.setString(1, user.getName());                  //对查询条件 1 赋值
        psmt.setString(2, user.getPassword());              //对查询条件 2 赋值
        ResultSet rs=psmt.executeQuery();                   //执行 SQL 语句
        if(rs.next()){
        UserInfoVo u=new UserInfoVo();                      //创建用户对象
        u.setId(rs.getInt("id"));                           //对编号赋值
        u.setName(rs.getString("name"));                    //对名称赋值
        u.setPassword(rs.getString("password"));            //对密码赋值
        u.setSex(rs.getInt("sex"));                         //对性别赋值
        u.setQq(rs.getString("qq"));                        //对 QQ 号赋值
        u.setEmail(rs.getString("email"));                  //对电子邮箱赋值
        u.setAuthority(rs.getInt("authority"));             //对权限赋值
        u.setTimes(rs.getInt("times"));                     //对登录次数赋值
        addLoginTimes(u);                                   //增加登录次数
        u.setTimes(rs.getInt("times")+1);                   //重新对登录次数赋值
        conn.commit();                                      //提交事务
        rs.close();                                         //关闭结果集对象
        return u;                                           //返回用户对象
        }else{
            return null;                                    //查询失败返回空值
        }
    } catch (Exception e) {
        e.printStackTrace();                                //抛出异常
        }
return null;
}
```

（3）创建类 UserController.java，编写登录方法与退出方法。

1）用户登录。该方法中通过 HttpRequest 对象获得页面表单中提交的数据，并调用 UserDAO.java 中的登录方法验证数据，通过验证跳转到论坛首页，否则跳转到出错页面。代码如下：

```
public void login(HttpServletRequest request, HttpServletResponse response) {
    try {
        UserInfoVo u = new UserInfoVo();                    //创建用户对象
        u.setName(cc.toChinese(request.getParameter("name")));   //对名称赋值
        u.setPassword(cc.toChinese(request.getParameter("password")));
                                                            //对密码赋值
        if (!request.getParameter("safecode").equals(
                request.getSession().getAttribute("rand"))) {//判断验证码
        request.setAttribute("errors", "验证码错误！");
```

```
                                                              //提示验证码错误
            RequestDispatcher rd = request.getRequestDispatcher("error.jsp");
            rd.forward(request, response);                    //跳转到出错页面
        }else{
            UserInfoVo user = userdao.login(u);               //判断用户登录数据
            if(user!= null) {                                 //登录成功
                request.getSession().setAttribute("userinfo", user);
                                                              //将用户信息存到 session
                RequestDispatcher rd = request
                        .getRequestDispatcher("loginsuccess.jsp");
                rd.forward(request, response);                //跳转到登录成功页面
            }else{                                            //登录失败转到错误页面
                request.setAttribute("errors", "用户名或密码错误! ");
                RequestDispatcher rd = request
                        .getRequestDispatcher("error.jsp");
                rd.forward(request, response);
            }
        }
    } catch (Exception e) {
        e.printStackTrace();                                  //捕获异常
    }
}
```

2）退出方法。该方法执行清空 session 中用户记录的功能，退出后直接转发到登录页面。代码如下：

```
public void loginOut(HttpServletRequest request,HttpServletResponse response) {
        try {
            request.getSession().removeAttribute("userinfo");
                                                              //清空 session 中的用户记录
            response.sendRedirect("index.jsp");
        } catch (Exception e) {
            e.printStackTrace();
        }
}
```

（4）创建 login.jsp 登录页面。页面设计 3 个文本框，提供用户名称、密码、验证码输入功能。页面主要代码如下：

```
<form id="form" name="form" method="post" action="user.do?flag=5">
  <table width="315" border="1" >
    <tr>
      <td >用户名称：</td>
      <td ><input type="text" name="name" /></td>              <!--用户名称输入文本框 -->
    </tr>
    <tr>
      <td >密码：</td>
      <td ><input type="password" name="password" /></td>      <!--用户密码输入文本框 -->
    </tr>
    <tr>
      <td >验证码：</td>
      <td><inputtype="text"name="safecode"/><imgsrc="safecode" id="safecode" /> </td>
```

```
                                                    <!--验证码输入文本框-->
    </tr>
    <tr>
      <td align="right"></td>
      <td bgcolor="#FFFFFF"><label>              <!--提交按钮与注册连接-->
        <input type="submit" name="Submit" value="登录" onClick=" return check()" />
        <input type="reset" name="Submit2" value="重置" />
        <a href="addUser.jsp" >用户注册</a>
      </label></td>
    </tr>
  </table>
</form>
```

12.7 查看帖子

用户登录论坛首页或者发布帖子后显示所有帖子信息。本节将介绍查询所有帖子功能。

12.7.1 查看帖子功能概述

用户发帖后将帖子信息保存到帖子数据表中，通过编写查询帖子数据表的 SQL 语句查询帖子并将所有的帖子信息显示到页面。帖子列表页面如图 12-9 所示。

1 当前1页

标题	发帖人	ip	发布时间	回帖数目	操作
iBATIS支持缓存吗？	cndnc	127.0.0.1	2008年12月10日 星期三	0	回复
评论《开发者突击--Struts2》	sunyang	127.0.0.1	2008年12月10日 星期三	1	回复
请教：Tomcate连接池的用法？	sunyang	127.0.0.1	2008年12月10日 星期三	0	回复

发布新帖子

图 12-9 查看帖子

12.7.2 查看帖子功能技术分析

用户登录成功后，跳转到论坛首页。通过查询帖子数据表中数据，然后在页面中显示。详细设计如图 12-10 所示。

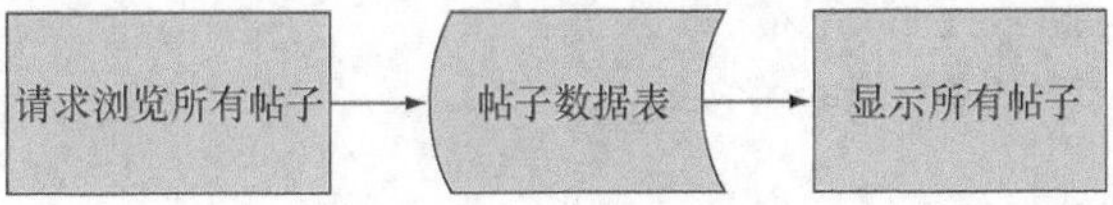

图 12-10 查看帖子

12.7.3 查看帖子功能实现过程

（1）创建类 ForumInfoVo.java。编写帖子的属性信息，包括帖子编号、标题、内容、发帖人、发帖人编号、发帖时间、发帖人 IP 和回帖数等。代码如下：

```
    private int id;                                         //编号
    private String title;                                   //标题
    private String content;                                 //内容
    private String ip;                                      //IP 地址
    private String createtime;                              //发帖时间
    private int author_id;                                  //发帖人编号
    private String authorname;                              //发帖人姓名
    private int countback;                                  //回帖数目
    public int getId() {
        return id;
    }
    public void setId(int id) {
        this.id = id;
    }
    …                                      //省略其他属性的 getter 与 setter 方法
```

（2）创建类 ForumDAO.java。编写查询帖子方法 findAll()，通过连接数据库公共类连接数据库，调用分页生成器类中的分页方法查询数据，遍历查询结果集，并将数据封装到 List 对象中返回。代码如下：

```
    public List<ForumInfoVo> findAll(int currentePage ) throws SQLException{
        try {
            ResultSet rs=pl.pageList(5,"forum", currentePage,"desc","id");
                                                        //获得分页方法查询的结果集
            rs.beforeFirst();                           //滚动指针到开始处
            List<ForumInfoVo> list=new ArrayList<ForumInfoVo>();
            while(rs.next()){                           //遍历结果集
                ForumInfoVo f=new ForumInfoVo();        //创建帖子属性类
                f.setId(rs.getInt("id"));               //对编号赋值
                f.setTitle(rs.getString("title"));      //对标题赋值
                f.setIp(rs.getString("ip"));            //对 IP 赋值
                f.setCreatetime(rs.getString("createtime"));      //对查询时间赋值
                f.setAuthor_id(rs.getInt("author_id"));           //对发帖人 ID 赋值
                f.setAuthorname(rs.getString("authorname"));      //对发帖人名称赋值
                f.setCountback(rs.getInt("countback"));           //对回帖数赋值
                list.add(f);                                      //封装列表对象
            }
            return list;                                          //返回列表对象
        } catch (Exception e) {
            e.printStackTrace();                                  //捕获异常
        }
        return null;
    }
```

根据帖子最大记录数进行分页，并返回页码数的方法及代码如下：

```
    public Integer pageSize(){
        int maxRow= pl.pageSize("forum");                 //获得帖子表的最大记录数
        int pages = maxRow / 5;                           //每一页显示 5 个记录的页码
```

```
        if (maxRow % 5 > 0) {                          //如果记录多于 5 个页码加 1
            pages = pages + 1;
            return pages;
        }
        return pages;
    }
```

（3）创建类 ForumController.java，创建查询所有帖子方法 findAll()，调用 ForumDAO.java 中的查询方法获得 List 对象，并将该对象传递到页面。代码如下：

```
public void findAll(HttpServletRequest request, HttpServletResponse response){
        try {
            request.setAttribute("pageinfo",fdao.pageSize()); //传递页码
            String currpage=request.getParameter("currentePage"); //获得当前页码
            int currentePage=1;                           //如果是首次请求显示第一页
            if(currpage!=null){
                currentePage=Integer.parseInt(currpage);    //对页码重新赋值
            }
            List<ForumInfoVo> list = new ArrayList<ForumInfoVo>();
            list = fdao.findAll(currentePage);                //获得所有帖子信息
            request.setAttribute("findAll", list);            //传递帖子信息到页面中
            RequestDispatcher rd = request.getRequestDispatcher("allForum.jsp");
            rd.forward(request, response);                    //跳转到论坛首页
        } catch (Exception e) {
            e.printStackTrace();
        }
    }
```

（4）创建页面 allForum.jsp，该页面获得 ForumController.java 中传递的 List 对象，通过 EL 表达式进行显示。页面中判断 Session 中用户的权限，如果是管理员显示“删除”超链接。代码如下：

```
    <form id="form1" name="form1" method="post" action="">
        <table>
            <traliign="center">
                <td>标题</td>
                <td>发帖人</td>
                <td>ip</td>
                <td>发布时间</td>
                <td>回帖数目</td>
                <td>操作</td>
            </tr>
  <c:forEach items="${requestScope.findAll}" var="forum">
      <tr>
          <td>
          <ahref="forum.do?flag=3&forum_id=${forum.id}">${forum.title}</a></td>
                                                      <!-- 显示标题-->
          <td >${forum.authorname}</td>               <!-显示发帖人名称-->
          <td >${forum.ip}</td>                       <!-- 显示 IP-->
          <td>${forum.createtime}</td>                <!-- 显示创建时间-->
          <td >  ${forum.countback}</td>              <!-- 显回帖数-->
```

```
        <td>  <a href="forum.do?flag=3&forum_id=${forum.id}">回复</a>
                                                    <!--回复帖子-->
        <c:if test="${userinfo.authority==1}">
        <a href="forum.do?flag=4&forum_id=${forum.id}">删除</a></c:if>
                                                    <!—删除帖子-->
        </td>  </tr></c:forEach>
```

根据 EL 表达式显示页面信息及当前页码数的代码如下：

```
<c:forEach begin="1" end="${requestScope.pageinfo}" step="1" varStatus="id">
    <a href="forum.do?flag=0&currentePage=${id.count}">${id.count}</a>
                                                <!--页码号 -->
  </c:forEach>
    <c:if test="${requestScope.currentePage==null}">
    <c:out value="当前第 1 页"></c:out>
    </c:if>
    <c:if test="${requestScope.currentePage!=null}">
    <c:out value="当前第${requestScope.currentePage}页"></c:out></c:if>
                                                    <!--显示当前页码 -->
```

12.8 发布帖子

用户可以通过发布帖子来提出问题、发表个人看法或者与其他人进行讨论等。本节介绍发布帖子的实现过程。

12.8.1 发布帖子功能概述

单击论坛首页中的“发布新帖子”链接到发布帖子页面，该页面提供帖子标题、帖子内容等文本框。用户填写了帖子信息后，单击“发贴”按钮完成帖子发布操作。页面显示如图 12-11 所示。

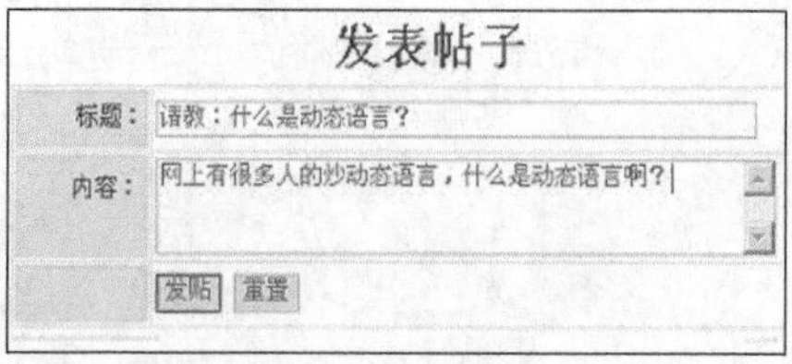

图 12-11　发布帖子

12.8.2 发布帖子功能技术分析

发帖页面中只提供帖子标题，帖子内容输入文本域，其他的帖子信息，如发帖人、发帖时间、发帖人 IP 等，都是通过 session 及提交发布帖子的 URL 地址获得。发布帖子的流程如图 12-12 所示。

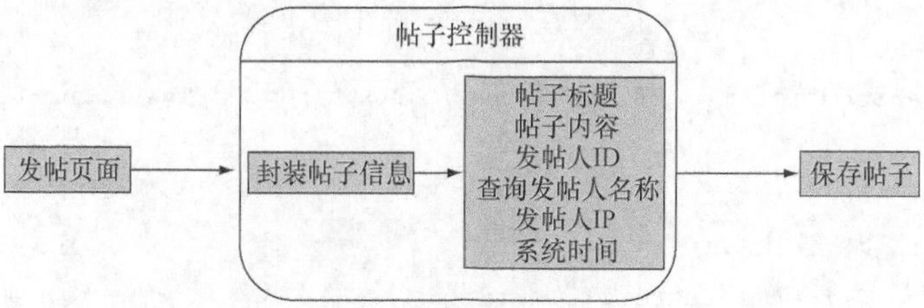

图 12-12　发布帖子功能设计

12.8.3 发布帖子功能实现过程

（1）在 ForumDAO.java 类中编写保存帖子方法 save()，该方法获得 ForumController.java 中传递的帖子信息，通过连接数据库公共类连接数据库，执行插入 SQL 语句来保存帖子数据。代码如下：

```
public void save(ForumInfoVo forum) throws SQLException{
        try {
            String sql="insert into forum(title,content,ip,createtime,author_id,
authorname)
                    values(?,?,?,?,?,?)";                       //编写插入 SQL 语句
            PreparedStatement psmt = conn.prepareStatement(sql);
                                                                //预编译 SQL 语句
            psmt.setString(1,forum.getTitle());                 //对标题赋值
            psmt.setString(2,forum.getContent());               //对内容赋值
            psmt.setString(3,forum.getIp());                    //对 IP 地址
            psmt.setString(4,forum.getCreatetime());            //对创建时间赋值
            psmt.setInt(5, forum.getAuthor_id());               //对发帖人编号赋值
            psmt.setString(6, forum.getAuthorname());           //对发帖人名称赋值
            psmt.execute();                                     //执行 SQL 语句
            conn.commit();                                      //提交事务
        } catch (Exception e) {
            conn.rollback();                                    //回滚事务
            e.printStackTrace();                                //捕获异常
        }
    }
```

（2）在 ForumController.java 类中编写保存帖子方法 saveForum()，该方法接收发布帖子页面表单数据，封装帖子对象，然后调用 ForumDAO.java 保存帖子方法，完成帖子保存。代码如下：

```
public void saveForum(HttpServletRequest request,HttpServletResponse response) {
        try {
            ForumInfoVo forum = new ForumInfoVo();          //创建帖子对象
            forum.setTitle(cc.toChinese(request.getParameter("title")));
                                                            //对帖子标题赋值
            forum.setContent(cc.toChinese(request.getParameter("content")));
                                                            //对帖子内容赋值
            UserInfoVouser=(UserInfoVo)request.getSession().getAttribute("us erinfo");
                                                            //获得发帖人对象
            forum.setAuthor_id(user.getId());               //对发帖人 ID 赋值
            forum.setAuthorname(user.getName());            //对发帖人名称赋值
            Date date = new Date();                         //获得当前系统时间
            DateFormat dateFormat = DateFormat.getDateInstance(DateFormat.FULL);
            dateFormat.format(date);
            forum.setCreatetime(dateFormat.format(date));//对发帖时间赋值
            forum.setIp(request.getLocalAddr());            //对发帖人 IP 赋值
            fdao.save(forum);                               //保存帖子
            RequestDispatcher rd=request.getRequestDispatcher("forum.do?flag =0");
            rd.forward(request, response);                  //转发到帖子列表页面
        } catch (Exception e) {
            e.printStackTrace();
        }
    }
```

（3）创建发帖页面 sendForum.jsp。设计帖子标题文本框，帖子内容文本区域，发帖提交按钮。代码如下：

```
<form name="form1" method="post" action="forum.do?flag=1">
    <table>
      <tr>
        <td >标题：</td>                                      <!--发帖标题-->
        <td ><input type="text" name="title" size="50"></td>
      </tr>
      <tr>
        <td >内容：</td>                                      <!--发帖内容-->
        <td ><textarea name="content" cols="50" rows="25"></textarea></td>
      </tr>
      <tr>
        <td ></td>
        <td>                                                  <!--发帖提交按钮-->
          <input type="submit" name="Submit" value="发贴">
          <input type="reset" name="Submit2" value="重置">
        </label></td>
      </tr>
    </table>
  </form>
```

12.9 回复帖子

论坛系统中用户可以浏览单个帖子，并填写回复内容。本节主要介绍回复帖子实现过程。

12.9.1 回复帖子功能概述

用户登录论坛后，在查看所有帖子列表过程中，单击帖子标题或“回复”都可以查看单个帖子内容、其他人回复信息，也可以添写回复内容。单个帖子内容如图 12-13 所示。

回帖页面如图 12-14 所示。

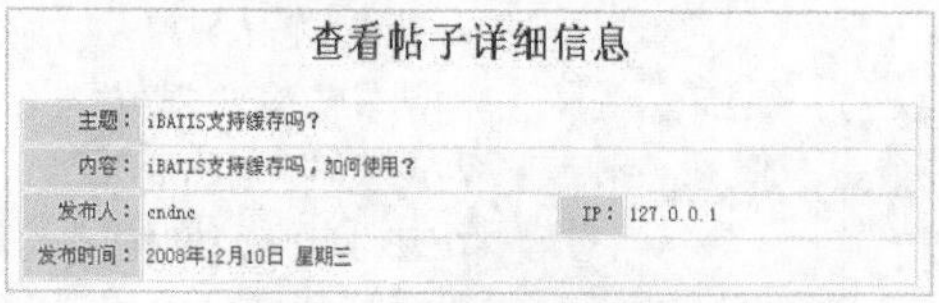

图 12-13　查看单个帖子

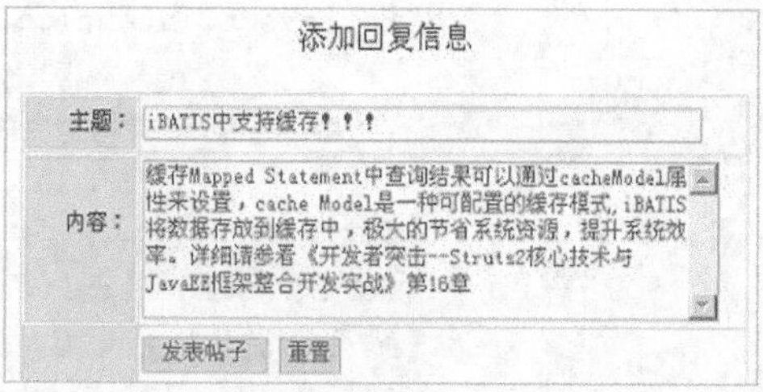

图 12-14　添加回复信息

12.9.2 回复帖子功能技术分析

单击帖子标题或“回复”时，执行通过帖子 ID 查询单个帖子与查询该帖子回贴等操作。系统实现过程如图 12-15 所示。

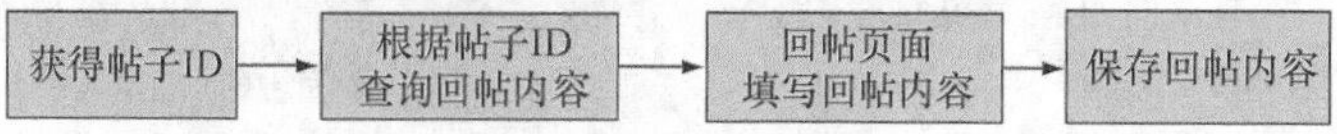

图 12-15　回帖功能设计

12.9.3 回复帖子功能实现过程

（1）创建类 ReforumInfoVo.java。该类中编写回帖信息的属性，包括回帖编号、标题、内容、帖子编号、回帖人编号、回帖人姓名、回贴人 IP 和回帖时间。代码如下。

```
private int id;                                   //编号
private String title;                             //回帖标题
private String content;                           //回帖内容
private int forum_id;                             //帖子编号
private String ip;                                //回帖 IP
private int author_id;                            //回帖人编号
private String authorname;                        //回帖人名称
public int getId() {
    return id;
}
public void setId(int id) {
    this.id = id;
}
……//省略其他属性的 getXXX()与 settXXX()方法
```

（2）在 ForumDAO.java 中编写查询单个帖子方法 findById()，通过连接数据库公共类连接数据库，执行查询单个帖子的 SQL 语句来获得单个帖子内容。代码如下：

```
public ForumInfoVo findById(int id) throws SQLException{
    try {
        String sql = "select * from forum where id=?";    //查询单个帖子的 SQL 语句
        PreparedStatement psmt = conn.prepareStatement(sql);
                                                         //预编译 SQL 语句
        psmt.setInt(1, id);                              //对第一个参数赋值
        ResultSet rs=psmt.executeQuery();                //执行 SQL 语句
        rs.next();                                       //滚动指针
        ForumInfoVo f=new ForumInfoVo();                 //创建帖子对象
            f.setId(rs.getInt("id"));                    //对编号赋值
            f.setTitle(rs.getString("title"));           //对标题赋值
            f.setIp(rs.getString("ip"));                 //对 IP 赋值
            f.setCreatetime(rs.getString("createtime")); //对查询时间赋值
            f.setAuthor_id(rs.getInt("author_id"));      //对发帖人 ID 赋值
            f.setAuthorname(rs.getString("authorname")); //对发帖人名称赋值
            f.setCountback(rs.getInt("countback"));      //对回帖数赋值
       rs.close();                                       //关闭结果集
       return f;                                         //返回帖子对象
   }catch (Exception e) {
       e.printStackTrace();                              //捕获异常
   }
   return null;

}
```

（3）创建类 ReforumDAO.java。编写根据帖子 ID 查询回帖信息与保存回帖内容两个方法。代码如下：

① 根据帖子 ID 查询回帖内容。通过连接数据库公共类连接数据库，执行查询回帖内容的

SQL 语句，获得回帖信息。代码如下：

```
public List<ReforumInfoVo>findByForumId(int id,int currentePage)throwsSQLExcepti on {
    try {
        ResultSet rs=pl.pageListReforum(5,"reforum", currentePage,id);
                                                                //查询回帖内容
        rs.beforeFirst();                                       //滚动指针到第 1 个位置
        List<ReforumInfoVo> list = new ArrayList<ReforumInfoVo>();
        while(rs.next()) {                                      //遍历结果集
            ReforumInfoVo rf = new ReforumInfoVo();             //创建回帖对象
            rf.setId(rs.getInt("id"));                          //对回帖编号赋值
            rf.setTitle(rs.getString("title"));                 //对回帖标题赋值
            rf.setContent(rs.getString("content"));             //对回帖内容赋值
            rf.setForum_id(rs.getInt("forum_id"));              //对帖子编号赋值
            rf.setIp(rs.getString("ip"));                       //对回帖人 IP 赋值
            rf.setAuthor_id(rs.getInt("author_id"));            //对回帖人编号赋值
            rf.setAuthorname(rs.getString("authorname"));//对回帖人名称赋值
            rf.setCreatetime(rs.getString("createtime"));//对回帖时间赋值
            list.add(rf);                                       //增加回帖对象
        }
        return list;                                            //返回列表对象
    }catch (Exception e) {
        e.printStackTrace();                                    //捕获异常
    }
    return null;
}
```

② 填写回帖内容后，将回帖信息保存到回帖数据表。通过连接数据库公共类连接数据库，执行保存回帖内容的 SQL 语句，保存回帖内容。代码如下：

```
public void save(ReforumInfoVo reforum) throws SQLException {
    try {
        String sql="insert into reforum(title,content,forum_id,ip,author_id,auth orname,
createtime) values(?,?,?,?,?,?,?)";                                 //编写保存帖子 SQL 语句
            PreparedStatement psmt=conn.prepareStatement(sql);//预编译 SQL 语句
            psmt.setString(1, reforum.getTitle());            //对回帖标题赋值
            psmt.setString(2, reforum.getContent());          //对回帖内容赋值
            psmt.setInt(3, reforum.getForum_id());            //对帖子编号赋值
            psmt.setString(4, reforum.getIp());               //对回帖人 IP 赋值
            psmt.setInt(5, reforum.getAuthor_id());           //对回帖人编号赋值
            psmt.setString(6,reforum.getAuthorname());        //对回帖人名称赋值
            psmt.setString(7, reforum.getCreatetime());       //对回帖时间赋值
            psmt.execute();                                   //执行 SQL 语句
            conn.commit();                                    //提交事务
            ForumDAO fdao=new ForumDAO();                     //实例化帖子 DAO
            int countback=fdao.countBack(reforum.getForum_id());//获得回帖数目
            fdao.addCountBack(countback, reforum.getForum_id());//增加回帖数目
        } catch (Exception e) {
            conn.rollback();                                  //回滚事务
            e.printStackTrace();                              //捕获异常
        }
}
```

（4）在 ForumController.java 类中编写查询单个帖子、单个帖子回帖、保存回帖方法。

① 查询单个帖子及其回帖。根据页面 URL 地址提交的帖子编号，执行 ReforumDAO.java 中查询单个帖子及单个帖子回帖内容方法，并将它们传递到页面。代码如下：

```
public void showSingleForum(HttpServletRequest request,HttpServletResponse response) {
        try {
            int f_id = Integer.parseInt(request.getParameter("forum_id"));
                                                            //获得帖子编号
            ForumInfoVo forum = fdao.findById(f_id);        //获得帖子内容
            String currpage=request.getParameter("currentePage");
                                                            //获得当前页
            int currentePage=1;                             //如果是首次请求显示第 1 页
            if(currpage!=null){
                 currentePage=Integer.parseInt(currpage); //不是首次请求显示当前页
            }
            List<ReforumInfoVo>allReforum=rfdao.findByForumId(f_id,currenteP age);
                                                            //根据帖子编号获得回帖内容
            request.setAttribute("pageinfo",rfdao.pageSize(f_id));
                                                            //传递页码到页面
            request.setAttribute("forum", forum);           //传递帖子内容到页面
            request.setAttribute("allreform", allReforum);  //传递回帖内容到页面
            request.getRequestDispatcher("reForum.jsp").forward(request, respon se);
                                                            //跳转到回帖页面
        } catch(Exception e) {
            e.printStackTrace();                            //捕获异常
        }
    }
```

② 保存回帖。获得回帖页面表单中数据，调用 ReforumDAO.java 中保存回帖方法，将回帖数据保存到数据库。代码如下：

```
public void reForum(HttpServletRequest request, HttpServletResponse response) {
    try {
        ReforumInfoVo rf = new ReforumInfoVo();         //创建回帖对象
        rf.setTitle(cc.toChinese(request.getParameter("title")));
                                                        //获得帖子标题
        rf.setContent(cc.toChinese(request.getParameter("content")));
                                                        //获得帖子内容
        rf.setAuthor_id(Integer.parseInt(request.getParameter("author_ id")));
                                                        //获得回帖人编号
        UserInfoVo user=(UserInfoVo)request.getSession().getAttribute("us erinfo");
        rf.setAuthorname(user.getName());               //获得回帖人名称
        rf.setForum_id(Integer.parseInt(request.getParameter("forum_id")));
                                                        //获得帖子编号
        rf.setIp(request.getLocalAddr());               //获得回帖人 IP
        Date date = new Date();
        DateFormat dateFormat = DateFormat.getDateInstance(DateFormat.FULL);
        rf.setCreatetime(dateFormat.format(date));      //获得回帖时系统时间
        rfdao.save(rf);                                 //保存回帖
        int f_id = Integer.parseInt(request.getParameter("forum_id"));
                                                        //获得帖子编号
        response.sendRedirect("forum.do?flag=3&forum_id=" + f_id);
                                                        //重新查询帖子及回帖
```

```
        }catch (Exception e) {
            e.printStackTrace();                                    //捕获异常
        }
    }
```

（5）创建回帖页面 reforum.jsp，页面显示单个帖子内容、回帖内容、发布回复帖子的表单。代码如下：

① 显示单个帖子内容。通过 EL 表达式显示 ForumController.java 中查询帖子方法传递的帖子内容。代码如下：

```
<table >
  <tr>
    <td >主题：</td>                                       <!--显示帖子主题-->
    <td >${requestScope.forum.title}</td>
  </tr>
  <tr>
    <td >内容：</td>                                       <!--显示帖子内容-->
    <td >${requestScope.forum.content}</td>
  </tr>
  <tr>
    <td >发布人：</td>                                     <!--显示帖子发布人-->
    <td >${requestScope.forum.authorname}</td>
    <td>IP：</td>
    <td >${requestScope.forum.ip}</td>
  </tr>
  <tr>
    <td >发布时间：</td>                                   <!--显示帖子发布时间-->
    <td >${requestScope.forum.createtime}</td>
  </tr>
</table>
```

② 显示回帖内容。通过 JSTL 与 EL 表达式显示 ForumController.java 中查询帖子方法传递的回帖内容，如果没有回帖内容显示“没有人回复”。代码如下：

```
<c:if test="${requestScope.allreform!=null}">             <!--有回帖内容时显示-->
  <c:forEach items="${requestScope.allreform}" var="reforum">
                                                          <!--循环回帖内容 -->
    <table>
      <tr>
        <td >回复：</td>                                   <!--显示主帖标题-->
        <td >${requestScope.forum.title}</td>
        <c:if test="${sessionScope.userinfo.authority==1}">
        <td>
          <a href="forum.do?flag=5&reforum_id=${reforum.id}&
          forum_id=${requestScope.forum.id}">删除</a></td> <!--管理员可以删除回帖-->
        </c:if>
      </tr>
      <tr>
        <td >回复标题：</td>                               <!--显示回帖标题-->
        <td >${reforum.title}</td>
      </tr>
      <tr>                                                <!--显示回帖内容-->
        <td">内容：</td>
        <td >${reforum.content}</td>
      </tr>
      <tr>                                                <!--显示回帖发布人-->
```

```
        <td >发布人：</td>
        <td >${reforum.authorname}</td>
        <td >IP：</td>
        <td >${reforum.ip}</td>
      </tr>
      <tr>                                                    <!--显示回帖发布时间-->
        <td >发布时间：</td>
        <td >${reforum.createtime}</td>
      </tr>
    </table>
    <br>
   </c:forEach>
</c:if>
<c:if test="${requestScope.allreform==null}"><center>无人回复信息</center></c:if>
<center><a href="forum.do?flag=0">返回</a></center>              <!--回论坛首页 -->
```

说明

根据帖子编号查询回帖内容的分页同 12.7.3 小节介绍的分页方法，不同的是传递的参数是帖子编号与回帖表名称。

12.10　删除帖子

管理员可以对论坛中过时的或者内容不良的帖子、回帖等及时删除。本节具体介绍删除帖子的功能实现。

12.10.1　删除帖子功能概述

管理员可以维护论坛的帖子、回帖等内容。当管理员登录后，页面中显示删除、回帖超链接，单击“删除”超链接后删除对应的记录。删除帖子的页面如图 12-16 所示。

1 当前1页
标题
发帖人
ip
发布时间
回帖数目
操作
请问：什么是动态语言？
sunyang
127.0.0.1
2008年12月11日 星期四
0
回复
删除
iBATIS支持缓存吗？
cndnc
127.0.0.1
2008年12月10日 星期三
1
回复
删除
评论《开发者突击--Struts2》
sunyang
127.0.0.1
2008年12月10日 星期三
1
回复
删除
请教：Tomcate连接池的用法？
sunyang
127.0.0.1
2008年12月10日 星期三
0
回复
删除
发布新帖子

图 12-16　显示删除帖子

单击帖子标题或“回复”时显现回帖内容，并显示“删除”链接，如图 12-17 所示。

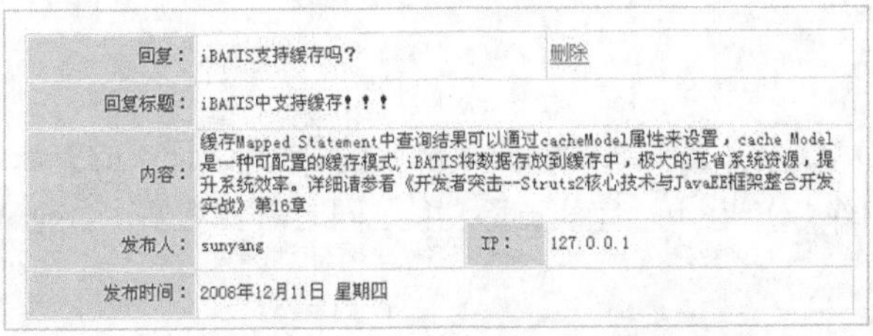

图 12-17　显示删除回帖

12.10.2 删除帖子功能技术分析

管理员删除帖子时有两种情况。

（1）没有回帖时：单击“删除”超链接，直接删除帖子数据表中记录。

（2）有回帖时：单击“删除”超链接，首先删除回帖记录，然后删除帖子。

删除帖子功能实现如图 12-18 所示。

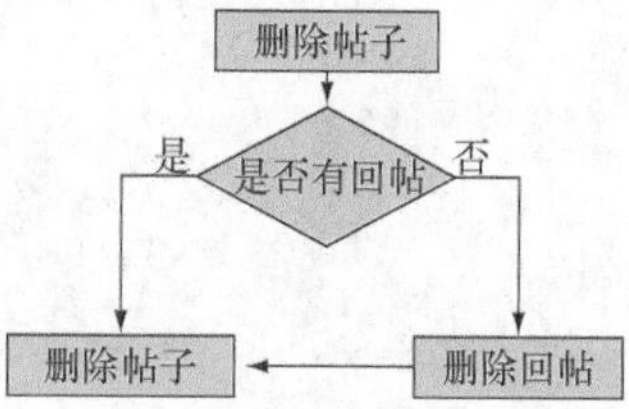

图 12-18 删除帖子功能设计

管理员删除回帖时，只需直接删除回帖数据表中的对应记录即可。

12.10.3 删除帖子功能实现过程

删除帖子功能模块由帖子属性类 ForumInfoVo.java、回帖属性类 ReforumInfoVo.java，它们分别在 12.7.3 小节、12.9.3 小节中进行了介绍，这里不再赘述。

（1）在 ForumDAO.java 类中添加删除帖子方法，通过连接数据库公共类连接数据库，根据帖子 ID 编写，首先删除回帖表中的记录，然后删除帖子记录的 SQL 语句并执行。代码如下：

```
public boolean delete(int id) throws SQLException{
    try {
        String delreform="delete reforum where forum_id=?";//删除回帖记录的 SQL
        PreparedStatement psmt1 = conn.prepareStatement(delreform);
                                                            //预编译 SQL 语句
        psmt1.setInt(1, id);                                //对帖子编号赋值
        psmt1.executeUpdate();                              //执行 SQL 语句
        String sql = "delete forum where id=?";             //删除帖子的 SQL 语句
        PreparedStatement psmt2 = conn.prepareStatement(sql);
                                                            //预编译 SQL 语句
        psmt2.setInt(1, id);                                //对帖子编号赋值
        int b=psmt2.executeUpdate();                        //删除帖子
        conn.commit();                                      //提交事务
        if(b!=0){                                           //如果删除成功返回真
            return true;
        }else{                                              //如果删除失败返回假
            return false;
        }
    } catch (Exception e) {
        conn.rollback();                                    //回滚事务
        e.printStackTrace();                                //捕获异常
    }
    return false;
  }
}
```

（2）在 RefourumDAO.java 类中编写根据回帖 ID 删除帖子记录的方法，通过连接数据库公共类连接数据库，执行删除 SQL 语句，完成删除功能。同时需要将帖子数据表中的回帖数目减少 1。实现代码如下：

```
public boolean delete(int reforum_id,int forum_id) throws SQLException {
```

```
        try {
            String sql = "delete reforum where id=?";           //删除回帖 SQL 语句
            PreparedStatement psmt = conn.prepareStatement(sql);
                                                                //预编译 SQL 语句
            psmt.setInt(1, reforum_id);                         //对回帖编号赋值
            int b=psmt.executeUpdate();                         //执行 SQL 语句
            ForumDAO fdao=new ForumDAO();                       //获得帖子 DAO 对象
            int countback=fdao.countBack(forum_id);             //获得回帖数据
            fdao.removeCountBack(countback, forum_id);          //减少回帖数
            conn.commit();                                      //提交事务
            if(b!=0){
                return true;
            }else{
                return false;
            }
        } catch (Exception e) {
            conn.rollback();                                    //回滚事务
            e.printStackTrace();                                //捕获异常
        }
        return false;
    }
```

（3）在 ForumDAO.java 类中编写当删除回帖时，减少回帖数目的方法。通过连接数据库公共类连接数据库，编写更新回帖数目的 SQL 语句，将回帖数减 1。代码如下：

```
public Integer removeCountBack(int countback,int forum_id) throws SQLException{
    try {
        String sql = "update forum set countback=? where id=?";
                                                        //更新回帖数的 SQL 语句
        PreparedStatement psmt = conn.prepareStatement(sql);
                                                        //预编译 SQL 语句
        psmt.setInt(1,countback-1);                     //对回帖数赋值
        psmt.setInt(2, forum_id);                       //对帖子编号赋值
        psmt.executeUpdate();                           //执行 SQL 语句
    } catch (Exception e) {
        conn.rollback();                                //回滚事务
        e.printStackTrace();                            //捕获异常
    }
    return 0;
}
```

（4）在 ForumController.java 类中编写删除帖子与回帖的方法。

① 删除帖子。根据页面提交的帖子 ID 调用 ForumDAO.java 类中删除帖子方法，删除帖子记录。实现代码如下：

```
public void deleteForum(HttpServletRequest request,HttpServletResponse response) {
    try{
        fdao.delete(Integer.parseInt(request.getParameter("forum_id")));
                                                        //删除帖子
        response.sendRedirect("forum.do?flag=0");       //跳转到论坛首页
    } catch (Exception e) {
        e.printStackTrace();                            //捕获异常
    }
}
```

② 删除回帖。根据页面提交的回帖 ID 调用 ReforumDAO.java 类中的删除回帖方法，删除回帖数据表中对应记录。实现代码如下：

```
public void deleteReforum(HttpServletRequest request,HttpServletResponseresponse) {
        try {
            rfdao.delete(Integer.parseInt(request.getParameter("reforum_id")),
            Integer.parseInt(request.getParameter("forum_id")));//删除回帖
            int f_id=Integer.parseInt(request.getParameter("forum_id"));
            response.sendRedirect("forum.do?flag=3&forum_id="+f_id);
                                                        //跳转到回帖首页
        } catch (Exception e) {
            e.printStackTrace();                        //捕获异常
        }
    }
```

（5）删除操作页面实现。

① 删除帖子。帖子列表页面 allFroum.jsp 中通过 JSTL 判断语句及 EL 表达式获得 Session 中存储的用户权限属性 authority，如果该值是 1，则显示删除操作连接，否则不显示。实现代码如下：

```
<c:if test="${userinfo.authority==1}">              <!--如果权限值是 1 显示删除-->
      <a href="forum.do?flag=4&forum_id=${forum.id}">删除</a>
</c:if>
```

② 删除回帖。回帖页面 reForum.jsp 中通过 JSTL 判断语句及 EL 表达式获得 session 中存储的用户权限属性 authority，如果该值是 1，则显示删除操作连接，否则不显示。实现代码如下：

```
<c:if test="${sessionScope.userinfo.authority==1}"> <!--如果权限值是 1 显示删除-->
    <td>
    <a href="forum.do?flag=5&reforum_id=${reforum.id}
    &forum_id=${requestScope.forum.id}">删除</a></td>
</c:if>
```

小　结

本章通过 JSP、Servlet、JDBC 技术与 SQLServer 2000 数据开发了论坛系统，实现了用户登录与安全退出、发帖、回帖等功能。使用 MVC 设计模式，其中 JSP 用来进行页面编码，使用 JSTL 与 EL 表达式显示数据；Servlet 作为系统全局控制器，负责调用业务层方法与页面转发；使用 JDBC 进行数据库连接、操作数据。整个系统运行时，将成功登录的用户信息存储到 session 中，当用户执行发布帖子，回复帖子时直接获得用户编号与名称，减轻了服务器的负担，有助于提高系统运行效率。

第 13 章 JSP 实例开发 2——购物车

随着计算机的普及和 Internet 的快速发展，网上商城逐渐成为一种新兴的购物手段，人们足不出户就可以购买所需商品，一个完整的网上商城中必须包含购物车的应用。本章具体介绍购物车模块的概念和实现。

13.1 实例开发实质

在商场或超市中，人们购买很多东西时，往往要将购买的商品放在商场为购物者准备的一种特殊的车子里，这种车子就叫购物车。

随着网络的发展，网上购物已经成为一种潮流。那么，如何才能实现人们在网上购物时，也能像在现实中一样将希望购买的商品“随身携带”呢？在网上商城应用中，也包含一个购物车模块，这个购物车就是一辆虚拟的超市购物车，用户通过购物车模块可以实现和现实购物车完全相同的功能，其中包括将商品添加至购物车，查看购物车，修改购物车中商品数量，在购物车中移除指定商品，结账等功能。

本章设计的购物车系统采用 JSP、Servlet 和 JDBC 整合开发，使用的数据库为 MySQL Server 5.0。通过本章学习，读者可以掌握 JSP、Servlet 和 JDBC 三者的结合使用，并且了解 MySQL Server 5.0 的实际项目中的应用，更加熟练的应用 Session 开发具体项目。

13.2 系统业务流程

进行项目开发时，首先要有相应的开发思路，本节将从用户进入系统后可以进行的所有操作流程来思考如何开发该项目。系统业务流程如下。

（1）进入系统后，首先看到的是登录页面，登录页面中加入了注册新用户链接。如果当前用户已经在该系统中存在一个账号，则可以直接登录系统，否则需要进入注册页面进行注册，然后再次进入登录页面进行登录操作。

技巧　由于涉及用户的登录和注册，所以需要将已注册用户信息保存到数据库中。

（2）进入系统主页面，其中显示了当前商场中的所有商品信息。用户可以通过单击商品名的操作来查看指定商品的具体信息。

技巧　由于商品信息不会做频繁的变更，所以将其储存在数据库中。

（3）如果用户觉得该商品值得购买，可以在查看商品具体信息后将其放入购物车中。

技巧　由于购物车中的商品信息会做比较频繁的改变，当用户退出系统后其购物车将不复存在，所以将购物车中存放的商品做成一个 List 变量，并储存到上 session 中。

（4）有时用户需要查看自己购物车中的商品信息，该项操作可以通过查看全部商品信息或将商品添加至购物车页面中的链接来实现。

技巧　用户在查看购物车页面中可以查看购物车中商品的名称、价格、购买数量、价格小计和当前消费总金额。

（5）用户可以修改购物车中商品数量，该操作在查看购物车页面中进行。

（6）用户可以在购物车中删除指定商品，该操作在查看购物车页面中进行。

（7）用户可以清空购物车，该操作在查看购物车页面中进行。

（8）用户购物完毕后进行结账，该操作在查看购物车页面中进行。

技巧　用户结账的方式，不是指在实体超市中的“一手交钱，一手交货”，因为在网上购物时，用户不可能立即得到商品实物，而且网络商城运营商也不会立即得到对等商品价格的货币。本系统的结账操作是将用户购买的商品送到用户指定的地址，同时收取相应的费用。所以在用户结账时，让用户填写订单，并将订单与用户购买的商品储存在数据库中。

综上所述，整个系统的操作流程如图 13-1 所示。

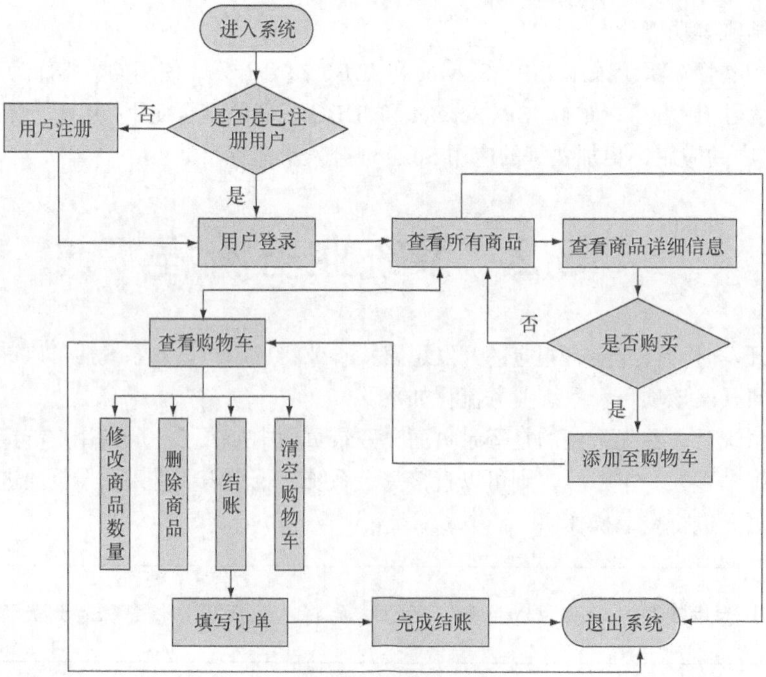

图 13-1　系统操作流程

13.3　数据表设计

根据 13.2 节对系统业务流程的分析，规划出本系统中使用的数据表分别为用户表、商品表、用户订单表和用户订单商品表等。

（1）用户表用于储存用户信息。本系统中需要的用户信息包括：用户名、用户密码、用户性别、用户真实姓名、用户电话和用户 E-mail。

（2）商品表用于储存商品信息。本系统中需要的商品信息包括：商品名称、商品价格、商品图片、商品生产厂商、商品出厂日期和商品简介。

（3）订单表用于储存用户订单相关信息。本系统中需要的订单信息包括：填写订单用户、发货地址、邮编、交易流水号、交易日期和是否已经发货。

（4）订单商品表用于储存用户订单中的商品信息。本系统中需要的用户订单商品信息包括：交易流水号、商品 ID 和商品数量。

数据表树型结构图如图 13-2 所示，包含了系统中的所有数据表及其字段。

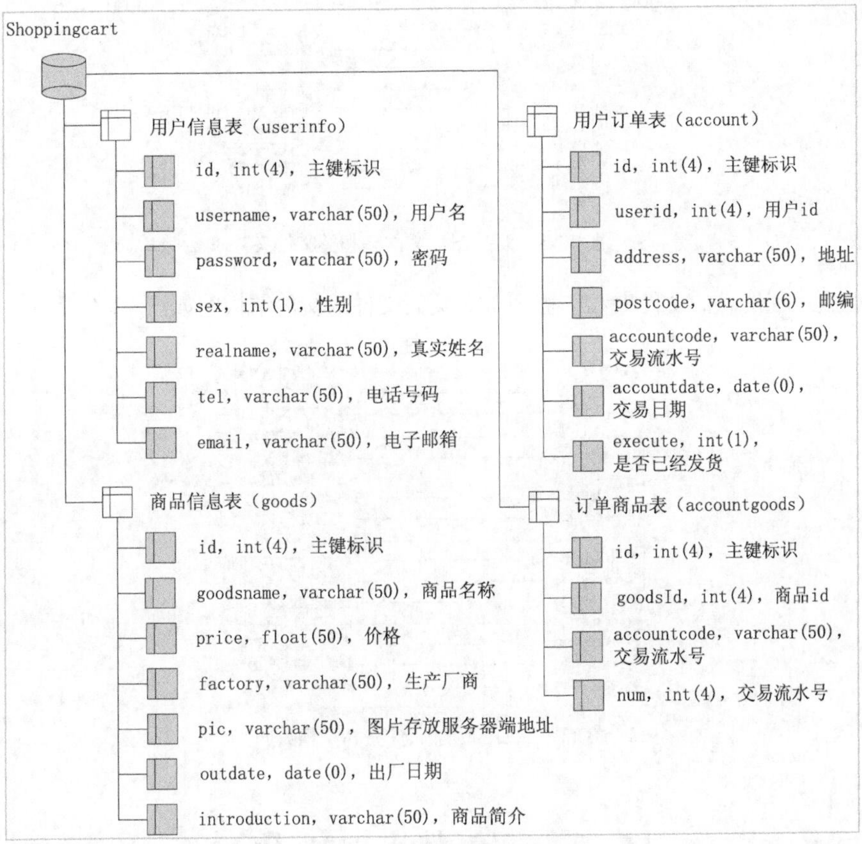

图 13-2　数据表树型结构

注意　本系统使用的数据库为 MySQL Server5.0，所以需要将 MySQL 数据库驱动类库 mysql-connector-java-3.1.14-bin.jar 引入工程中。

13.4 文件结构设计

为了方便以后的开发工作并规范整个系统架构在编写代码之前，可以把整个系统要用到的文件夹及其文件创建出来。本系统中用于存放商品图片的文件夹和存放类的文件夹的文件结构图如图 13-3 所示。

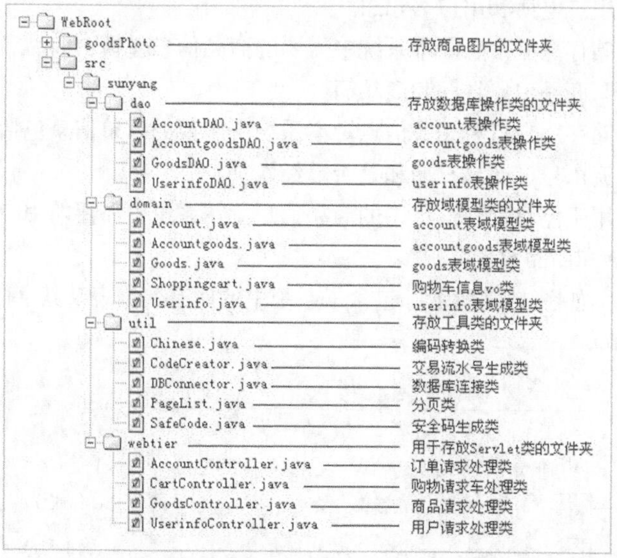

图 13-3 商品图片文件夹和类文件夹

用于存放工程信息的文件夹和工程中 JSP 页面文件的文件结构图如图 13-4 所示。

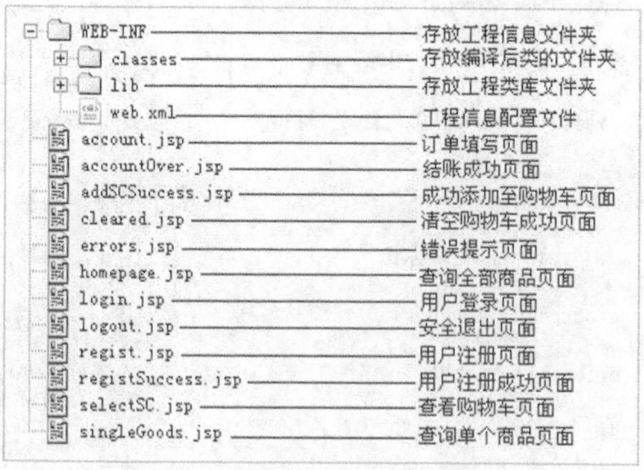

图 13-4 工程信息文件夹和工程页面

13.5 公共模块设计

本系统包含一些用于完成特殊功能的类，这些类需要被很多模块调用，可是却不属于任何一个模块。将这些不属于任何一个模块，却具有重要功能的类划分到公共模块中。这些类包括：数据库连接类 DBConnector.java，编码转换类 Chinese.java，交易流水号生成类 CodeCreator.java 等。下面将介绍购物车系统中所需公共类的编写过程。

13.5.1　数据库连接类

本系统使用的数据库为 MySQL Server 5.0。将该数据库的驱动类库安装到系统后就可以编写数据库连接类，在数据库连接类 DBConnector.java 中新建返回值为 java.sql.Connection 类型的方法 getConnection，该方法用于返回数据库连接。

首先需要在此方法中定义几个变量，这些变量用于得到数据库的用户名、密码和数据库连接 URL。代码如下：

```
String user = "root";                                          //用户名变量
String psw = "111";                                            //密码变量
String url = "jdbc:mysql://localhost:3306/shoppingcart?user=" + user + 
"&password=" + psw
      + "&useUnicode=true&characterEncoding=GBK";              //数据库连接 URL
```

定义 Connection 类型变量 conn，同时加载数据驱动，使用 DriverManager 的 getConnection() 方法初始化变量 conn，同时将其返回。代码如下：

```
Connection conn = null;                                        //定义数据库连接变量
try {
    Class.forName("org.gjt.mm.mysql.Driver").newInstance();  //加载数据库驱动
    conn = DriverManager.getConnection(url);                   //初始化数据库连接变量
    return conn;
} catch (Exception e) {
    System.out.println("连接数据库失败");
    e.printStackTrace();                                       //捕获异常并输出错误信息
}
```

13.5.2　编码转换类

为了让 JSP 页面可以显示汉语，需要改变其编码集为 GBK，这时就会产生问题：Servlet 默认处理的编码集为 ISO8859_1，但是页面中所传递数据的编码集却为 GBK，此时就会出现传递数据无法被 Servlet 识别的情况。为了处理这个问题，我们需要在公共模块中加入用于处理编码转换的类 Chinese.java，该类中的方法 toChinese()将编码转换后的字符串返回。代码如下：

```
public static String toChinese(String strvalue) {
    try {
        if (strvalue == null) {
            return "";                                  //如果参数 strvalue 为空则返回空串
        } else {
            strvalue = new String(strvalue.getBytes("ISO8859_1"), "GBK");
                                                        //将编码转换为 GBK
            return strvalue;                            //将转换后的字符串返回
        }
    } catch (Exception e) {
        return "";
```

```
            e.printStackTrace();                          //捕获异常，返回空串并输出错误信息
        }
    }
```

这种中文乱码的问题看起来困难，其实是非常容易解决的，只需用一个简单的方法将编码进行转换，然后将转换后的数据返回即可。上段代码中使用 getBytes()方法将 ISO8859_1 的数据得到，然后将该数据转码为 GBK，实现了编码转换功能。

13.5.3 交易流水号生成类

用户结账时，需要将其账单储存到数据库中，同时对该交易生成一个流水号以便日后查询。这个流水号由交易的日期时间以及用户 id 组成。类 CodeCreator.java 中的方法 createAccountcode()返回交易流水号，该方法代码如下：

```
public String createAccountcode(Integer userid){
    SimpleDateFormat sdf = new SimpleDateFormat("yyyyMMddHHmmss");
                                          //设置日期格式
    String accountCode = sdf.format(new Date()).toString(); //得到相应格式的当前日期
    if (userid < 10) {                    //如果 id 为个位数则将其转换为字符串时在前边加上两个 0
        accountCode = accountCode + "00" + userid.toString();
    } else if (userid < 100) {            //如果 id 为十位数则将其转换为字符串时在前边加上一个 0
        accountCode = accountCode + "0" + userid.toString();
    } else {                              //如果 id 为百位数则直接将其转换为字符串
        accountCode = accountCode + userid.toString();
    }
    return accountCode;                   //返回交易流水号字符串
}
```

调用此方法并将用户 ID 作为参数传入时，会返回一个由当前日期时间，以及三位用户 ID 的组合字符串。例如，当前日期为 2008 年 12 月 4 日，时间为 9 点 53 分 28 秒，此时调用该方法并传入参数 14 作为用户 id，会返回字符串：20081204095328014。

13.5.4 系统配置

本系统采用 Servlet 和 JSP 整合开发，对于 Servlet 程序，需要在 web.xml 文件中对其进行相应配置。该配置文件的关键代码如下：

```
<servlet>                        <!--配置 UserinfoController 处理类-->
    <servlet-name>UserinfoController</servlet-name>
    <servlet-class>sunyang.webtier.UserinfoController</servlet-class>
</servlet>
<servlet>                        <!--配置 GoodsController 处理类-->
    <servlet-name>GoodsController</servlet-name>
    <servlet-class>sunyang.webtier.GoodsController</servlet-class>
</servlet>
<servlet>                        <!--配置 CartController 处理类-->
    <servlet-name>CartController</servlet-name>
    <servlet-class>sunyang.webtier.CartController</servlet-class>
</servlet>
<servlet>                        <!--配置 account 处理类-->
    <servlet-name>account</servlet-name>
```

```
    <servlet-class>sunyang.webtier.AccountController</servlet-class>
</servlet>
<servlet>                          <!--配置 safecode 处理类-->
    <servlet-name>safecode</servlet-name>
    <servlet-class>sunyang.util.SafeCode</servlet-class>
</servlet>
<servlet-mapping>                  <!--配置 UserinfoController 对应请求-->
    <servlet-name>UserinfoController</servlet-name>
    <url-pattern>/user.do</url-pattern>
</servlet-mapping>
<servlet-mapping>                  <!--配置 GoodsController 对应请求-->
    <servlet-name>GoodsController</servlet-name>
    <url-pattern>/goods.do</url-pattern>
</servlet-mapping>
<servlet-mapping>                  <!--配置 CartController 对应请求-->
    <servlet-name>CartController</servlet-name>
    <url-pattern>/cart.do</url-pattern>
</servlet-mapping>
<servlet-mapping>                  <!--配置 account 对应请求-->
    <servlet-name>account</servlet-name>
    <url-pattern>/account.do</url-pattern>
</servlet-mapping>
<servlet-mapping>                  <!--配置 safecode 对应请求-->
    <servlet-name>safecode</servlet-name>
    <url-pattern>/safecode</url-pattern>
</servlet-mapping>
```

13.6 添加至购物车

用户在网上购物时，如果看好一件商品，决定购买时会将此商品放入购物车。本节学习如何实现用户将商品添加至购物车。

13.6.1 添加至购物车模块概述

商品单查看页面除了可以查看商品的具体信息，还可以完成将商品加入购物车的功能。商品单查看页面如图 13-5 所示。

单击图 13-5 中的“加入购物车”按钮即可将商品加入购物车，成功添加至购物车的页面如图 13-6 所示。

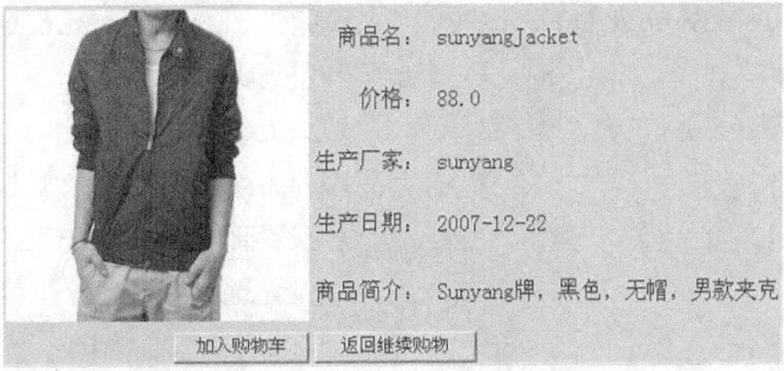

图 13-5 商品单查看页面

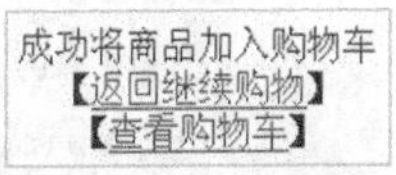

图 13-6 成功加入购物车

13.6.2 添加至购物车模块技术分析

将商品添加至购物车时，按照购物车中是否已经存在当前商品分为以下两种情况。

- 当前商品不在购物车中时，直接将当前商品放入购物车中。
- 当前商品在购物车中时，将当前商品在购物车中的数量加 1。

在编码时就需要在购物车 session 中进行判断：是否已经存在当前商品，如果存在将当前商品数量加 1，否则将当前商品信息存入购物车中，如图 13-7 所示。

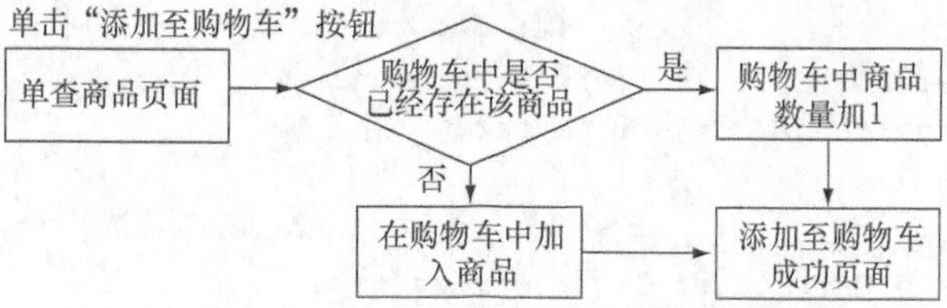

图 13-7 添加至购物车模块判断流程

13.6.3 添加至购物车模块实现过程

（1）创建类 Shoppingcart.java，其通过属性对象保存购物车中的商品信息。代码如下：

```
private Integer id;                    //商品 id
private String goodsName;              //商品名称
private float price;                   //商品价格
private Integer number;                //购物车中商品数量
```

（2）创建类 CartController.java，其中的 add()方法处理添加至购物车请求。代码如下：

```
public void add(HttpServletRequest request, HttpServletResponse response) {
    Integer id = Integer.parseInt(request.getParameter("id"));    //得到请求中的 ID 属性
    try {
        Integer exitNum = 0;                                      //购物车中已存在的商品数量
        List<Shoppingcart> lsc = (List<Shoppingcart>) request.getSession().getAttribute(
                "Shoppingcart");                                  //得到购物车 session
        for (int i = 0; i < lsc.size(); i++) {                    //使用循环遍历购物车中商品
            if (lsc.get(i).getId() == id) {                       //如果当前商品在购物车中
                exitNum = lsc.get(0).getNumber();                 //设置变量 exitNum 的值
                lsc.remove(lsc.get(0));                           //将此商品从购物车中删除
            }
        }
        Shoppingcart sc = new Shoppingcart();                     //定义 Shoppingcart 类型变量
        Goods g = gd.findById(id);                                //得到所添加商品
        sc.setGoodsName(g.getGoodsname());                        //设置购物车中商品名
        sc.setNumber(exitNum + 1);                                //商品数量为已存在数量加 1
        sc.setPrice(g.getPrice());                                //设置商品价格
        sc.setId(g.getId());                                      //设置商品 ID
        lsc.add(sc);                                              //将商品加入购物车
        RequestDispatcher rd = request.getRequestDispatcher("addSCSuccess.jsp");
                                                                  //重定向到 addSCSuccess.jsp
```

```
            rd.forward(request, response);                          //跳转
        } catch (Exception e) {                                     //捕获异常
            e.printStackTrace();                                    //输出异常
        }
    }
```

（3）创建页面 addSCSuccess.jsp，其中显示成功信息，并加入了继续购物和查看购物车链接。代码如下：

```
    <body>
        <div align="center">成功将商品加入购物车</div>
        <div align="center">【<a href='javascript:onclick=history.go(-2)'>返回继续购物</a>】
</div>
                                    <!--使用 JavaScript 跳转到全查商品页面-->
        <div align="center">【<a href="selectSC.jsp">查看购物车</a>】</div>
                                    <!--使用链接跳转到查看购物车页面-->
    </body>
```

13.7　查看购物车

当用户将商品加入购物车后，他可能希望查看购物车中的信息，这时就需要为用户提供查看购物车的功能。利用页面 selectSC.jsp 可以解决这个问题，该页面中显示用户购物车中的所有信息，并为其中的每个商品加入修改数量和删除操作，同时加入了清空购物车、结账和继续购物的链接。

13.7.1　查看购物车模块概述

为了便于用户随时查看所购买的商品，加入了查看购物车页面。通过该页面用户可以查看购物车中所有的商品信息，包括商品名称、价格、数量、价格小计及当前消费总金额，购物车页面如图 13-8 所示。

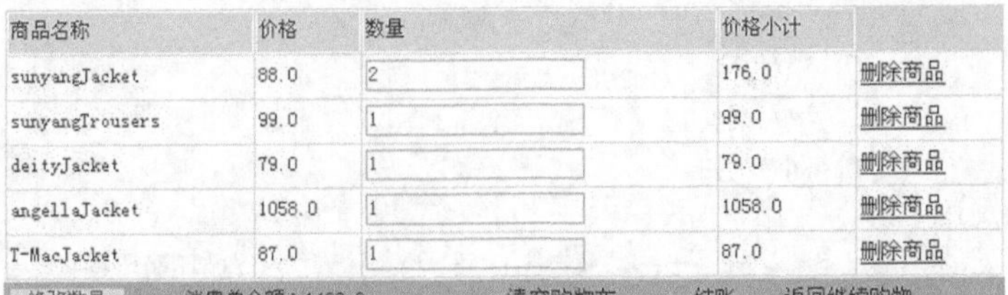

商品名称	价格	数量	价格小计	
sunyangJacket	88.0	2	176.0	删除商品
sunyangTrousers	99.0	1	99.0	删除商品
deityJacket	79.0	1	79.0	删除商品
angellaJacket	1058.0	1	1058.0	删除商品
T-MacJacket	87.0	1	87.0	删除商品
修改数量	消费总金额：1499.0	清空购物车	结账	返回继续购物

图 13-8　查看购物车页面

13.7.2　查看购物车模块技术分析

查看购物车主要是将 session 中储存的购物车信息显示到页面，首先需要进行判断：当前用户购物车中是否存在商品，如果存在则显示商品信息，否则提示用户尚未购物，并给出到商品全查页面的链接。查看购物车流程如图 13-9 所示。

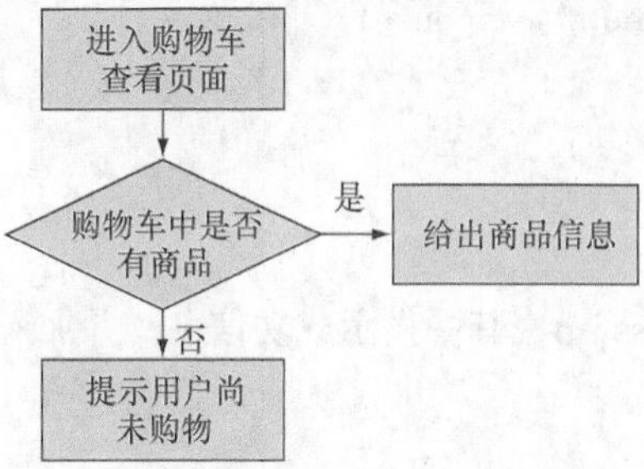

图 13-9　查看购物车模块流程

13.7.3　查看购物车模块实现过程

查看购物车时，将 session 中的购物车信息取出，判断是否为空，如果为空，给出用户尚未购物的提示，否则将用户购物车中所有商品的名称、价格、数量以及价格小计显示在页面中，并对每个商品加入了删除超链接，同时计算用户购物车中所有商品的总价格，加入修改数量按钮并且设置清空购物车、结账、返回继续购物的超链接。设置查看购物车页面具体代码如下：

```
<table>
    <tr>
        <td width="608">
            <span class="STYLE1"> 您好，<%=u.getRealname()%>， <%
                if (lsc.size() == 0) {%>          <!--判断用户是否已经已经购物-->
                        您尚未购买任何商品，
                        【<a href="goods.do?flag=0">单击这里进行购物</a>】
                <%} else {%> 您的购物车中商品如下：</span>
        </td>
        <td width="51"><a href="user.do?flag=2" class="STYLE1">退出登录</a></td>
    </tr>                                          <!--退出登录请求-->
</table>
<form action="cart.do?flag=1" method="post">      <!--form 请求-->
    <table width="600" bgcolor="#CCCCCC">
        <tr>
            <td>商品名称</td>
            <td>价格</td>
            <td>数量</td>
            <td>价格小计</td>
        </tr>
        <%for (int i = start; i < end; i++) {      //循环遍历购物车中所有商品
            Shoppingcart sc = lsc.get(i);%>       <!--得到当前遍历商品信息-->
        <tr>
            <td><%=sc.getGoodsName()%></td>        <!--显示商品名称-->
            <td><%=sc.getPrice()%></td>            <!--显示商品价格-->
            <td><input type="text" value="<%=sc.getNumber()%>" name="num"
                    onblur="numAbove(this)" /></td>      <!--显示商品数量-->
            <td><%=sc.getNumber() * sc.getPrice()%></td>
                                                   <!--计算并显示商品价格小计-->
            <td><a href="cart.do?flag=3&id=<%=sc.getId()%>">删除商品</a></td>
```

```
        </tr>                                          <!--删除商品链接-->
        <%}%>
    </table>
    <table width="600" bgcolor="#999999">
        <tr>
            <td width="102"><input type="submit" value="修改数量" name="submit" /></td>
            <td width="189">                           <!--修改数量按钮-->
                <%float allCost = 0;
                for (Shoppingcart sc : lsc) {allCost += sc.getNumber() * sc.getPrice();%>
                消费总金额: <%=allCost%>                <!--计算购物车中商品总价格-->
            </td>
            <td width="108"><a href="cart.do?flag=2">清空购物车</a></td>
            <td width="50"><a href="account.do?flag=0">结账</a></td>
            <td width="132"><a href="goods.do?flag=0">返回继续购物</a></td>
        </tr>                                          <!--清空、结账和去购物链接-->
    </table>
</form>
```

13.8　修改商品购买数量

用户在查看购物车时，如果觉得某件商品具有很大的购买价值，可能会多购买几件，这时就需要进行修改商品购买数量的操作。在查看购物车页面中已经提供了这项操作的按钮，本节介绍系统是如何实现该操作的。

13.8.1　修改商品购买数量模块概述

用户在查看购物车页面中对商品数量进行修改后，单击“修改数量”按钮，即可修改其数量，数量修改完毕后返回到查看购物车页面。此时购物车中的商品数量、商品价格小计和购物车中商品总价格都会发生相应的变化。

13.8.2　修改商品购买数量模块技术分析

修改购买数量是需要通过 JavaScript 在页面中对文本框输入的内容进行验证，如果用户输入的内容不符合规定，系统会给出错误提示，并禁止用户单击“修改数量”按钮。页面 JavaScript 验证代码如下：

```
function numAbove(temp){
    var numStr = /^[1-9]+([0-9]){0,3}$/;             //通过正则表达式定义字符串格式
    if(!numStr.test(temp.value)){                    //验证文本框中格式是否符合规定
        alert('商品数量必须为小于10000的正整数！');   //如果不符合规定给出警告
        temp.focus();                                //将交点放在文本框
        document.getElementById("submit").disabled=true;    //将提交按钮设为不可用
        return false;                                //返回 false
    }
    else{
        document.getElementById("submit").disabled=false; //符合规定则设置提交按钮为可用
```

```
        }
    }
```

13.8.3 修改商品购买数量模块实现过程

用户单击“修改数量”按钮后页面发出 cart.do?flag=1 请求，该请求由类 CartController.java 的 changeNum()方法进行处理。changeNum()方法代码如下：

```
public void changeNum(HttpServletRequest request,HttpServletResponse response) {
    List<Shoppingcart> lsc = (List<Shoppingcart>) request.getSession()
            .getAttribute("Shoppingcart");    //得到购物车 Session
    try {
        String[] number = request.getParameterValues("num");
                                              //使用数组获取页面传递参数
        List<Shoppingcart> listSc = new ArrayList<Shoppingcart>();
        for (int i = 0; i < lsc.size(); i++) {//循环遍历购物车中商品，逐一修改商品数量
            lsc.get(i).setNumber(Integer.parseInt(number[i]));
            listSc.add(lsc.get(i));           //将修改后的商品加入新购物车 List 中
        }
        request.getSession().setAttribute("Shoppingcart", listSc);
                                              //重新设置购物车 Session 的值
        RequestDispatcher rd = request.getRequestDispatcher("selectSC.jsp");
        rd.forward(request, response);        //将返回页面重定向到 selectSC.jsp
    } catch (Exception e) {                   //捕获异常
        e.printStackTrace();                  //将异常输出到控制台
    }
}
```

对商品数量修改完毕后，返回查看购物车页面，此时商品的价格小计与购物车中商品的总价格也随着商品数量的改变而发生相应的变化。

13.9 在购物车中移除指定商品

如果用户对当前已购买的某种商品不满意，可以在购物车中将该商品删除。本节学习如何实现在购物车中移除指定商品的功能。

13.9.1 移除商品模块概述

单击图 13-10 所示页面中的“删除商品”链接就会将该商品删除。

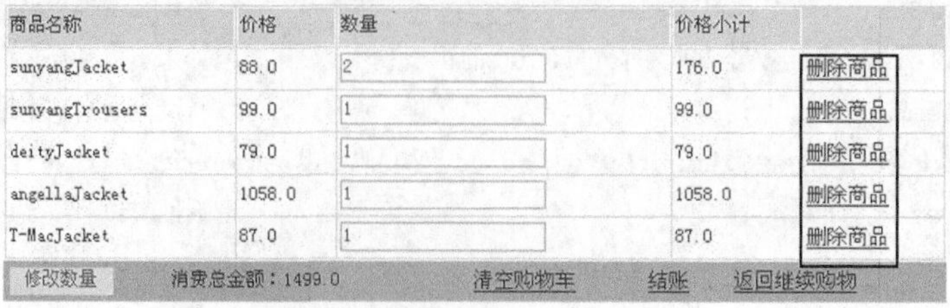

图 13-10　购物车中移除商品

商品删除后，查看购物车中商品信息时不会将其显示。同时，购物车中商品总价格也会将所删除商品的价格减掉。

13.9.2　移除商品模块技术分析

在购物车中移除指定商品时，需要将购物车中所有商品遍历，依次比较是否是需要删除的商品，如果需要删除此商品，则调用 List 中的 remove()方法将商品在购物车 List 中删除，然后将删除后的购物车重新存入 session 中。remove()方法说明如下。

boolean remove(Object arg0)：删除 List 类型变量中的某一元素，其参数为 List 变量中的元素，如果该元素在 List 对象中则将其删除，并返回 true，否则返回 false。

13.9.3　移除商品模块实现过程

用户在查看购物车页面中单击“删除商品”链接会发送 cart.do?flag=3 请求同时将当前商品的 ID 作为参数传递给服务器。服务器端使用 CartController.java 类中的 removeCart()方法处理该请求，此方法代码如下：

```
public void removeCart(HttpServletRequest request, HttpServletResponse response) {
    Integer id = Integer.parseInt(request.getParameter("id"));//得到请求传递参数 ID
    List<Shoppingcart> lsc = (List<Shoppingcart>) request.getSession()
            .getAttribute("Shoppingcart");   //得到购物车 List
    for (int i = 0; i < lsc.size(); i++) {   //遍历购物车中所有商品
        if (lsc.get(i).getId() == id) {      //如果商品是需要删除的商品
            lsc.remove(lsc.get(i));          //将商品从购物车 List 中删除
        }
    }
    request.getSession().setAttribute("Shoppingcart", lsc); //重新将购物车 List 放入
session 中
    RequestDispatcher rd = request.getRequestDispatcher("selectSC.jsp");
    try {
        rd.forward(request, response);       //重定向返回页面
    } catch (Exception e) {                  //捕获异常
        e.printStackTrace();                 //输出异常
    }
}
```

13.10　收银台结账

将商品存在到购物车中并不是网上购物的最终目的，而到收银台结账后才完成了一次购物。本节将介绍学习如何实现结账功能。

13.10.1　结账模块概述

通过查看购物车页面中的“结账”超链接可以进入订单填写页面，该页面显示订单信息，包括：订单号、用户名。真实姓名、E-mail、联系电话、用户地址和邮编。其中，订单号是系统通过公共类 CodeCreator.java 中的 createAccountcode()方法自动生成的，用户名、真实姓名、E-mail 和

联系电话是从用户信息中取出的，而用户地址和邮编是由用户手动填写的。用户账单页面如图 13-11 所示。

单击“结账”按钮完成结账，并进入结账成功页面，如图 13-12 所示。

图 13-11　用户订单页面

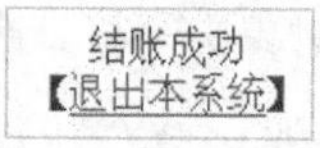

图 13-12　结账成功页面

13.10.2　结账模块技术分析

打开结账页面时，由系统自动生成的订单号就已经显示在页面中了，也就是说查看购物车页面中的“结账”链接并不是指向一个页面，而是一个请求，该请求会调用公共类 CodeCreator.java 中的方法得到订单号，然后重定向到订单页面。

用户单击“结账”按钮后，系统将订单信息和用户当前购物车中的商品信息储存到数据库中，同时将用户 session 及其购物车 session 清除。

13.10.3　结账模块实现过程

（1）用户单击查看购物车页面中的“结账”链接后发出 account.do?flag=0 请求，该请求由类 AccountController.java 中的 getAccount()方法处理。该方法代码如下：

```
public void getAccount(HttpServletRequest request,
        HttpServletResponse response) throws ServletException, IOException {
    Userinfo u = (Userinfo) request.getSession().getAttribute("userinfo");
                                                    //从 Session 中取出用户信息
    request.setAttribute("accountCode", new CodeCreator()
            .createAccountcode(u.getId()));  //使用用户 ID 生成订单号，并放入 request 中
    RequestDispatcher rd = request.getRequestDispatcher("account.jsp");
    rd.forward(request, response);                  //重定向返回页面
}
```

（2）创建订单填写页面 account.jsp，其中从 request 中得到订单号，从 session 中得到用户信息。代码如下：

```
<form action="account.do?flag=1" method="post">
    <div align="center">
        <table bgcolor="#CCCCCC">
            <tr><td>   订单号:          <!--订单号文本框-->
                <input type="text" name="accountcode" readonly
                    value="<%=request.getAttribute("accountCode")%>" /></td></tr>
            <tr><td>      用户名:        <!--用户名文本框-->
            <input type="text" name="username" readonly value="<%=u.getUsername()%>" />
            </td></tr>
            <tr><td>真实姓名:                    <!--真实姓名文本框-->
```

```
            <input type="text" name="realname" readonly value="<%=u.getRealname()%>" />
            </td></tr>
            <tr><td>  &nbspEmail:      <!--Email 文本框-->
            <input type="text" name="Email" readonly value="<%=u.getEmail()%>" />
            </td></tr>                         <!--用户地址文本框-->
            <tr><td>用户地址:     <input type="text" name="address" /></td></tr>
            <tr><td>     邮编: <input type="text" name="postcode" />
            </td></tr>
            <tr><td>联系电话:                   <!--联系电话文本框-->
                <input type="text" name="tel" readonly value="<%=u.getTel()%>" />
            </td></tr>
            <tr><td>                           <!--结账和返回按钮-->
            <input type="submit" value="结账" onClick="return check()">
            <input type="button" value="返回" onClick="javascript:history.go(-1)">
            </td></tr>
        </table>
    </div>
</form>
```

（3）用户在订单页面中填写好地址和邮编后，单击“结账”按钮，发出 account.do?flag=1 请求。该请求由类 AccountController.java 中的 saveAccount()处理，该方法将用户 session 及其购物车 session 清除，同时将用户账单信息和购物车中的商品信息存放到数据库中。代码如下：

```
public void saveAccount(HttpServletRequest request,
        HttpServletResponse response) throws ServletException, IOException {
    Userinfo u = (Userinfo) request.getSession().getAttribute("userinfo");
                                                        //得到用户 session 信息
    String accountcode = (String) request.getParameter("accountcode");
                                                        //得到订单号
    String address = (String) request.getParameter("address");  //得到地址
    String postcode = (String) request.getParameter("postcode");//得到邮编
    Account a = new Account();                          //定义 Account 类型变量
    a.setUserid(u.getId());                             //设置 Userid 属性
    a.setAccountcode(accountcode);                      //设置 Accountcode 属性
    SimpleDateFormat sdf = new SimpleDateFormat("yyyy-MM-dd");
                                                        //设置日期格式
    String d = sdf.format(new Date()).toString();       //得到当前日期
    a.setAccountdate(d.toString());                     //设置 Accountdate 属性
    Chinese c = new Chinese();                          //定义编码转换变量
    a.setAddress(c.toChinese(address));                 //设置 Address 属性
    a.setExecute(0);                                    //设置 Execute 属性
    a.setPostcode(postcode);                            //设置 Postcode 属性
    if (ad.save(a)) {                                   //将订单持久化到数据表
        List<Shoppingcart> lsc = (List<Shoppingcart>) request.getSession()
                .getAttribute("Shoppingcart");          //得到购物车变量
        for (Shoppingcart sc : lsc) {                   //遍历购物车信息
            Accountgoods ag = new Accountgoods(); //定义 Accountgoods 类型变量
```

```
                ag.setGoodsId(sc.getId());              //设置 GoodsId 属性
                ag.setNum(sc.getNumber());                      //设置 Num 属性
                ag.setAccountcode(a.getAccountcode());  //设置 Accountcode 属性
                if (!agd.save(ag)) {                            //持久化购物车中商品信息
                    request.setAttribute("errors", "对商品：“" + sc.getGoodsName()
                        + "”结账出错!");
                    RequestDispatcher rd = request.getRequestDispatcher("errors.jsp");
                    rd.forward(request, response);
                }                                               //如果持久化失败，给出提示
            }
            request.getSession().setAttribute("Shoppingcart",new ArrayList <Shoppingcart>
());                                                            //清空购物车 session
            request.getSession().removeAttribute("userinfo"); //清除用户 session
            RequestDispatcher rd = request.getRequestDispatcher("accountOver.jsp");
            rd.forward(request, response);                      //重定向返回页面
        } else {
            request.setAttribute("errors", "结账出错!");
            RequestDispatcher rd = request.getRequestDispatcher("errors.jsp");
            rd.forward(request, response);                      //持久化订单失败，给出提示
        }
    }
```

（4）创建页面 accountOver.jsp，该页面提示用户结账成功，并给出返回登录页面的链接。代码如下：

```
<body>
    <div align="center">结账成功</div>                          //提示用户结账成功
    <div align="center">【<a href='login.jsp'>退出本系统</a>】</div>//返回登录页面链接
</body>
```

小 结

本章以一个购物车系统为例，学习了使用 JSP，Servlet 和 JDBC 整合开发应用的方法，其中使用 JSP 编码系统页面，Servlet 作为整个系统的控制器，主要作用是页面的跳转及方法的调用，JDBC 作为系统中的持久层工具，完成了对数据库的全部操作。

本系统中的重点就是将购物车数据作为 session 进行保存。这样，所有对于购物车的操作就全部作用于该 session 了，避免对数据库的操作，缩短了系统的运行时间，减少了数据的冗余。